聚集诱导发光丛书

唐本忠　总主编

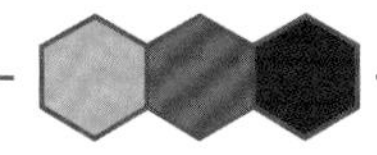

聚集诱导发光机理

何自开　赵恩贵　著

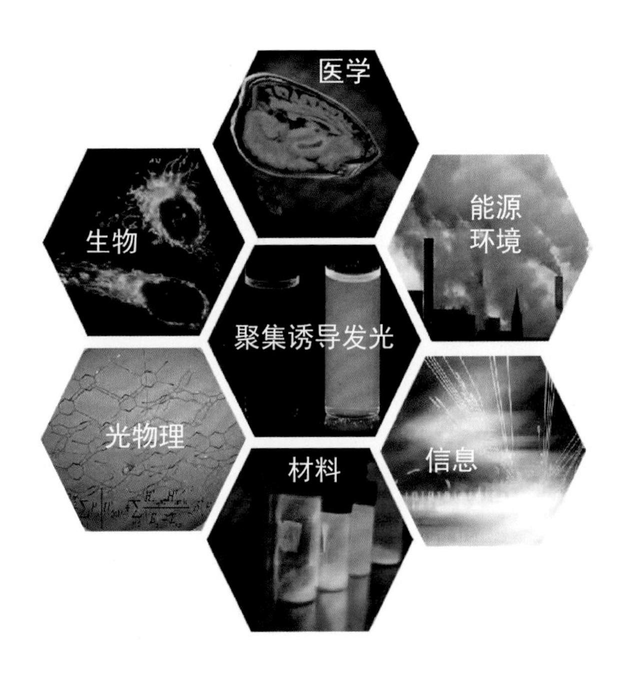

科学出版社

北京

内 容 简 介

本书为“聚集诱导发光丛书”之一。聚集诱导发光（AIE）机理的探索伴随着 AIE 领域的发展，AIE 领域经过 20 余年的蓬勃发展，机理探究日新月异。本书系统阐述了主要 AIE 机理的提出、验证、应用和局限性。全书共 6 章，第 1 章简述 AIE 机理的发展和分类；第 2 章对有机分子的激发态进行简介；第 3 章阐述分子内运动受限机理；第 4 章探讨反 Kasha 规则和限制锥形交叉过程；第 5 章分析新近报道的 AIE 体系的工作机制，如空间共轭机理、簇聚诱导发光机理、刺激响应型 AIE 体系的调控机理、纯有机室温磷光体系机理等。第 6 章为总结与展望，提出 AIE 机理研究未来可能面临的机遇与挑战。

本书可作为高等院校及科研单位从事 AIE 领域科研的理论指导书，也可作为高等院校材料，化学专业高年级本科生、研究生的参考书。

图书在版编目（CIP）数据

聚集诱导发光机理 / 何自开，赵恩贵著. —北京：科学出版社，2024.6
（聚集诱导发光丛书 / 唐本忠总主编）
国家出版基金项目
ISBN 978-7-03-078644-9

Ⅰ. ①聚… Ⅱ. ①何… ②赵… Ⅲ. ①发光材料－发光理论－研究 Ⅳ. ①O482.31

中国国家版本馆 CIP 数据核字（2024）第 110581 号

丛书策划：翁靖一
责任编辑：翁靖一 李丽娇 / 责任校对：杜子昂
责任印制：徐晓晨 / 封面设计：东方人华

科学出版社 出版
北京东黄城根北街 16 号
邮政编码：100717
http://www.sciencep.com
河北鑫玉鸿程印刷有限公司印刷
科学出版社发行 各地新华书店经销
*
2024 年 6 月第 一 版 开本：B5（720 × 1000）
2024 年 6 月第一次印刷 印张：13
字数：262 000

定价：149.00 元

聚集诱导发光丛书

编 委 会

总　序

光是万物之源，对光的利用促进了人类社会文明的进步，对光的系统科学研究“点亮”了高度发达的现代科技。而对发光材料的研究更是现代科技的一块基石，它不仅带来了绚丽多彩的夜色，更为科技发展开辟了新的方向。

对发光现象的科学研究有将近两百年的历史，在这一过程中建立了诸多基于分子的光物理理论，同时也开发了一系列高效的发光材料，并将其应用于实际生活当中。最常见的应用有：光电子器件的显示材料，如手机、电脑和电视等显示设备，极大地改变了人们的生活方式；同时发光材料在检测方面也有重要的应用，如基于荧光信号的新型冠状病毒的检测试剂盒、爆炸物的检测、大气中污染物的检测和水体中重金属离子的检测等；在生物医用方向，发光材料也发挥着重要的作用，如细胞和组织的成像，生理过程的荧光示踪等。习近平总书记在 2020 年科学家座谈会上提出“四个面向”要求，而高性能发光材料的研究在我国面向世界科技前沿和面向人民生命健康方面具有重大的意义，为我国“十四五”规划和 2035 年远景目标的实现提供源源不断的科技创新源动力。

聚集诱导发光是由我国科学家提出的原创基础科学概念，它不仅解决了发光材料领域存在近一百年的聚集导致荧光猝灭的科学难题，同时也由此建立了一个崭新的科学研究领域——聚集体科学。经过二十年的发展，聚集诱导发光从一个基本的科学概念成为了一个重要的学科分支。从基础理论到材料体系再到功能化应用，形成了一个完整的发光材料研究平台。在基础研究方面，聚集诱导发光荣获 2017 年度国家自然科学奖一等奖，成为中国基础研究原创成果的一张名片，并在世界舞台上大放异彩。目前，全世界有八十多个国家的两千多个团队在从事聚集诱导发光方向的研究，聚集诱导发光也在 2013 年和 2015 年被评为化学和材料科学领域的研究前沿。在应用领域，聚集诱导发光材料在指纹显影、细胞成像和病毒检测等方向已实现产业化。在此背景下，撰写一套聚集诱导发光研究方向的丛书，不仅可以对其发展进行一次系统地梳理和总结，促使形成一门更加完善的学科，推动聚集诱导发光的进一步发展，同时可以保持我国在这一领域的国际领先优势，为此，我受科学出版社的邀请，组织了活跃在聚集诱导发光研究一线的十几位优秀科研工作者主持撰写了这套“聚集诱导发光丛书”。丛书内容包括：聚集诱导发光物语、聚集诱导发光机理、聚集诱导发光实验操作技术、力刺激响应聚集诱导发光材料、有机室温磷光材料、聚集诱导发光聚合物、聚集诱导发光之簇发光、手性聚集诱导发光材料、聚集诱导发光之生物学应用、聚集诱导发光之光电器件、聚集诱导荧光分子的自组装、聚集诱导发光之可视化应用、聚集诱导发光之分析化学和聚集诱导发光之环境科学。从机理到体系再到应用，对聚集诱导发光研究进行了全方位的总结和展望。

历经近三年的时间，这套“聚集诱导发光丛书”即将问世。在此我衷心感谢丛书副总主编彭孝军院士、田禾院士、于吉红院士、秦安军教授、王东教授、张浩可研究员和各位丛书编委的积极参与，丛书的顺利出版离不开大家共同的努力和付出。尤其要感谢科学出版社的各级领导和编辑，特别是翁靖一编辑，在丛书策划、备稿和出版阶段给予极大的帮助，积极协调各项事宜，保证了丛书的顺利出版。

材料是当今科技发展和进步的源动力，聚集诱导发光材料作为我国原创性的研究成果，势必为我国科技的发展提供强有力的动力和保障。最后，期待更多有志青年在本丛书的影响下，加入聚集诱导发光研究的队伍当中，推动我国材料科学的进步和发展，实现科技自立自强。

唐本忠

中国科学院院士

发展中国家科学院院士

亚太材料科学院院士

国家自然科学奖一等奖获得者

香港中文大学（深圳）理工学院院长

Aggregate 主编

前　言

材料作为人类赖以生存的物质基础，每种新材料的出现及广泛应用都极大地改变着人类生活的方式并推动着社会的进步，因而备受产业界和学术界的关注。例如，光电材料领域中有机发光二极管的发明和应用正在改变人们的日常生活；有机太阳能电池的研究也逐步从实验室走向产业化，即将影响世界的能源结构。有机电子学是一门新兴的交叉前沿学科。从传统观念上的绝缘体，经过半个多世纪的持续研究，有机材料不断展现出独特的光、电、磁、热等性质，并在各类电子器件中得到广泛应用。其中，关于有机光电材料激发态过程的探索一直是有机电子学研究的前沿，特别是激发态弛豫过程的机理和调控始终是该领域的核心和难点。

现代分子光化学对电子激发态的系统研究所建立的概念、理论和方法极大地拓展了人们对物质认识的深度，加深了对自然界中光合作用和生命过程的理解。同时，也为利用太阳能、保护环境、开发新反应、寻求新材料提供了重要的理论基础，在新能源、新材料和信息处理等高技术领域中发挥着越来越重要的作用。目前，光化学领域在研究对象上，正由分子层次向分子以上层次发展，如超分子体系、凝聚态体系、分子聚集体等，涉及多维度、多尺度及复杂化学体系的研究。在研究技术手段上，超快、超高分辨技术的运用使得领域发展从稳态走向瞬态，从宏观走向微观，更加准确深刻地认识光化学机制，掌握光化学反应、过程及功能的规律认知和精准调控。

有机聚集体的光物理过程正是目前光化学领域备受关注的研究前沿之一，是分子聚集体的系统性科学问题。分子聚集体的发光行为对经典溶液状态下建立的分子光化学理论提出挑战，亟须新概念、新理论和新方法的根本性思考。目前领域研究面临传统思维的惯性约束和交叉学科的双重挑战，难以取得突破性进展。鉴于聚集诱导发光（AIE）机理对整个领域的基础性贡献与影响，其研究始终伴随着该领域的蓬勃发展和应用探索。经过众多研究小组的持续探索，关于机理论证也获得了广泛深入认同。从早期的猜测假设，到理论推算；从初步的实验验证，到指导开发新体系；从经典光物理过程介绍，到新颖的空间共轭机制探索；AIE

机理的研究正展现出其在该领域中不可或缺的深层作用。

本书系统介绍了 AIE 机理研究的发展过程，特别是对主要的 AIE 机理的提出、验证、应用和局限性进行了详细阐述。全书共分 6 章：第 1 章绪论，介绍 AIE 机理的发展及分类；第 2 章介绍有机分子激发态；第 3 章介绍分子内运动受限机理；第 4 章对新型聚集诱导发光机理进行探索，包括反 Kasha 规则、限制锥形交叉过程；第 5 章介绍最近报道的新型聚集诱导发光体系的机理，例如空间共轭机理、簇聚诱导发光机理、刺激响应 AIE 体系的调控机理、纯有机室温磷光体系机理等。第 6 章为总结与展望，探讨 AIE 机理研究面临的机遇和挑战。

聚集诱导发光领域经过了 20 余年的蓬勃发展，本书作者广泛参与和关注 AIE 机理的研究和探索，对该领域有着深入的见解和认知。本书尝试以全面和专业的方式为读者介绍 AIE 机理，期待进一步启发和推动该领域发展。在本书的撰写过程中得到了哈尔滨工业大学（深圳）赵恩贵老师的大力协助和支持。另外，还要感谢黄文斌、朱雨馨、唐春霖、张帅、谢玉凤、付春亚、于杰、姜楠、韦梦晴等同学在文献查找和资料整理过程中给予的帮助。最后，作者要特别感谢丛书总主编唐本忠院士，常务副总主编秦安军教授，科学出版社丛书策划编辑翁靖一等对本书出版的支持。

由于时间仓促及作者水平有限，书中难免有疏漏或不妥之处，期望读者批评和指正。

何自开

2024 年 3 月

于哈尔滨工业大学（深圳）

目　录

第1章 绪　论

1.1 引言

什么是聚集体？

“分子汇集形成聚集体，因此分子层次之上的所有实体（entity）皆可称为聚集体。在聚集体中，分子可以是几个或无穷多个，成分可以是同种或异类，产物可以是零维或多维的纳微结构乃至宏观物体……聚集体源于分子，高于分子。聚集体研究是一片无远弗届的疆域，蕴藏着无尽的宝藏。”

——*Aggregate*（《聚集体》）主编 唐本忠

聚集体科学的研究对象广泛，分子层次以上均可视为聚集体。近年来，对聚集体科学领域的研究受到越来越多的关注，越来越多的科学家在研究材料性质时开始重点考虑分子的聚集形式对材料性质的影响，而不是单纯地建立单分子层次的结构与性能的构效关系。完成了从以分子为中心的科学研究向以聚集体为中心的科学研究的转变，打破传统学科的藩篱，实现研究范式的转移，在更高的结构层次上探索更复杂的系统和过程。

有机光电功能材料是指一类利用有机材料实现光电功能转化、调控和应用的新兴材料，包括有机导体、有机半导体、场效应晶体管、有机太阳能电池、有机发光二极管（OLED）等。由于具有材料来源范围广、加工工艺简单、成本低、可大面积印刷、可作柔性器件等诸多优势，有机光电功能材料在有机电致发光器件、化学 / 生物传感器、太阳能电池等方面的应用备受关注。光和电子与有机分子相互作用后会经历快速、复杂的吸收和激发态弛豫过程。其中，可见光主要引起有机分子电子态的变化：基态、激发态、开壳和闭壳等电子结构改变。经典的光化学（包括光物理）正是研究处于电子激发态的原子、分子的能量、结构及动态过程的交叉学科。近年来，与有机单线态 / 三线态激子相关的特殊光物理过程衍生出许多全新的研究领域，提供了大量具有特殊功能的有机光电材料，带来革命性的进展（图 1-1），如有机电致发光中的热活化延迟荧光（TADF）、有机室温磷光（RTP）、三线态-三线态湮灭（TTA）、单线态裂变（SF）等。相比于单线态，有机三线态的产生和弛豫过程更加复杂和难以调控，尤其是在聚集体状态下的行为常常突破经典分子光化学理论的约束，产生新的问题和挑战。

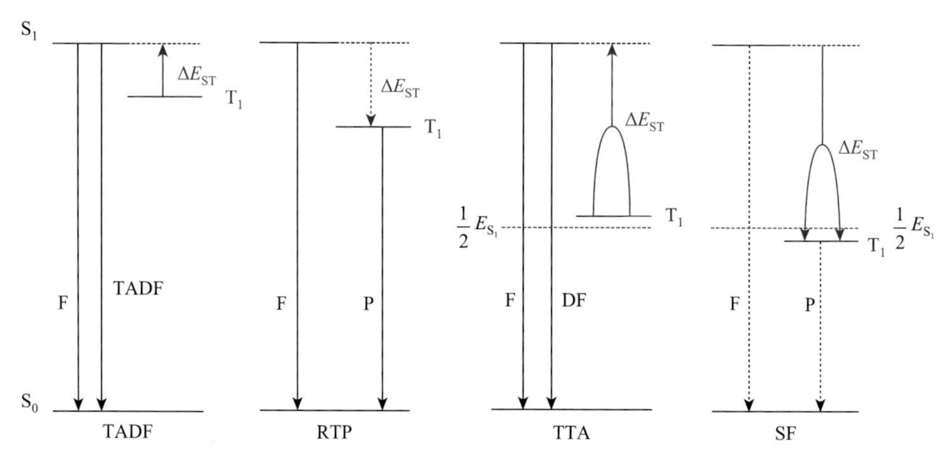

图 1-1　单线态（S）/三线态（T）相关的特殊光物理过程

F：荧光；P：磷光；DF：延迟荧光；ΔE_{ST}：单线态与三线态能级差

经典光化学所建立的概念、理论和方法多是基于稀溶液或气体状态下的单分子电子激发态。随着研究逐渐深入，科学家逐渐认识到分子之间的相互作用对材料整体性质具有非常重要的影响，对光化学领域的研究也正由分子层次向分子以上的高级层次发展，如超分子体系、凝聚态体系、分子聚集体等。这些研究通常涉及更高维度、更大尺度及更为复杂的化学体系。同时，超快、超高分辨技术的运用使得研究技术领域从稳态向瞬态发展，从宏观向微观迈进，使我们能够更加准确、深刻地认识光化学机理，掌握光化学反应、过程及功能的规律认知和精准调控。

有机聚集体发光体的光物理过程是目前光化学领域备受关注的研究前沿之一，是分子聚集体层次上的系统性科学问题。现代分子光化学为系统研究电子激发态所建立的概念、理论和方法极大地拓展了人们对物质认识的深度，加深了对自然界中光合作用和生命过程的理解。同时，现代分子光化学也为利用太阳能、保护环境、开发新反应体系、寻求新材料提供了重要的理论基础，在新能源、新材料和信息处理等高新技术领域中发挥着越来越重要的作用。

分子间相互作用对于有机材料的光物理性质具有很重要的影响。传统的发光材料通常在稀溶液中具有强荧光发射，但是在形成聚集体后或在高浓度状态下，其荧光会变弱甚至被完全猝灭。这种效应被称为聚集诱导荧光猝灭

（aggregation-caused quenching，ACQ）效应。ACQ 效应极大地限制了有机荧光分子聚集体的实际应用。通过各种化学的、物理的、工程的方法能够抑制聚集过程，避免荧光猝灭，但同时也带来了许多新的问题。2001 年，唐本忠课题组报道了一类发光性能随着聚集体的产生而不断增强的荧光材料，并首次将这种现象定义为聚集诱导发光（aggregation-induced emission，AIE）效应，从此拉开了 AIE 系统研究的序幕[1]。AIE 材料从根本上解决了 ACQ 问题。目前，AIE 的研究正吸引着来自全球众多研究课题组的加入。来自全球各地的科学家设计合成了新颖的 AIE 体系，并探索其工作机理，不断开发其新的实际应用领域。AIE 研究变成一个由中国科学家原创和引领的国际化学、材料研究领域的前沿热点[2]。

1.2 聚集诱导发光机理的发展

以新现象、新概念和新理论为标志的前沿科学研究不仅能够创造新知识，还可以发现新物质和新功能，满足国家的需求和推动经济的发展。“聚集诱导发光”是由本丛书总主编唐本忠院士提出的一个新概念[1]。它颠覆了教科书上关于聚集诱导荧光猝灭的经典论断，为克服传统发光材料的 ACQ 痼疾提供了一条新途径。AIE 研究引发了对有机发光机理的更深入探索，并将带来分子设计、材料制备、聚集态结构调控及器件实际应用等方面的深刻变革。AIE 已成为一个由我国科学家引领、多国科学家跟进的新研究领域。

虽然现有成熟的理论解释 ACQ 效应，但反常的 AIE 效应对于理解荧光过程提出了一个挑战，还没有实现从“必然王国”到“自由王国”的跨越。为了促进该研究领域的进一步发展，必须对 AIE 体系的结构与性能之间的关系进行清楚诠释。在 AIE 现象研究初期，科学家致力于拓展 AIE 材料体系[2]，并同时开展了对其机理的探索，提出了包括结构平面化、扭曲分子内电荷转移及 J 聚集体生成等机理（图 1-2）。然而，这些机理只能阐述某些特定情况下分子构型、构象与发光强度之间的关系，无法完全解释目前所得的实验结果。物理学告诉我们分子的任何运动都会消耗能量。如图 1-3 所示，一个六苯基噻咯（HPS）有六个苯环，这些苯环可以通过单键围绕噻咯环旋转。在溶液中，由于没有外在的限制，HPS 的苯环能够很容易地进行分子内旋转，消耗其激发态的能量，从而导致 HPS 不发光；在聚集状态下，分子堆积限制了苯环的旋转，激发态的能量得以以辐射性跃迁的形式释放。在大量实验数据基础上，该领域初步确定了分子内旋转受限（restriction of intramolecular rotation，RIR）为 AIE 现象的主因[3]。

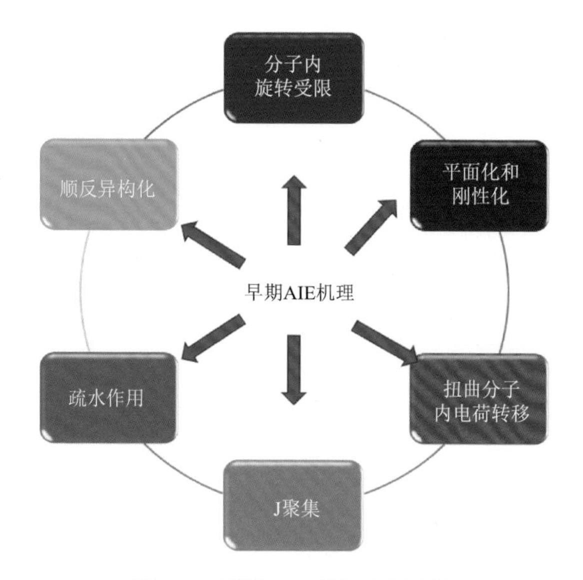

图 1-2　早期 AIE 的机理示意图

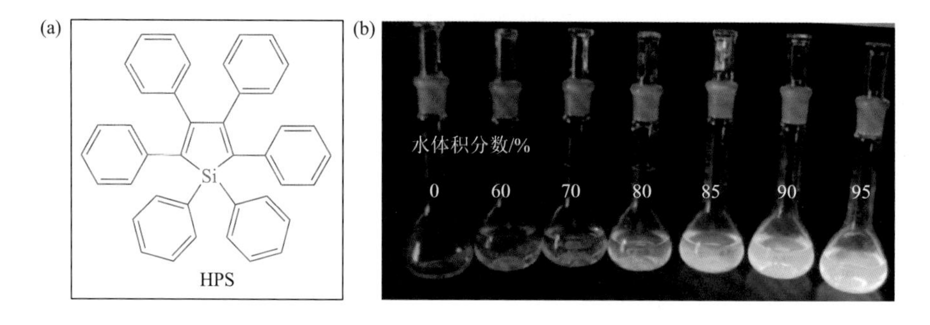

图 1-3　HPS 的化学结构（a）及其在乙腈/水混合溶液中的荧光照片（b）

除了通过聚集来限制分子内旋转外，其他方法（如降温、增稠、加压等）也可以激活 RIR 过程来阻碍非辐射跃迁渠道，从而开启辐射跃迁。例如，HPS 溶液的荧光随溶液黏度增大而增强。通过化学方法或分子水平结构设计阻止分子内旋转同样使噻咯能够在溶液状态发光。例如，噻咯衍生物 HPS-1 的苯环间有较大的空间位阻，在溶液中高效发光，发光行为与其母体 HPS 完全不同（图 1-4）：在稀溶液中，HPS-1 的发光效率比 HPS 高 2～3 个数量级。实验证明，结构设计可影响 RIR 过程并可程序化地调节 AIE 发光体的发光效率。

为了更深入了解 RIR 机理，人们已经设计合成了种类繁多的新 AIE 体系。Mullin 研究组将 HPS 中噻咯环上的 Si 原子用同族元素 Ge 和 Sn 替换，得到的化

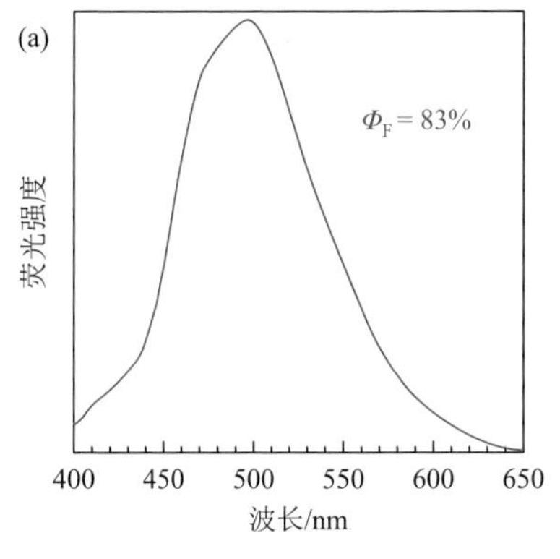

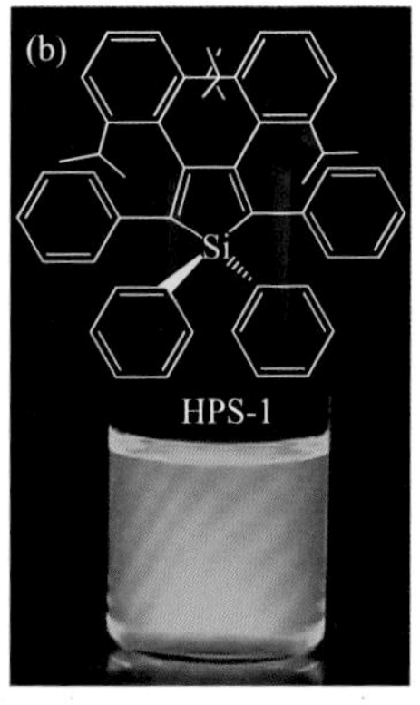

图 1-4 空间位阻 HPS 衍生物（HPS-1）在丙酮溶液中的发射光谱（a）及其结构式和在紫外灯照射下的荧光照片（b）

合物表现出明显的 AIE 性质[4]。Yamaguchi 研究组[5]、Tanaka 研究组[6]和 Hong 研究组[7]发现若噻咯环上的 Si 被 S 和 P 代替，得到的化合物也同样具有 AIE 性质。李振课题组以苯环为核，通过 C—N 化学键相连的新型 AIE 体系，拓展了 AIE 的研究范围[8-10]。他们还设计了基于咔唑基团的 AIE 分子并发现对于同类发光分子，所连的旋转基团越多，其荧光量子产率越低，这从另一侧面证明 RIR 是导致 AIE 现象的主因。上述研究结果在很大程度上从理论和实验两方面验证了 RIR 机理的可信性。初步结论为：当一个分子中有多个可旋转芳香族取代基与一个共轭中心相连，聚集时往往会产生 RIR 作用，从而表现出 AIE 性质。

热力学原理告诉我们任何分子运动都会消耗能量。根据 RIR 假设，在溶液中分子内旋转活跃，为分子激发态提供了非辐射跃迁的渠道。而在聚集态，由于空间限制，分子内旋转受阻，上述非辐射跃迁渠道被抑制而辐射跃迁渠道被激活。如果该假设正确，为什么一些看似可旋转 C—C 单键的分子在溶液中发光很强？例如，分子 DSB 和 PPB 中的苯环都可以通过 C—C 单键旋转，但是 DSB 在溶液中的发光量子效率高达 90%，而 PPB 在溶液中的量子效率却小于 1%。理论计算结果表明 DSB 和 PPB 分别呈现平面和扭曲构象。DSB 和 PPB 不同的分子构象导致它们在溶液中具有不同的量子效率。高频模式被认为与 C—C 键、C═C 键的拉伸、振动运动有关，而低频模式（$<100\ cm^{-1}$）与自由芳香环的扭转运动有关。清华大学帅志刚等计算了分子弛豫过程中所需的重组能。计算结果表明，低频模式对分子 PPB 的重组能贡献很大（约占总模式的 47%），分子 DSB 则几乎无低频模式[11, 12]（图 1-5）。所以，这些低频模式对应的芳环扭转运动与 AIE 效应密切相关。

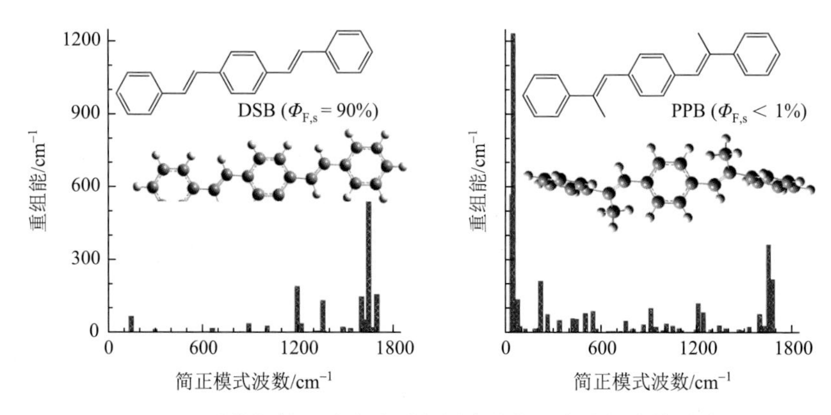

图 1-5　结构扭转运动方式对多烯类生色团发光行为的影响

图 1-6 阐释了唐本忠提出的早期 AIE 模型。在一个共轭分子中，生色单元 A 和 B 通过可旋转的 C—C 单键连接，其中 ψ 为两个生色单元之间的二面角，θ 为分子内扭曲或旋转幅度，ω 为振动频率。一般，ψ 由分子的平面性决定，而 θ 和 ω 由分子的刚性决定。在图 1-6（a）中，A 和 B 共平面（$\psi\approx0°$），使得两个 π 共轭单元电子离域度最大化，势能最小化。在这种情况下，分子倾向于保持稳定的刚性平面构型，发生分子内旋转干扰激发态构型的概率降低（θ 小）。相应地，高频振动模式占主导地位，势能面变得陡峭。由于结构上的刚性和平面性，分子在溶液中高效发光。当存在空间位阻时，如图 1-6（b）所示，B 相对于 A 的平面有一定程度的扭曲（$\psi'>0°$），整个分子在 θ'的幅度内经低频扭转或转动释放张力（θ'大），并通过这个过程将激发态能量消耗掉。由于非辐射性跃迁占比高，溶液中发射弱荧光或者不发射荧光。在固态时，平面分子因 π-π 堆积作用发生 ACQ 效应，而扭曲分子则因 RIR 过程显示 AIE 效应。

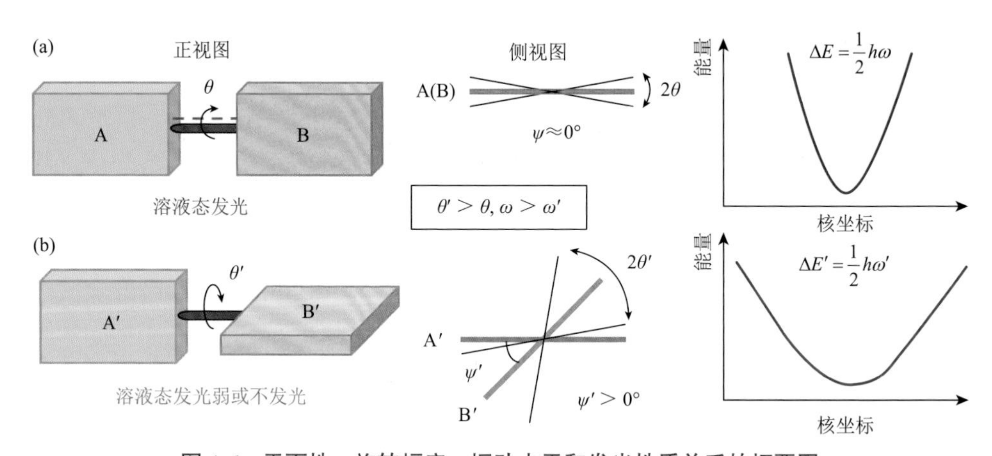

图 1-6　平面性、旋转幅度、振动水平和发光性质关系的扼要图

一些典型的 AIE 单元能够在不牺牲材料其他性能的条件下将传统 ACQ 材料转变为 AIE 材料。例如，芘是一个典型的盘状 ACQ 分子，而 TPE 是一个典型的 AIE 分子（图 1-7）。以芘作为核，在其周边修饰 TPE 单元，赋予了分子 4TPE-Py 独特的 AIE 特性：其固态量子效率高达 70%，而其溶液量子效率仅为 9.5%。这个初步的结果显示：在传统荧光分子上引入 AIE 基团可消除其 ACQ 效应，得到聚集态高效发光的材料[13]。

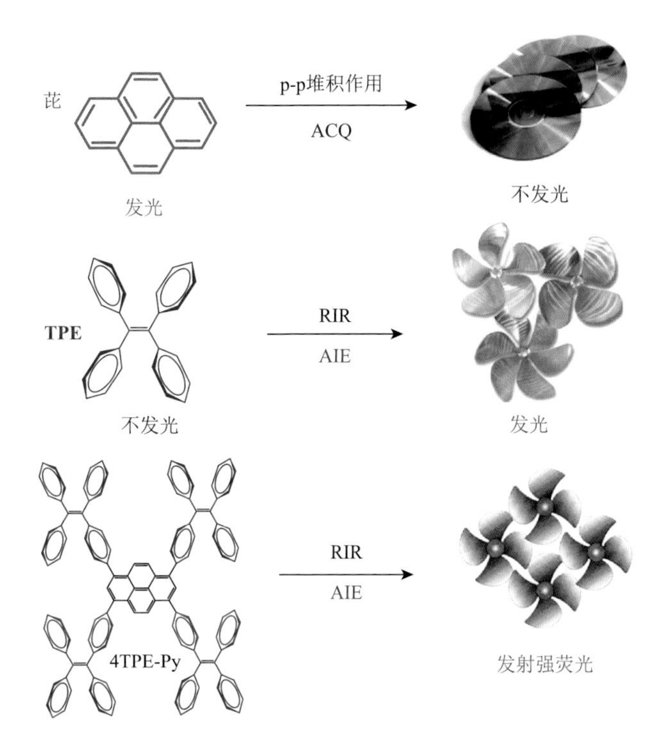

图 1-7 ACQ 分子转变为 AIE 体系的结构设计策略

随着对 AIE 材料研究的逐渐深入和 AIE 体系的不断壮大，越来越多的新型 AIE 材料涌现出来[14-18]，其中部分具有 AIE 性质的材料并不含有可旋转的基元，因而，其 AIE 性质不能通过 RIR 来解释。以 THBDA 为例，它并不含有可转动的基元，却展现出 AIE 性质：在溶液态不发光，在聚集态发强光，如图 1-8 所示。既然旋转运动能够耗散激发态能量，振动运动也可以耗散激发态能量。THBDA 虽然不包含可旋转基元，但是包含可振动基元，展现出 AIE 性质，因而分子内振动受限（restriction of intramolecular vibration，RIV）也可以诱导产生 AIE 现象。

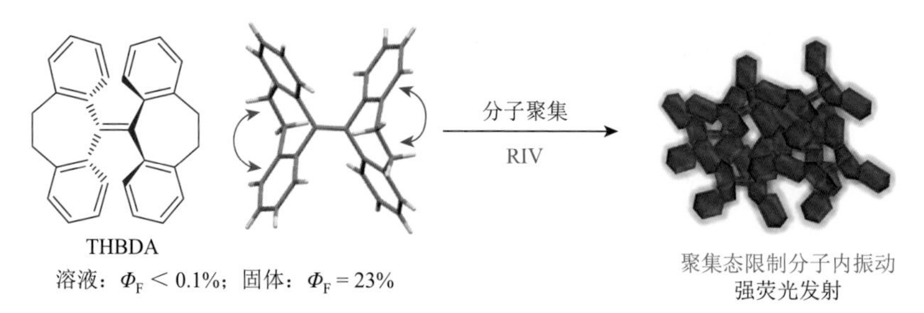

图 1-8　不具有可旋转基元的 AIE 体系与 RIV 机理

RIR 机理和 RIV 机理相辅相成，共同组成了 AIE 现象的理论基础。将 RIR 机理和 RIV 机理进行归纳总结形成了分子内运动受限（restriction of intramolecular motions，RIM）机理。RIM 机理既可以解释大多数 AIE 体系的发光现象，也为设计新型 AIE 分子提供了思路和策略。除此以外，对于一些分子中既含有可自由旋转的结构单元，又含有可振动结构单元的分子，RIM 机理为其 AIE 现象提供了更强有力的机理支撑。PTZ-BZP（图 1-9）内既含有可旋转的苯环，又含有可振动的吩噻嗪基团。理论计算结果表明，其最优分子构象并不是平面型，而是蝴蝶型。在溶液状态时，PTZ-BZP 既能够进行分子内旋转运动，也可以进行分子内弯曲振动，并在这两种运动的共同作用下使激发态能量以非辐射跃迁的形式耗散；在聚集态时分子内的旋转运动和振动运动都受到抑制，关闭了非辐射跃迁，因而辐射跃迁成为主要的能量耗散途径，使得 PTZ-BZP 在固态发射强荧光。在“点亮”PTZ-BZP 荧光的过程中，RIR 和 RIV 都起着非常重要的作用。

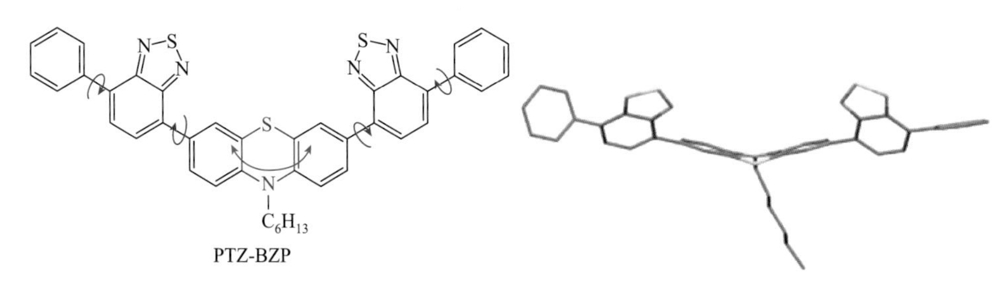

图 1-9　具有可旋转基元和可振动基元的 AIE 体系结构

1.3 聚集诱导发光机理的分类

1.3.1 有机分子的结构与电子态

目前，聚集诱导发光体系早已从纯有机的小分子，拓展至有机高分子、超分子组装体、生物分子体系、碳点、无机晶体和纳米簇等众多领域，但是经典且广泛应用的体系依然是有机小分子。有机分子在聚集态下的发光机理探究，将为机理研究提供清晰、可信任的研究范本和重要的理论基石，指导着更为复杂体系的发光过程的机理解析和论证。光化学是研究处于电子激发态的原子、分子的结构及其物理化学性质的科学。现代分子光化学是一门多学科交叉的新兴学科，包括有机光化学、无机光化学、高分子光化学、生物光化学、光电化学和光物理等门类。现代光化学对电子激发态的研究所建立的新概念、新理论和新方法大大开拓了人们对物质认识的深度和广度，对了解自然界的光合作用和生命过程、利用太阳能、保护环境、开创新的反应途径、寻求新的光电材料提供了重要理论基础。在新能源、新材料和信息处理新技术等高技术领域中发挥着越来越重要的作用。

第 2 章的主要内容为概述性介绍有机分子的电子激发态及其光物理过程。光物理过程是指分子吸收光子到电子激发态，经过辐射跃迁和非辐射跃迁等过程弛豫，最终回到基态的全过程，不涉及物质变化和化学变化。即人们常说的“从摇篮到坟墓”的全过程。介绍了光化学和光物理的理论基础，如辐射跃迁、非辐射跃迁、电子组态、电子转移和能量转移等。使用势能面作为统一的理论工具，讨论发生在有机分子这一基本结构单位上的光吸收、光发射、无辐射过程和光反应，从而将分子结构和能学、动力学等概念结合起来形成统一的物理化学图像。具体的内容涉及电子激发态的电子构型、振动及自旋，电子能态间的辐射跃迁和非辐射跃迁过程，势能面的概念和应用，Franck-Condon 原理等。

1.3.2 分子内运动受限机理

自从 2001 年唐本忠院士提出 AIE 的概念以来，来自全球的许多研究小组都参与了对 AIE 体系的研究。AIE 分子已被公认为是一种具有广泛用途的先进功能材料。对 AIE 工作机理进行研究不仅能够揭示其分子层次的工作机理，还能够为开发新的 AIE 体系提供设计指南。目前，对于 RIM 是 AIE 工作机理的核心已经达成普遍共识。除 RIM 外，仍然存在其他关于 AIE 现象的机理讨论，如扭曲分子内电荷转移、激发态分子内质子转移、J 聚集等。这些机理的本质仍然是激发态的分子运动所起的关键作用，与 RIM 机理并不冲突。因此，相关机理归于 RIM 机理的框架范围内。本书第 3 章讲述了 AIE 分子发光机理的基础理论研究进展。

分子都在不断地进行着运动。这些运动对其性质具有很重要的影响。例如，在光物理学中，光源的发光行为是由其在激发态的电子和核运动决定的。柔性分子的运动通常有利于进行非辐射衰变，并将激发态能量向其他形式（如热能）转化。因此，为了获得高发光亮度的材料，通常采用 RIM 策略限制分子的运动。历史上，科学家们通常认为物质的性质是由分子的性质决定的。因此，早期对发光材料性质的研究主要集中在稀溶液中单分子水平上，并通过引入多环芳烃构建刚性的结构，在分子水平上实现 RIM。进一步的研究结果表明，处于聚集态的材料可能会表现出单个分子所不具备的新特性。对 AIE 体系的探索正是利用 RIM 在聚集态水平上实现发光的良好实践。科学家们试图通过 RIR、RIV 来设计在溶液状态下不发射荧光，但在聚集态下发射强荧光的 AIE 材料。近年来，研究人员为确定非辐射跃迁的关键分子运动进行了大量研究，详细阐明了 AIE 发光过程中激发态失活的途径。

具有 RIM 机理的 AIE 分子通常有以下分子结构特征：分子内含有可自由旋转的 σ 单键，并且单键的一端或两端连接可自由旋转的环状结构，如芳香环结构、含有杂原子的共轭芳香体系等。TPE 是典型的 RIR 机理的 AIE 分子，其分子结构中一个碳碳双键通过碳碳单键与四个苯环相连接。这一分子结构特征使其在溶液状态时可通过分子骨架的转动、振动和电环化运动耗散能量，导致其极低的荧光量子产率。当分子处于聚集态时，分子间的相互作用使分子内可旋转基团的运动受阻或受限，导致通过分子内旋转振动电环化过程耗散激发态能量的通道关闭。与此同时，扭曲的非平面型的分子结构有效避免了形成分子间强 π-π 相互作用及其引起的荧光猝灭。这些因素的共同作用使分子在聚集态时具有较高效率的荧光发射。另一类具有 RIM 机理的 AIE 分子虽然并不具有可旋转的结构单元，但是具有可发生分子内扭曲的骨架结构，可扭曲的结构单元使得分子处于溶液状态下的高能级激发态时，激发态的能量通过分子骨架的激发态翻转振动行为耗散。当分子处于聚集状态时，分子内的可翻转基团的振动受阻或受限，有效阻止了荧光猝灭。

最近，一类全新的发光体系所具有的簇发光现象受到越来越多的关注。相比于传统的荧光体系，该类簇发光化合物不具有任何传统意义上的大共轭体系。目前报道的簇发光化合物是仅含羟基、氨基、氰基、羧基、脲基、磺酸基、酰胺基等杂原子的饱和单链聚合物或小分子。目前的研究认为，该类化合物通过杂原子间相互作用形成了分子间的团簇，而这一团簇结构的形成导致了能级的分裂，使带隙变窄并红移至可见光区，从而使电子在这些新产生的杂化能级间的跃迁产生了可见光发射行为。该类化合物的发光体系也是 AIE 体系中的一个新类别。单糖、多糖、氨基酸、蛋白质等初级代谢产物常含有以上基团，因此可引发簇发光。

1.3.3 新型聚集诱导发光机理探索

作为 AIE 体系中相对独立的方向，反 Kasha 过程凭借独特的光物理性质及潜在的应用价值受到光物理和光化学领域的广泛关注。在本书第 4 章中，对一些已报道的具有反 Kasha 行为的 AIE 体系进行回顾和分类，并对这一类型的过程进行提炼和总结。对比这些反 Kasha 体系可以发现，内转换过程与其他过程的竞争强度对反 Kasha 行为起决定性作用。只有保证低的内转换速率，才有可能观察到反

Kasha 现象。一般而言，观察有机分子的反 Kasha 过程既可以通过监测不同激发态的辐射过程，也可以通过其他手段验证其非辐射过程。尽管存在许多表征手段，证明反 Kasha 现象仍然很具有挑战性。首先，由于激发态的复杂性，处于高阶激发态的激子容易以各种方式进行转化，辐射跃迁是最容易监测到信号的变化，而系间窜越及其他非辐射过程需要更灵敏的方法验证，如监测其瞬态行为或者匹配计算结果等；其次，目前仅能观测到单一过程的反 Kasha 效应，如果体系存在多个反 Kasha 行为，当前的分析手段很难对其进行辨析；再次，由于没有足够的反 Kasha 体系，还未形成合适的定量手段和模型对反 Kasha 行为进行研究；最后，反 Kasha 体系缺少合适的应用场景，需要与其他性质相结合才能最大限度地发挥反 Kasha 规则的优势。基于 AIE 的反 Kasha 规则体系，为分子设计和性能调节提供了良好的参考，可以满足将多种功能集成于单一体系的要求，有利于实现高灵敏的、宽动态范围的、深度定制的针对性要求。总之，通过对反 Kasha 现象的深入了解及相关研究的全面认识，将有助于揭示其内在的作用机理及影响因素。

第 4 章中还对限制锥形交叉过程增强辐射进行了对比和探讨。通过对分子激发态失活途径的分析，研究人员发现抑制接近势能面的锥形交叉是阻止分子非辐射跃迁的有效手段。因此，如何通过分子设计及调控来减少激子通过锥形交叉失活成为亟须解决的问题。AIE 材料为其提供了行之有效的方案：一方面 AIE 材料通过形成聚集体可以阻止激发态分子的结构转变及能级靠近；另一方面 AIE 材料消除了猝灭发光的影响因素。目前，运用结构修饰的手段来调控激发态电子态和势能面的相互作用是利用研究限制锥形交叉过程的关键。然而，由于激发态的复杂性，单一的结构修饰很难实现高效的发光。尽管对经典的体系进行了回顾，并寻找出激发态锥形交叉对发光影响的主要途径和解决方法，然而对过程的细节及具体变化的探究仍然较为初级，特别是难以建立高相关性的构效关系。未来的发展应该对限制锥形交叉过程进行更为深入的研究，并运用统一的范式对多个激发态之间的关联性进行描述，以便于理解和认知（图 1-10）。例如，当前主要聚焦于单线态的锥形交叉途径的观察，对其他发射态还缺少相关研究方法和证明手段。为了提高材料的性能，还需要对材料的结构进行优化，并通过对分子作用、结构刚性、电子效应等过程参数的全面审视，总结出满足不同功能和应用需求的普适的分子设计原则和经验。另外，鉴于理论模拟的复杂性，高度结合实验结果，选择合适的参量对模型进行可靠的优化和限制，以提高模拟计算的准确度。结合上述反 Kasha 规则的特点，锥形交叉转换在更高阶激发态的研究是可以为内转换过程变化提供有力的解释，然而，这一方向的探索仍然较少涉及。尽管当前已经观察到许多激发态锥形交叉失活的例子，但是这些结果形成的分析模型以及利用动力学模型对行为的定量分析还需要结合更多的实验结果进行开发和论证。总之，限制锥形交叉为 AIE 过程提供了良好的理论基础，为开发新型有机光物理材料提供了可靠的思路。

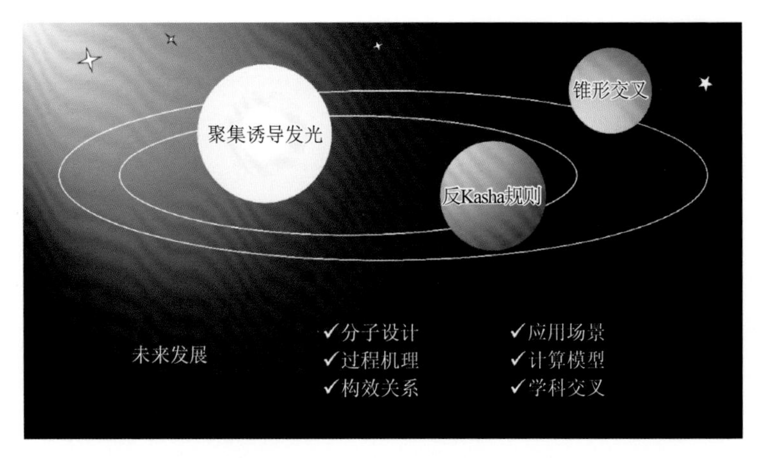

图 1-10　新型聚集诱导发光体系机理的研究范式与展望

1.3.4　新型聚集诱导发光体系的机理简介

AIE 机理的研究推动了相关材料的快速发展，引起了众多科研人员的广泛研究。过去二十多年里，AIE 在多个领域展现了独特的发光性质，并丰富了有机光电材料研究的创新视角。在第 5 章选取了四个具有代表性的新型 AIE 体系，并对其核心工作机理进行了概述，分别为空间共轭体系及其作用原理、簇聚诱导发光体系及其发光机理、刺激响应型 AIE 体系及其调控机理和纯有机室温磷光体系及其发光原理（图 1-11），希望能为未来新体系的研究提供启示和研究方向。

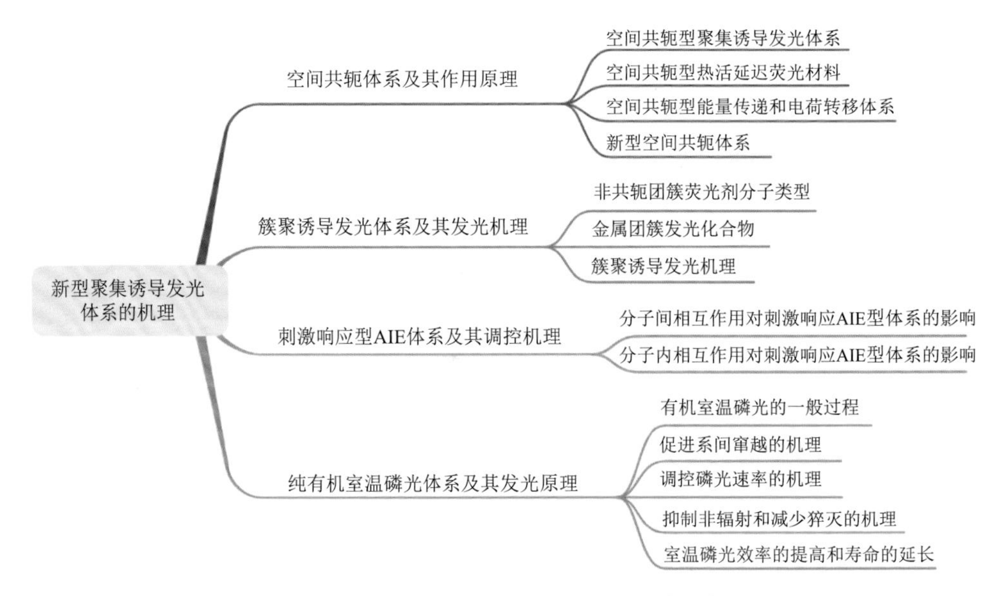

图 1-11　新型聚集诱导发光体系机理的分类

在空间共轭体系及其作用原理部分首先介绍了空间共轭的概念，以及它在分子中的作用和重要性。然后以几种不同类型的发光体为例，详细探讨了空间共轭分子在 AIE 发光体、TADF 材料和电荷转移现象等方面的应用。同时，也介绍了一些制备 OLED 器件和单分子导线等方面的研究成果。最后，概述了空间共轭分子及其相关技术在光电子学领域中的潜在应用和发展方向，以及为分子电子学提供新的思路和潜力。

非共轭荧光聚合物和金属簇发光化合物受到了广泛关注和研究，这些化合物具有良好的结构调控性、合成便捷性、水溶性和低生物毒性，在环保型绿色发光材料和生物医学领域具有巨大的应用潜力。簇发光现象是在固态或晶态下能够发光，展现了聚集诱导发光特性，被称为簇发光。簇聚诱导发光机理被命名为“簇聚诱导发光”。天然产物和生物聚合物也能发光，其中非共轭团簇荧光剂分子类型是重要的研究对象。苯环是影响发射波长的关键因素，而含有 N、O、S、P 等杂原子的非共轭小分子也可能具有团簇发光。氢键的形成可以促进团簇的形成和增加构象刚性，各类氨基酸中的官能团也展示出固有的荧光。金属簇发光化合物与纯有机团簇发光剂的发光机理不同，影响发光强度的基本特征包括浓度、聚合度、分子量和激发波长。总体来讲，簇聚诱导发光机理的提出不仅统一了不含共轭生色团的天然产物和非典型体系的发光原因，也揭示了其中的光物理过程，为设计和开发新型非典型发光化合物提供了思路和指导。

固态分子的发光行为受到许多因素的影响，包括分子排列、构象和相互作用，这些因素改变了分子能级和材料发光行为。控制分子的堆积方式对于实现不同固态发光行为至关重要。AIE 材料为固态刺激响应发光材料的发展提供了新的机遇。刺激响应 AIE 分子在外部刺激下能进行形态转换，表现出不同的发光状态。目前已经开发出许多刺激响应 AIE 分子，并提出了可能的机理。分子间相互作用对具有刺激响应性的 AIE 体系的发光行为有很大影响，分子堆积方式的调整能改变分子的发光性质，这种转变过程具有一定的可逆性。另外，分子内相互作用也能导致分子构象转变，这种机械刺激下的发光行为与分子之间相互作用密切相关，为研究者对刺激响应 AIE 现象的理解提供了新的视角。

第 5 章的最后一部分介绍了纯有机室温磷光体系及其发光机理，讨论了有机磷光的特性和广泛应用。AIE 体系为有机室温磷光带来了突破，提供了新的研究领域。有机室温磷光的机理和构效关系仍需深入研究。对现有的解释和论证方法进行总结，以提高人们对室温磷光的理解和认识，为分子设计和应用开发提供指导参考。

参考文献

[1] Luo J, Xie Z, Lam J W Y, et al. Aggregation-induced emission of 1-methyl-1, 2, 3, 4, 5-pentaphenylsilole. Chem

Commun，2001（18）：1740-1741.

[2] Hong Y，Lam J W Y，Tang B Z. Aggregation-induced emission. Chem Soc Rev，2011，40（11）：5361-5388.

[3] Chen J，Law C C W，Lam J W Y，et al. Synthesis，light emission，nanoaggregation，and restricted intramolecular rotation of 1, 1-substituted 2, 3, 4, 5-tetraphenylsiloles. Chem Mater，2003，15（7）：1535-1546.

[4] Mullin J L，Tracy H J，Ford J R，et al. Characteristics of aggregation induced emission in 1, 1-dimethyl-2, 3, 4, 5-tetraphenyl and 1, 1, 2, 3, 4, 5-hexaphenyl siloles and germoles. Inorg Organomet Polym Mater，2007（17）：201-213.

[5] Fukazawa A，Ichihashi Y，Yamaguchi S. Intense fluorescence of 1-aryl-2, 3, 4, 5-tetraphenyl phosphole oxides in the crystalline state. New J Chem，2010，34（8）：1537-1540.

[6] Shiraishi K，Kashiwabara T，Sanji T，et al. Aggregation-induced emission of dendritic phosphole oxides. New J Chem，2009，33（8）：1680-1684.

[7] Lai C T，Hong J L. Aggregation-induced emission in tetraphenylthiophene-derived organic molecules and vinyl polymer. J Phys Chem B，2010，114（32）：10302-10310.

[8] Li Q Q，Yu S S，Li Z，et al. New indole-containing luminophores：convenient synthesis and aggregation-induced emission enhancement. J Phys Org Chem，2009，22（3）：241-246.

[9] Zeng Q，Li Z，Dong Y，et al. Fluorescence enhancements of benzene-cored luminophors by restricted intramolecular rotations：AIE and AIEE effects. Chem Commun，2007（1）：70-72.

[10] Dong S C，Li Z，Qin J G. New carbazole-based fluorophores：synthesis，characterization，and aggregation-induced emission enhancement. J Phys Chem B，2009，113（2）：434-441.

[11] Yin S，Peng Q，Shuai Z，et al. Aggregation-enhanced luminescence and vibronic coupling of silole molecules from first principles. Phys Rev B，2006，73（20）：205409.

[12] Peng Q，Yi Y，Shuai Z，et al. Toward quantitative prediction of molecular fluorescence quantum efficiency：role of duschinsky rotation. J Am Chem Soc，2007，129（30）：9333-9339.

[13] Yuan W Z，Lu P，Chen S，et al. Changing the behavior of chromophores from aggregation-caused quenching to aggregation-induced emission：development of highly efficient light emitters in the solid state. Adv Mater，2010，22（19）：2159-2163.

[14] Xie Z，Yang B，Liu L，et al. Experimental and theoretical studies of 2, 5-diphenyl-1, 4-distyrylbenzenes with all-*cis*- and all-*trans* double bonds：chemical structure determination and optical properties. J Phys Org Chem，2005，18（9）：962-973.

[15] Xie Z Q，Yang B，Xie W J，et al. A class of nonplanar conjugated compounds with aggregation-induced emission：structural and optical properties of 2, 5-diphenyl-1, 4-distyrylbenzene derivatives with all *cis* double bonds. J Phys Chem B，2006，110（42）：20993-21000.

[16] Xie Z Q，Yang B，Cheng G，et al. Supramolecular interactions induced fluorescence in crystal：anomalous emission of 2, 5-diphenyl-1, 4-distyrylbenzene with all *cis* double bonds. Chem Mater，2005，17（6）：1287-1289.

[17] Yang B，Xie Z Q，Zhang H Y，et al. Theoretical study of 2, 5-diphenyl-1, 4-distyrylbenzene（a model compound of PPV）：a comparison of the electronic structure and photophysical properties of *cis*-and *trans*-isomers. Chem Phys，2008，345（1）：23-31.

[18] An B K，Kwon S K，Jung S D，et al. Enhanced emission and its switching in fluorescent organic nanoparticles. J Am Chem Soc，2002，124（48）：14410-14415.

有机分子激发态简介

2.1 引言

光化学是研究处于电子激发态的原子、分子的结构及其物理化学性质的科学。现代分子光化学是一门多学科交叉的新兴学科，包括有机光化学、无机光化学、高分子光化学、生物光化学、光电化学和光物理等门类。现代光化学对电子激发态的研究所建立的新概念、新理论和新方法大大拓展了人们对物质认识的深度和广度，对了解自然界的光合作用和生命过程、利用太阳能、保护环境、开创新的反应途径、寻求新的光电材料提供了重要理论基础。在新能源、新材料和信息处理新技术等高技术领域中发挥着越来越重要的作用。

本书重点关注聚集诱导发光体系的发光机理。尽管聚集诱导发光体系早已从纯有机的小分子，拓展至有机高分子、超分子组装体、生物分子体系、碳点、无机晶体和纳米簇等众多领域，但是经典且广泛应用的体系依然是有机小分子。有机分子在聚集体状态下的发光机理探究，将为机理研究提供清晰、可信的研究范本和重要的理论基石，指导着更为复杂体系的发光过程的机理解析和论证。所以，本章将首先为读者介绍有机分子的电子激发态。光物理过程，是指分子吸收光子到激发态，经过辐射跃迁和非辐射跃迁等过程弛豫，最终回到基态的全过程，不涉及物质变化和化学变化，即大家常说的“从摇篮到坟墓”的全过程。这里提及的一系列概念，在本章中都会进行详细阐述。本章目的在于对光化学和光物理的一些基本概念、基本原理作较为详细的介绍。

2.2 有机分子的结构与电子态

2.2.1 分子波函数和分子结构

根据量子力学，波函数Ψ可以用于描述任意微观粒子的运动状态，包含了微观粒子运动的全部信息。分子轨道波函数是指描述分子中电子运动状态的波函数，可以简化描述为由多个原子轨道线性组合而成。若一个分子体系的波函数是已知的，则可得到该体系的所有可观性质。波函数是一种数学表达，其数值可以通过求解薛定谔方程得到。然而，薛定谔方程难以精确求解，所以也无法获得准确的波函数。因此，有必要引入一些近似的方法来处理薛定谔方程，以得到近似波函数。Born 和 Oppenheimer[1]提出了一种近似求解分子波函数的方法。该方法认为，考虑到原子核的质量一般比电子大 3～4 个数量级，因而在相同的相互作用下，电子的移动速度较原子核快，这一速度差异的结果使得电子在每一时刻仿佛运动在静止原子核构成的电势场中，而原子核则感受不到电子的具体位置，只能受到平均作用力。由此，可以实现原子核坐标与电子坐标的近似变量分离，将求解整个体系的波函数的复杂过程分解为求解电子波函数和求解原子核波函数两个相对简单得多的过程。

在 Born-Oppenheimer 近似下，可以用三个独立的近似波函数对波函数 Ψ 进行近似计算。其中 Ψ_0 代表电子位置和轨道运动的近似波函数，用 χ 代表核的位置及其运动的近似波函数，ζ 代表自旋方向及其运动的近似波函数，则有

$$\underset{\text{“真实”的分子波函数}}{\Psi} \sim \underset{\text{轨道}}{\Psi_0}\ \underset{\text{核}}{\chi}\ \underset{\text{自旋近似波函数}}{\zeta} \tag{2-1}$$

式中，可以将“真实”的分子波函数 Ψ 用三个分立的近似波函数 Ψ_0、χ、ζ 来加以近似。此时，可以将电子的轨道运动、电子的自旋运动及核的振动分别考虑。但是需要注意的是，在使用这种近似时需要忽略电子与振动间（电子振动耦合）和自旋与轨道电子间（自旋-轨道耦合）的实质性相互作用。

首先，详细讨论了近似电子波函数 Ψ_0。它可以形象化地看作是电子分布围绕在具有正电荷核结构的固定场轨道中。近似电子波函数考虑到多个电子之间的相互作用，在处理时，近似电子波函数可以通过线性组合一些单电子轨道得到，此时 Ψ_0 可被有效近似为一个乘积，或者是单分子轨道 ψ_i 的重叠积分，如式（2-2）所示：

$$\underset{\text{近似的电子波函数}}{\Psi_0} \sim \underset{\text{单电子轨道的叠合}}{\psi_1\,\psi_2\cdots\psi_n} \tag{2-2}$$

式中，$\psi_i(i=1,2,3,\cdots,n)$ 为“单电子”分子薛定谔方程的解。假想分子只有一个电子，那么就不存在电子-电子间的相互作用。单电子波函数只是一种轨道层面的近似波函数，这可以在有机化学教材中看到（即 Hückel 轨道）。

按照量子力学假设，分子的任何可观测性质的期望值 P 都可以用下列矩阵元来计算[2]：

$$P = \text{可观测量的平均值} = \frac{\int_0^\infty \langle \Psi | H | \Psi^* \mathrm{d}\tau \rangle}{\int_0^\infty \Psi \Psi^* \mathrm{d}\tau} = \langle \Psi | H | \Psi^* \rangle \tag{2-3}$$

式中，H 为“哈密顿算符”，代表施加于 Ψ 上的力或者作用。结合式（2-1）和式（2-3），可以给出 P 值：

$$P \sim \langle \Psi_0 \chi \zeta | H | \Psi_0 \chi \zeta \rangle \tag{2-4}$$

由式（2-2）和式（2-4）可得，P 的值为

$$P \approx \langle \psi_1 \psi_2 \cdots \psi_n \chi \zeta | H | \psi_1 \psi_2 \cdots \psi_n \chi \zeta \rangle \tag{2-5}$$

式（2-5）中对 P 采取的近似称为零级近似，与 Born-Oppenheimer 近似处于同一水平上，与处理单轨道波函数 Ψ_0 相同。若采取更高水平的近似，如一级近似，则需要在零级近似的基础上考虑更多因素。例如，可以引入自旋-轨道耦合、电子-电子相互作用或对电子态的振动进行混合，并注意这种效应对 P 值大小的影响。

2.2.2　基态与激发态的电子组态

下面以甲醛（$H_2C{=}O$）分子为例，说明建立电子组态的方法。首先，给出甲醛分子的各个分子轨道，并按能量大小排列：

$$1S_O < 1S_C < 2S_O < \sigma_{C-H} < \sigma_{C-O} < \pi_{C=O} < n_O < \pi^*_{C=O} < \sigma^*_{C-O} < \sigma^*_{C-H} \tag{2-6}$$

式中，$1S_O$、$2S_O$ 和 $1S_C$ 主要是指在氧原子和碳原子上的分子轨道，其余分子轨道为通常意义所指的轨道，包括成键轨道和反键轨道（上标“*”表示反键轨道）。填充在反键轨道上的电子具有更高的能量，将其称为价电子。注意，在式（2-6）中存在一系列反键轨道，它们在基态下是未被填充的。在基态下，$H_2C{=}O$ 的反键轨道 $\pi^*_{C=O}$ 为最低未占分子轨道（LUMO），同样未被占据的 σ^*_{C-O} 和 σ^*_{C-H} 处于能量更高的位置。

$H_2C{=}O$ 分子中有 16 个电子，在构造其最低能量电子态（S_O）时，必须将电子按照泡利（Pauli）不相容原理、洪特（Hund）规则及能量最低原理分布于式（2-6）所给的电子轨道中。按照上述规则构筑出来的 $H_2C{=}O$ 分子的基态构型如式（2-7）所示，式中轨道右上角的数字是指该轨道上所填充的电子数。

$$\Psi = (1S_O)^2 (1S_C)^2 (2S_O)^2 (\sigma_{CH})^2 (\sigma'_{CH})^2 (\sigma_{CO})^2 (\pi_{CO})^2 (n_O)^2 (\pi^*_{CO})^0 \tag{2-7}$$

可以用一种更为简洁的方式来描述式（2-7），其主要考虑价电子的行为。而对于接近原子核的“内层”电子，则认为在化学过程中十分稳定。在说明基态电子轨道的性质时，通常只需要考虑最高占据分子轨道（HOMO），因此可以用式（2-8）来表示 $H_2C{=}O$ 的基态组态。

$$\Psi(H_2C=O)=K(\pi_{CO})^2(n_O)^2 \tag{2-8}$$

式中，K 为那些被紧紧束缚在分子骨架上，接近于带有正电荷的原子核而被稳定，难以被扰动的电子。

表示乙烯（$H_2C=CH_2$）的基态组态时，可运用同样的思想，即忽略低能的分子轨道。因此，$H_2C=CH_2$ 的基态组态表示如下：

$$\Psi(H_2C=CH_2)=K(\pi_{CC})^2 \tag{2-9}$$

利用电子轨道组态来描述 $H_2C=O$ 和 $H_2C=CH_2$ 在激发态下的电子组态。在激发态下的电子构型是将一个电子从基态的 HOMO 移出，并且放置到基态的 LUMO 上，即激发态具有(HOMO，LUMO)的电子构型。此外，利用电子轨道构型还可以形象化地描述其轨道能量、电子跃迁等信息。如图 2-1 所示，$H_2C=O$ 具有两个较低能量的电子跃迁，即 $n\to\pi^*$ 和 $\pi\to\pi^*$，并产生两个相应的电子激发态构型 (n,π^*) 和 (π,π^*)。另一方面，$H_2C=CH_2$ 只有一个低能量的电子跃迁 $\pi\to\pi^*$，并产生一个相应的电子组态 (π,π^*)。

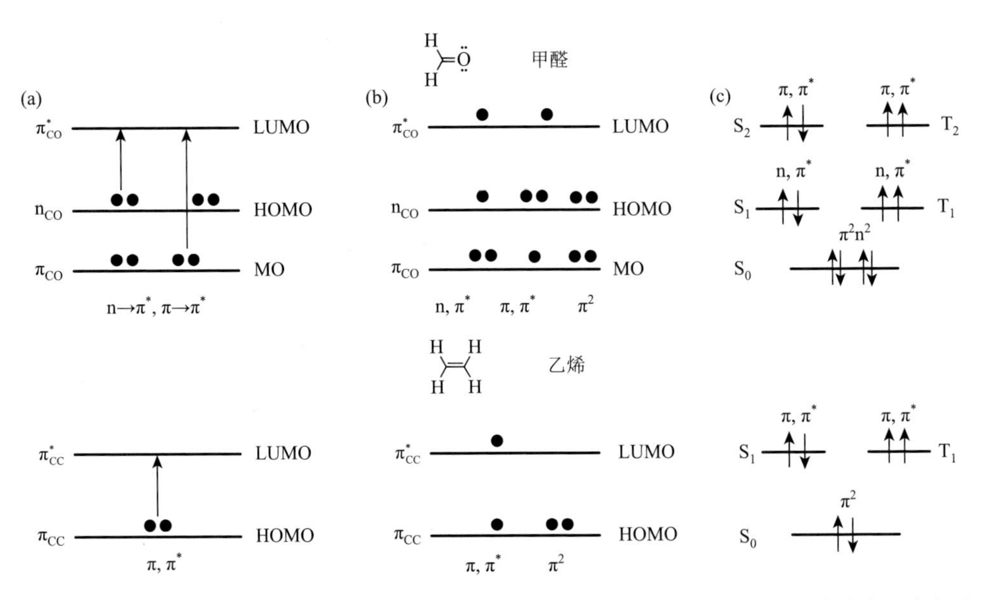

图 2-1　以甲醛分子和乙烯分子为例的电子跃迁（a）、电子构型（b）和最低激发态的电子态（c）的图示

2.2.3　由电子组态构建电子态

利用泡利不相容原理处理电子自旋相关性的电子组态称为电子态。在固定的核几何构型下，这种分子的电子态表示为能量的函数，称为态能级图。

泡利不相容原理规定，任何基态组态都必须为单线态，即在每一个轨道上的两个电子都必须是自旋配对的。例如，甲醛在基态构型下，所有轨道上的电子都是自旋配对的。但是对于激发态而言，两个电子在两个轨道上，并不要求必须配对，而是各自占据一个轨道，即一个在 HOMO 上，一个在 LUMO 上。此时，泡利不相容原理并不要求这样两个电子必须自旋配对，所以半占轨道的电子组态可以产生激发单线态或激发三线态，这表明图 2-1 中给出的激发态组态都可对应激发单线态或激发三线态。从 $H_2C=O$ 低能量的电子激发态组态出发，可以得到四种激发态，包括两种单线态和两种三线态。即 (n,π^*) 态可以为单线态 $^1(n,\pi^*)$ 或三线态 $^3(n,\pi^*)$，(π,π^*) 也可以为单线态 $^1(\pi,\pi^*)$ 或三线态 $^3(\pi,\pi^*)$。同样，对于 $H_2C=CH_2$ 而言，其具有两种电子激发态，即单线态的 $^1(\pi,\pi^*)$ 和三线态的 $^3(\pi,\pi^*)$。

2.3 有机分子激发态的描述

2.3.1 单线态和三线态的特征组态：简化表示法

在电子组态和电子态的描述中，通常采用一套简化的符号。基态单线态用“S_0”表示，其中“S”意味着该态不具有净电子自旋，即所有电子都是自旋配对的。下标“0”代表这是最低的电子态，将其能量设定为零点。由此，其他所有电子态的能量都是相对于基态的正值，即它们的能量都高于基态。据此，“S_1”代表比基态 S_0 高的第一个电子激发单线态，“S_2”是第二个电子激发单线态。同理，第一个比基态 S_0 高的电子激发三线态记作“T_1”，“T_2”表示第二个电子激发三线态。这样的命名规则为我们提供了一种清晰、简洁的方式来描述分子内不同电子激发态的层次结构。

当分子或原子位于强磁场中时，如果分子或原子处于某种特定的（激发三线态）电子组态，那么这些分子或原子可以展现出三个可区分的状态，在这种情况下称这些分子或原子处于“三线态”[3]。相反，如果分子或原子处于某种特定的（激发单线态）电子组态，磁场并没有导致电子态能级的分裂，则这些分子或原子被认为处于“单线态”。进一步来讲，分子或原子的多线态是指，在适当强度的磁场作用下，化合物的吸收和发射光谱中所展现出的谱线数目。在光谱中会观察到总共$(2S+1)$条谱线，其中 S 代表系统内所有自旋量子数的总和。已知单个电子的自旋量子数可以是 $+1/2$（自旋向上）或$-1/2$（自旋向下）。根据泡利不相容原理，两个电子占据同一轨道时，它们的自旋方向必须相反。当一个分子中所有的电子都配对时，该分子的总自旋量子数 S 为 0，从而$(2S+1)$的值为 1。这样的分子状态称为单线态，用 S 来表示，并且根据能量级别的不同，可以进一步分为 S_0、S_1、S_2、S_3 等。绝大多数分子的基态（即最低能态）都是单线态 S_0。当分子或体系处于基态（S_0）且受到外部激发时，如果其中一个电子从低能轨道跃迁到高能轨道而其自旋未发生改变，那么体系的总自旋量子数保持为 0，形成的状态称为单线激发态，分别用 S_1、S_2、S_3、…表示。然而，如果在电子跃迁过程中自旋发生了反转，体系的总自旋量子数变为 1，多重度$(2S+1)$变为 3，此时分子处于三线态，也被称为三重态。根据能量的不同，将这些三线态依次表示为 T_1、T_2、T_3、…。

在描述电子态时，常用的方法是采用单电子近似，这种方法假定可以独立地考虑每个电子的行为。然而，在一些特定情况下，这种近似不足以精确描述电子的特性，需要考虑两个或多个电子态的相互作用，以获得更准确的描述。在这种复杂情况下，就会挑选那些被认为是关键的分子轨道来划分和描述分子的电子组态。每个电子态的描述遵循以下规则：①利用其特征的电子组态进行描述，即确定哪些轨道被电子占据；②描述其特征的自旋构型，即电子的自旋排列方式。这样的处理使我们能够更全面地理解分子在不同电子态下的性质及变化。以甲醛为例，其 S_0、S_1、S_2、T_1 和 T_2 态的描述如表 2-1 所示。

表 2-1　甲醛低占据电子态、特征轨道、特征自旋电子构型及电子态缩写

电子态	特征轨道	特征自旋电子构型	电子态缩写
S_2	π,π^*	$(\pi\uparrow)^1(n)^2(\pi^*\downarrow)^1$	$^1(\pi,\pi^*)$
T_2	π,π^*	$(\pi\uparrow)^1(n)^2(\pi^*\uparrow)^1$	$^3(\pi,\pi^*)$
S_1	n,π^*	$(\pi)^2(n\uparrow)^1(\pi^*\downarrow)^1$	$^1(n,\pi^*)$
T_1	n,π^*	$(\pi)^2(n\uparrow)^1(\pi^*\uparrow)^1$	$^3(n,\pi^*)$
S_0	π,n	$(\pi)^2(n)^2(\pi^*)^0$	$^1[(\pi)^2(\pi^*)^2]$

2.3.2　单线态和三线态的矢量表示法

1. 电子自旋的矢量模型

电子既是带电粒子也拥有自旋属性，类似于地球自转产生的角动量。电子自旋会产生一个矢量形式的自旋角动量，用符号 $\boldsymbol{S}$ 表示。在海森伯不确定性原理的制约下，我们无法同时精确知道自旋角动量矢量 $\boldsymbol{S}$ 的方向和大小，因此电子的自旋状态更像是一个不停进动的陀螺，其磁矩矢量围绕自旋轴持续运动。在经典物理学中，自旋产生的角动量有连续的可能值，但在量子力学框架下，电子自旋被量子化，仅具有两个可能的取值：$+\hbar/2$（自旋向上）和$-\hbar/2$（自旋向下），这里

的 $\hbar$ 是约化普朗克常数，也就是普朗克常数 h 除以 2π 的值。根据泡利不相容原理，两个电子不能占据同一个量子态，因此电子在同一个轨道上自旋配对，其自旋角动量互相抵消，导致总角动量和总自旋为零[4]。

根据量子力学，物理量的大小对应于波函数的平方 Ψ^2 而非 Ψ，应用 S^2 来讨论电子自旋的度量值。根据量子力学定律，S^2 的可能值应该由允许的自旋量子数 S 给出。对于一给定的 S 值，其数值可以由式（2-10a）给出，并且其对应的 S^2 可以由式（2-10b）得到。

$$S=[S(S+1)]^{\frac{1}{2}} \tag{2-10a}$$

$$S^2=S(S+1) \tag{2-10b}$$

现在给定自旋多重态的定义：对于给定自旋角动量，多重态（M）是磁场中量子力学所允许的自旋取向的数目。可以通过式（2-11）得出自旋多重态的数值。对于每一个允许的取向可分配一个自旋量子数 M_S，其中下标 S 与自旋量子数及自旋在 z 轴上的投影值相关。

$$M=2S+1 \tag{2-11}$$

在 z 轴上，自旋矢量有两个取向，分别是“向上”和“向下”的。定义“向上”的自旋矢量为 α 取向，“向下”的为 β 取向。对于单电子而言，其自旋量子数为 1/2，根据式（2-11）可得其 $M=2$。那么在磁场中，电子自旋矢量的两个取向分别为 $M_S=+1/2$ 和 $M_S=-1/2$，这两个允许的自旋取向如图 2-2 所示。

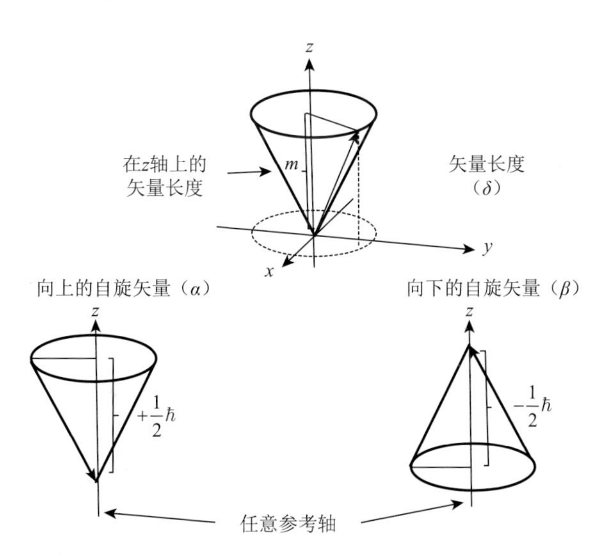

图 2-2　电子自旋磁矩的矢量表示

矢量被看作是绕 z 轴进动，它在 z 轴上的投影长度为 m，自旋矢量只有两个取向时是稳定的，一个向上（α），一个向下（β）

2. 一种表示单线态和三线态的矢量模型

在分子轨道理论中，两个电子分别占据不同轨道时，它们的自旋状态可以相互耦合形成单线态或三线态。假设有两个电子，它们处于电子组态(ψ_i,ψ_j)，如(n,π^*)组态或(π,π^*)组态。对于单电子，其自旋矢量只能为α（“向上”的自旋），或者β（“向下”的自旋），因此一个只有两个电子的体系便可以由四个可能的自旋矢量来表征。量子力学指出，当两个电子的自旋矢量同相或异相时，系统会处于稳定状态。同相指的是两个自旋矢量以相同的频率进动且方向相同；异相是指它们以相同的频率进动但方向相反。

如图2-3所示，将波函数ψ_i和ψ_j的两个电子设为1和2，其自旋矢量分别用S_1和S_2来表示。当产生单线态时，两个电子自旋耦合，其自旋矢量为反平行（↑↓）。这种取向导致这两个自旋矢量的净自旋角动量可以完全抵消，不存在净自旋而仅有一个自旋态，此时M_S只有 0 一种取值，所以为单线态。两个电子自旋耦合时也会产生三线态，此时自旋量子数等于1，M_S有0、+1和–1三种取值，这三个值分别对应于一个稳定态，即三线态的三个分量之一。

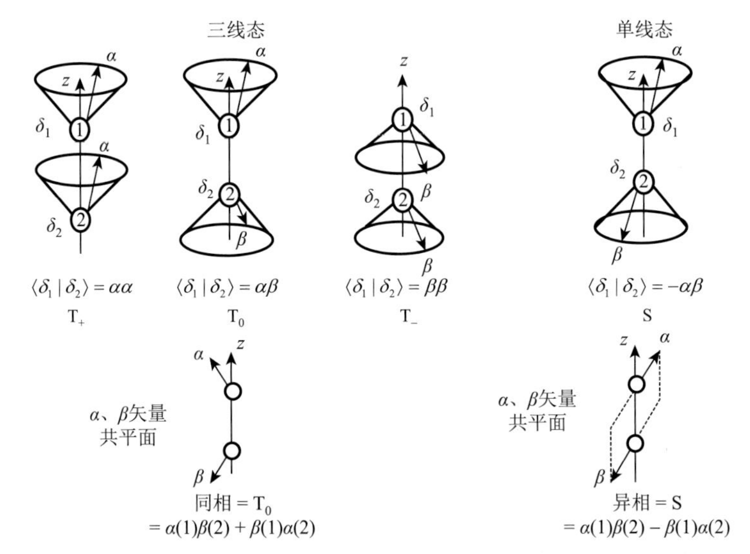

图 2-3　三线态和单线态的矢量表示

“向上”的自旋矢量用α表示，“向下”的自旋矢量用β表示

值得注意的是，自旋为$\alpha\beta$时有两种情况。如图2-3所示，当α和β是同相时，这两个矢量在z轴各自有一个分量，可产生一个垂直于z轴的合成矢量，但在z轴上的自旋合成矢量为0，这个状态对应于三线态中$M_S=0$；当α和β是异相时，这两个矢量在z轴和垂直于z轴上的合成矢量均为0，对应于单线态中$S=0$，$M_S=0$这个分量。

2.3.3 单线态和三线态的电子能量差

根据洪特规则，对于能量相同的简并轨道，电子会优先单独占据每一个轨道，并且所有电子的自旋指向相同方向，这样做可以使体系的总能量最低。也就是说，电子在所有简并轨道都被单独占据之前，不会在任何轨道上发生自旋配对。由此可知，在同一能量级上，未配对电子的三线态能量通常低于自旋配对的单线态能量。因此，单线态和三线态之间存在一个能量差。如果将单线态的能量表示为 E_S，三线态的能量表示为 E_T，那么单线态与三线态之间的能量差，即 $E_S - E_T = E_{ST}$，便是单线态-三线态能隙。

在忽略电子-电子相互作用的情况下，态的能量可以看作是所有占据轨道的单电子能级的总和。在更精确的一级近似中，还需要考虑电子之间的排斥能。在 Born-Oppenheimer 近似下，原子核被认为是固定不动的，负电子与正电子核之间的吸引力就像经典的静电吸引一样，为系统提供了稳定化的能量。因此，两个电子态之间的能量差就只依赖于电子间的排斥能。电子间的排斥力来源于它们之间的静电排斥，这是一个基于经典电动力学的相互作用，用符号 K 来表示这个排斥力的矩阵元素。另外，根据泡利不相容原理，当交换任意两个电子的位置时，电子的波函数必须改变其符号，因此需要对电子间的排斥力进行一级修正。这种由于电子位置交换而引起的排斥能的矩阵元素，用 J 表示，称为电子交换能，它与 E_{ST} 相关。因为 J 代表排斥能，所以是一个正值。由相同的最高占据分子轨道（HOMO）和最低未占分子轨道（LUMO）推导出的单线态 S_1 和三线态 T_1 之间的能量差，可以通过矩阵元素 J 来量化，其表达式如式（2-12）所示：

$$J \approx \left\langle \mathrm{HOMO} \left| \frac{e^2}{r_{12}} \right| \mathrm{LUMO} \right\rangle \tag{2-12}$$

以 $H_2C{=}O$ 分子为例，其 S_0、S_1 和 T_0 三个态的能量可由式（2-13）～式（2-15）给出[5]。可以看出，S_1 和 T_1 的零级能的表达式中前两项相同，都为电子从 n 轨道跃迁到 π^* 轨道上所需要的能量，再加上一项电子静电作用的修正值。电子交换能 J 导致了单线态-三线态分裂。如图 2-4 所示，与零级态相比，电子交换能使三线态更加稳定，但是使单线态更加不稳定。

$$E_0 = 0 \tag{2-13}$$

$$E(S_1) = E(n, \pi^*) + K(n, \pi^*) + J(n, \pi^*) \tag{2-14}$$

$$E(T_1) = E(n, \pi^*) + K(n, \pi^*) - J(n, \pi^*) \tag{2-15}$$

根据上式可以得出 ΔE_{ST} 的表达式为

$$\Delta E_{ST} = E(S_1) - E(T_1) = 2J(n, \pi^*) > 0 \tag{2-16}$$

$J(\mathrm{n},\pi^*)$ 对应于电子-电子排斥，所以必须为正值。那么，在这种近似下可以断定 $E(\mathrm{S}_1) > E(\mathrm{T}_1)$。

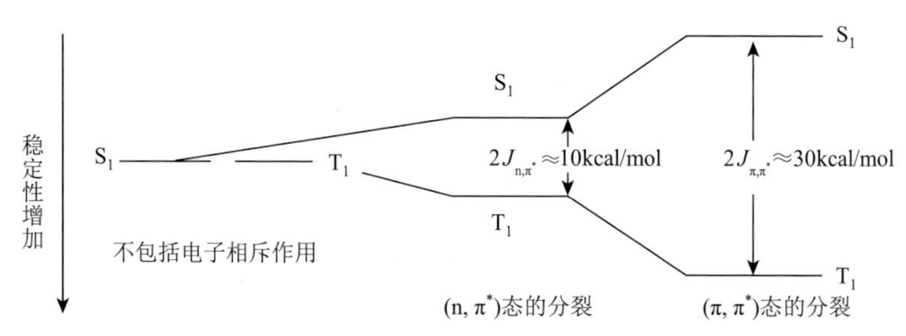

图 2-4　(n, π*)和(π, π*)态的单线态-三线态能隙

1 kcal = 4184 J

电子交换项 J 导致了单线态-三线态分裂，考虑这种分裂带来的影响，可以对甲醛的零级态能级图加以修正（图 2-5）。根据式（2-12）中 J 的表达式，可以给出 $(\mathrm{n},\ \pi^*)$ 态中 J 的量值［式（2-17）］。式中的 n 和 π^* 分别代表其对应轨道的波函数，括号中的数字代表该轨道被几个电子所占据，e^2/r_{12} 代表交换电子间排斥。式（2-17）中的 e^2/r_{12} 可以作为公因子被提出，因此 J 可以正比于 n 轨道和 π^* 轨道的重叠积分。重叠越大，重叠积分值越大。重叠积分可以看作是两个波函数相似度的量度，即重叠积分很大时，两个波函数较为相似。J 值正比于重叠积分值，重叠积分的大小又正比于轨道的重叠程度，因此可以将式（2-18）图像化以估计轨道的重叠程度，从而可以进一步估计积分值。

$$J \approx \left\langle \mathrm{n}(1)\pi^*(2) \left| \frac{e^2}{r_{12}} \right| \mathrm{n}(2)\pi^*(1) \right\rangle \tag{2-17}$$

$$J_{\mathrm{n},\pi^*} \approx e^2/r_{12} \left\langle \mathrm{n}(1)\pi^*(2) \middle| \mathrm{n}(2)\pi^*(1) \right\rangle \approx \left\langle \mathrm{n} \middle| \pi^* \right\rangle \tag{2-18}$$

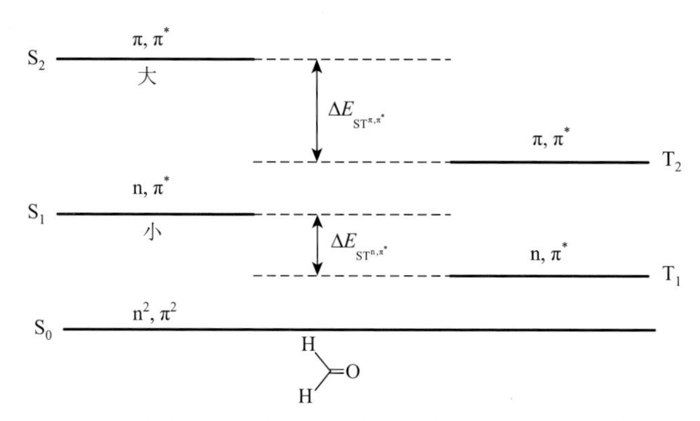

图 2-5　甲醛的实用态能级图，包括单线态-三线态能隙

2.4 势能面、态能级图和 Franck-Condon 原理

2.4.1 势能曲线和势能面

处于某一电子状态的分子的核具有各种不同的空间构型，每种空间构型都对应于体系某一特定的势能。对于一给定的电子态，势能对核构型的图称为势能面[7]。势能面可以用来描述一个分子体系的总能量随其结构的变化。本节的目的是说明如何用势能面这一工具提供一个定性描述分子能学、分子动态学及其结构的基础。通过讨论双原子分子的势能曲线，然后将得到的概念加以推广并应用到势能面上，运用势能面来描述不同电子态之间的跃迁光物理过程。

对于一个给定的电子组态，可以用波函数 Ψ 来描述电子的位形和运动，用波函数 χ 描述核的位形和运动。接下来，将介绍一种描述振动波函数的方法。对于一个双原子分子 XY，可将其看作一个在做简谐振动的谐振子。想象 X 和 Y 之间用一根弹簧连在一起，若其中一个原子比另一个轻得多，那么可以把较重的原子看作一堵墙，较轻的原子则被一根弹簧连在这堵墙上。如图 2-6 所示，振动着的双原子分子势能作为核间距的函数图像可以用经典势能曲线表示。在某特定的核间距 r_e 时，体系的势能 PE 具有最小值，此时体系处于平衡状态。若核间距小于 r_e，那么由于核之间的相斥作用或电子的相斥作用，体系的势能会急剧增加。若核间距大于 r_e，那么会使弹簧拉长，从而也会使体系的势能增加。粒子无论从任何位置回到平稳位置时，都会产生回复力 F，因此多考虑势能的相对大小，即势能差。定义处于平衡位置时的势能具有最小值，即 $E_0 = 0$。

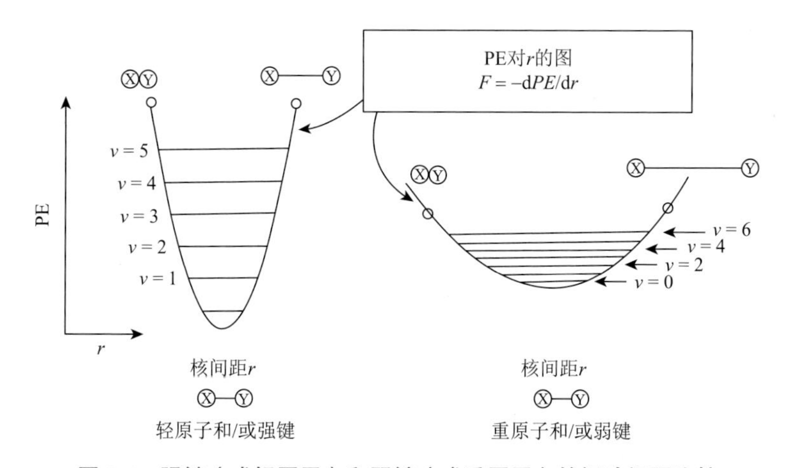

图 2-6 强键（或轻原子）和弱键（或重原子）的振动间隔比较

在势能曲线上的任意一点，分子都受回复力 F 的影响使其想要回到平衡的几何构型。假想一个沿着势能面滑动的“代表点”，它代表着一种核构型，这个点随着原子对 XY 的运动，标示其构型核能量的变化。该点处于 r_e 位置时，说明其势能 PE 为 0；当处于曲线上任何其他位置时，都具有过剩的能量。谐振子遵从胡克定律，它的薛定谔方程的解表明它的能级是量子化的，并且可以由式（2-19）给出：

$$E_{\mathrm{v}} = h\upsilon\left(v + \frac{1}{2}\right) \tag{2-19}$$

式中，v 为振动量子数，只能取整数值（0, 1, 2,⋯）；υ 为振子的振动频率；h 为普朗克常数。由谐振子的量子力学解推导可以得到以下几点结论[6]：①所有的振动能级均为量子化的。②振动能级间隔相同且均为 $h\upsilon$。③最低的振动能级不是 0，而是 $\frac{1}{2}h\upsilon$。④处于平衡位置时具有最小的振动势能 $\left(\frac{1}{2}h\upsilon\right)$，此时动能最大。在转折点时势能最大，动能具有最小值($KE = 0$)。⑤核永远不会停止运动。

2.4.2 谐振子和非谐振子的振动波函数

谐振子的振动波函数的形式在靠近平衡距离的几何构型时非经典性十分突出，但随着振动能级的升高，其谐振子的行为变得越来越具有经典的性质。图 2-7 定性描述了 $v = 0$、1、2、3、4 和 10 时的振动本征函数 χ_v，这些曲线画在量子化的能级上。水平线以上的 χ_v 为正，水平线以下 χ_v 为负，处于水平线上的 χ_v 值为 0。水平线上 χ_v 为 0 的点的数量等于振动量子数 v 的数值。需要注意的是，一个波函数 χ_v 与实验的观察结果不是直接相关，两个波函数的乘积才与实验结果直接相关。由式（2-20）可知，振动重叠积分 $\langle\chi\rangle$ 与两个不同振动状态间的跃迁概率相关，此时 χ_v 的符号才有决定意义。两个波函数的乘积可以定义为概率函数 $\chi_v^2\,(i = j)$，该函数表示核在某一能级上振动时，在某一给定值 r 找到该核的概率[7]。

$$\int \chi_i \chi_j \mathrm{d}\tau = \langle \chi_i | \chi_j \rangle \equiv \langle \chi \rangle \tag{2-20}$$

从图 2-7 可以看出，除了 $v = 0$ 能级的 χ 在任何地方都为正值，其他能级的 χ 的数学符号都是正负交替变化的。在较高振动能级上，除了在经典的转折点附近有一个宽的极大值之外，在转折点之间还有许多极大值。振动能级越高，χ 的节点越多，振动能级的动能就越大。此外要注意的是，在两端的振动拐点上 χ 并非为 0，而是有一拖尾。$v=0$ 能级上的概率分布曲线与经典图像有很大不同，有一个较宽概率的极大值在 $r=r_e$ 而不在两个转折点。在经典的观点中，最低能量下振动态应该处于静止状态，核永远不会停止运动，因为静止状态下其位置和速度可以同时精确确定，那么就违反了不确定性原理。凝聚相中所发生的大多数辐射跃迁和非辐射跃迁都是从达到热平衡的振动态发生的，这意味着 $v=0$ 能级在有机物光谱学及光化学中的巨大重要性。

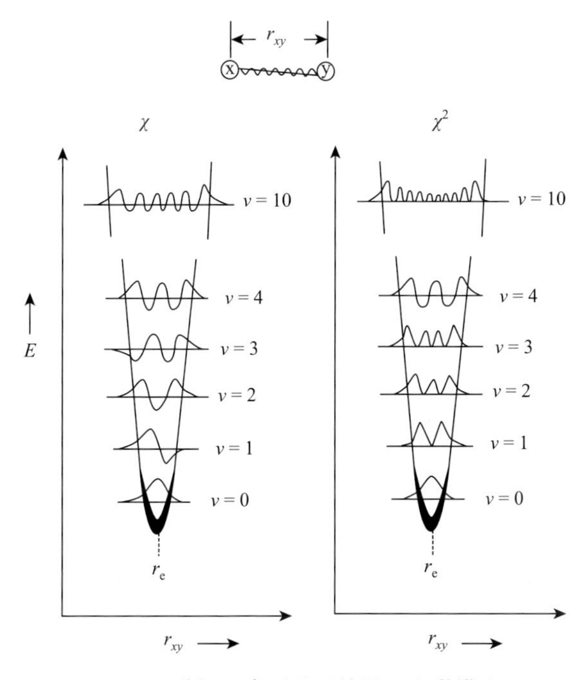

图 2-7 谐振子类型分子的量子力学描述

谐振子近似并不适用于 XY 键严重压缩或伸长的几何构型。对于一个理想的谐振子，其回复力的变化总是平滑的，但是如图 2-8 所示的 HCl 分子[8]，其 r 值比较大时使 X—Y 键变弱，最后当回复力消失时势能达到一个极限值，最终会导致键的断裂。这个极限值相当于分子的解离能，在图 2-8 中用渐近线表示。如果体系的能量刚好相当于渐近线，此时两个原子被拉到最长，原子彼此间的速度为 0，在渐近线以上，它们的动能连续增大。另一方面，当分子受到压缩时，势能的增大比预料得要快，因为随着核间距的减小，库仑排斥作用会急剧增加。与谐振子不同的是，非谐振子的振动能级虽然也是量子化的，但是振动能级间的间隔并不相等。随着振动能级的增加，能级间隔缓慢减小，这是由于在更高的能级上，键强也就越弱。

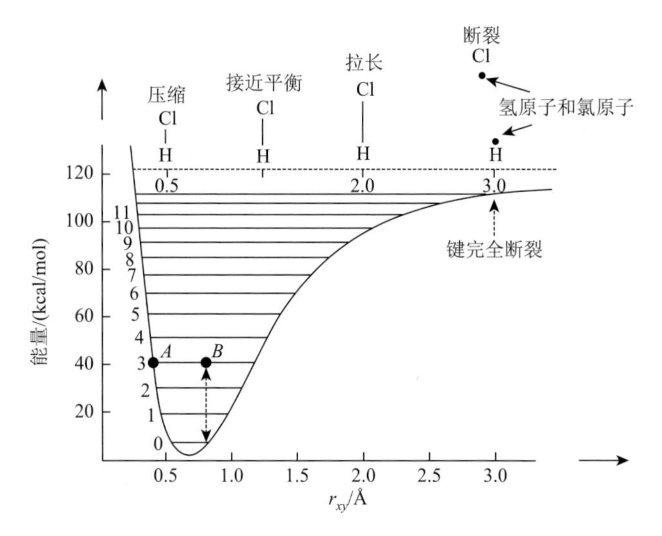

图 2-8 非谐振子 HCl 的基态曲线

2.4.3 势能面之间的跃迁

不是所有的反应和变化都只沿着一个固定的势能面运动，例如，非绝热反应中就出现了由一个电子势能面到另一个电子势能面的跃迁。所有生成稳定基态分子的光反应都是绝热反应，因为吸收光能使分子处于激发态的势能面上，而观察到的产物则处于基态势能面上，所以在这个过程中一定存在势能面之间的跃迁。非绝热跃迁主要可以分为两大类，第一类是非绝热的辐射跃迁，如荧光过程和磷光过程；第二类是非绝热的无辐射跃迁，如系间窜越、内转换、振动弛豫和大多数的光化学反应。由于非绝热跃迁严格服从 Franck-Condon 原理，因此跃迁的始态和终态的核几何构型必须高度相似。实际上，一个“化学反应”（就核构型的剧烈变化而言）绝不能通过非绝热辐射跃迁的途径实现，然而，非绝热无辐射跃迁在许多光化学反应中是尤为关键的一步，它影响着化学反应的活性和反应效率。下面详细探讨 Franck-Condon 原理与非绝热过程的相互关系。

2.4.4 Franck-Condon 原理和辐射跃迁、非辐射跃迁

在量子力学中，核或振动的波函数 χ 代替了核在空间中的精确位置及与其相关的运动的经典概念，波函数 χ 确定了核构型和动量。在经典力学中，我们认为电子跃迁的始态和终态的核构型和动量在跃迁瞬间是相似的，在量子力学中，这要求电子态跃迁的瞬间，始态和终态的波函数净正重叠。这种重叠可以用 Franck-Condon 积分 $\langle\chi_i|\chi_j\rangle$ 表示。任何电子跃迁的概率都与振动重叠积分的平方

$\langle \chi_i|\chi_j \rangle^2$ 直接相关，将$\langle \chi_i|\chi_j \rangle^2$ 称为 Franck-Condon 因子。Franck-Condon 因子决定着电子吸收光谱和发射光谱中振动带的相对强度[9]。在无辐射跃迁过程中，Franck-Condon 因子对于跃迁速率也起到重要的作用。一般情况下，只考虑积分本身而不考虑其平方。振动量子数 i 和 j 的差值越大，始态和终态的形状和动量不同的可能性就越大，跃迁也越困难。也就是说，$\langle \chi_i|\chi_j \rangle$ 的值是同 Ψ_i，Ψ_j 态具有同样形状和动量的概率是保持一致的。Franck-Condon 积分类似于电子重叠积分 $\langle \Psi_i|\Psi_j \rangle$，重叠不好意味着相互作用弱，跃迁速率低。

图 2-9 可以表示辐射跃迁过程的 Franck-Condon 原理的量子力学解释。吸收从 Ψ^0 的 $v=0$ 能级开始，从该能级到 Ψ^* 的某一振动能级的跃迁中，发生概率最大的辐射跃迁将对应于 χ_i 和 χ_j 具有最大值的跃迁，即图 2-9 中从 $v=0$ 到 $v=4$ 的跃迁。与此同时，Ψ^0 的 $v=0$ 能级也可以跃迁到 Ψ^* 的其他能级上，但是概率较小。上述概念也可用于分析发射光谱，不同的点在于此时是从 Ψ^* 跃迁到 Ψ^0 的不同振动能级上。Franck-Condon 原理提出了分子体系的代表点在势能面间优先发生垂直跃迁的性质，该原理禁阻无辐射跃迁过程中势能面之间具有较大间隙的垂直跃迁，同时支持在零级近似下具有势能面交叉特征的垂直跃迁[10]。

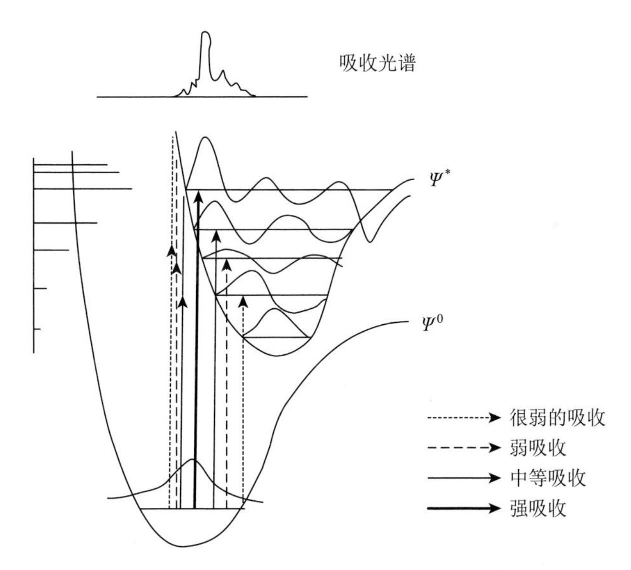

图 2-9　Franck-Condon 原理的量子力学解释

在图 2-10 中，将势能面不交叉与势能面交叉的情况进行了比较。可以看出，当势能面不交叉时，处于势能面 Ψ^* 上最低振动能级的分子，其振动波函数 Ψ^* 和 Ψ^0 的净正重叠是不佳的。相应地，当存在势能面交叉时，振动波函数 Ψ^* 和 Ψ^0 具有佳的净正重叠。在这两种情况下，χ_i 都相当于 Ψ^* 的 $v=0$ 能级，而 χ_j 相当于 Ψ^0

的 $v=6$ 能级。对于这两种情况的跃迁，必须转变为动能的电子态能量和由跃迁造成的态的振动量子数都是相同的，但是存在势能面交叉的无辐射跃迁速率要远大于另一种。这是因为 $\int \chi_i \chi_j \mathrm{d}\chi$［图 2-10（b）］$\gg \int \chi_i \chi_j \mathrm{d}\chi$［图 2-10（a）］。将图 2-10（a）中的无辐射跃迁称为 Franck-Condon 禁阻的跃迁，将图 2-10（b）中的无辐射跃迁称为 Franck-Condon 允许的跃迁。

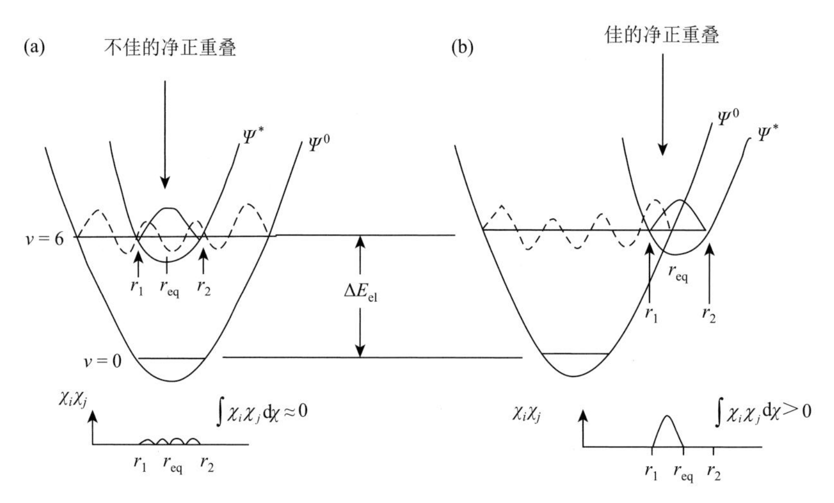

图 2-10 振动波函数不佳（a）和佳的（b）净正重叠的示意图

2.5 有机分子激发态的弛豫

2.5.1 经典动力学

分析不同跃迁方式的途径时，主要包括两个方面：①始态与终态之间结构、能量和动量的差别。②使始态转变为终态的作用力。由经典牛顿定律可知，相互作用会影响体系中粒子的运动，从而给始态到终态的转变提供了一种可能性。同时，运动的完成需要一组相互作用力，它们是由一组大小相等、方向相反的作用组成的。此外，在用量子力学分析光物理跃迁过程之前，还需要讨论两条经典动力学中的定律[11]。

（1）能量守恒定律：在任何孤立体系中，能量不会凭空产生，或者凭空消失能量，只能由一种形式转变为另一种形式。

（2）动量守恒定律：在任何孤立体系中，动量不会凭空产生或者凭空消失，只能由一种形式转变为另一种形式。

以上定律为我们在零级近似下分析各态间的跃迁提供了有力的根据。通过守恒定律可以鉴别哪些跃迁机理是可以接受的，哪些是不可以接受的。如果在孤立系统中的跃迁违反守恒定律，称这种跃迁是严格禁阻的；相应地，遵守守恒定律的跃迁称为允许的。对于禁阻的跃迁，要想使这种跃迁机理可以被接受，必须引入一个外加的能源或能壑以使其不违反能量守恒定律，或者引入一种原先被忽略了的可以引起动量交换的内力或外力，以保证动量守恒。

2.5.2　各态间跃迁的黄金定则

在用量子力学理解跃迁速率的过程中，可以用黄金定则来表述：两个态之间的跃迁速率与矩阵元的平方成正比，这个矩阵元相应于耦合两个零级态的一阶微扰[12]。黄金定则的表示式为

$$k(\mathrm{s}^{-1}) = \frac{2\pi}{h}\rho\langle H'\rangle^2 \tag{2-21}$$

式中，k 为速率。

黄金定则的实质是，两个态之间的跃迁概率是靠一种相互作用力决定的，它可以改变始态的运动方式、动量、自旋等，最终使始态变为终态。将两个态之间的相互作用视为微扰，则两个态之间的跃迁速率正比于这两个态之间的相互作用的绝对值的平方。

2.5.3　各态间跃迁——跃迁概率的估算

根据黄金定则，在零级近似下来描述所研究的体系。如果在一级近似下两个态之间的相互作用很强，那么认为这两个态之间的跃迁概率最大为 k_{max}^0，而且在极端情况下仅受到粒子零点运动的限制。这意味着，如果是在强相互作用的范围内，影响电子最大跃迁速率 k_{max}^0 的因素只有跃迁的电子运动。但是，如果在一个“完全允许的”电子跃迁过程中发生了核几何构型或者自旋的变化，那么这些变化同样影响最大跃迁速率。将这些两态间的一个跃迁中的每一个急剧的结构变化算为一个禁阻因子（f），实验观测到的速率常数 k_{obs} 受到这些禁阻因子的影响会小于理论上的最大速率常数 k_{max}^0 [13]，可以表示为

$$k_{\mathrm{obs}} = k_{\mathrm{max}}^0 \times f_{\mathrm{e}} \times f_{\mathrm{v}} \times f_{\mathrm{s}} \tag{2-22}$$

式中，f_{e} 为与电子变化相关的禁阻因子，主要是轨道的组态变化；f_{v} 为与核几何构型变化相关的禁阻因子，通常情况下是一种振动变化；f_{s} 为与自旋方向变化相关的禁阻因子，如果跃迁过程中自旋方向保持不变，如单线态到单线态之间的跃迁，则该因子为 1；如果跃迁过程中自旋的方向发生变化，如单线态到三线态之间的跃迁，则该因子主要由自旋-轨道耦合决定。一般情况下，对于一个跃迁前后自旋方向不改变的单分子无辐射跃迁，k_{max}^0 的大小一般在 10^{13}～10^{14} s^{-1} 数量级，受禁阻因

子的限制，实际可观测到的跃迁速率要小得多。在明确了 k_{obs} 与 k_{max}^{0} 的关系后，我们来估算禁阻因子 $f_e \times f_v \times f_s$ 的大小。在零级态间存在强且有利的相互作用时，三个禁阻因子的值都接近于1，此时 $k_{obs} \approx k_{max}^{0}$；因此更关注存在弱相互作用的情况，此时 $k_{obs} \ll k_{max}^{0}$。根据微扰理论，弱相互作用下 f 因子的值由式（2-23）给出：

$$f \propto \left| \frac{\langle H \rangle}{\Delta E} \right|^2 \tag{2-23}$$

式中，$\langle H \rangle$ 为 $\langle \psi_i | H | \psi_f \rangle$，表示 ψ_i 到 ψ_f 跃迁的矩阵元；ΔE 为 ψ_i 和 ψ_f 间的能隙。可以将式（2-23）重写为式（2-24）。该式中第一项表示轨道相互作用，第二项表示轨道-自旋相互作用，第三项为Franck-Condon因子。

$$k_{obs} = k_{max}^{0} \frac{\langle \psi_i | H | \psi_f^2 \rangle}{\Delta E^2} \times \frac{\langle \psi_i | H_{so} | \psi_f^2 \rangle}{\Delta E^2} \times \langle \chi_i | \chi_f \rangle^2 \tag{2-24}$$

综上所述，始态 ψ_i 到终态 ψ_f 的跃迁概率主要由以下三点决定：① ψ_i 与 ψ_f 中电子结构和电子运动的比较；② ψ_i 与 ψ_f 中核结构和核运动的比较；③ ψ_i 与 ψ_f 中自旋结构和自旋运动的比较。通过以上跃迁概率选择规则，在某一确定的假定条件下，可以算出某两个态之间的跃迁概率，根据算出的跃迁概率的大小，可以判断这个跃迁机理是“允许”的还是严格禁阻的。如果跃迁概率等于0，则该跃迁在给定近似水平下是“严格禁阻的”。若跃迁概率很小，则该过程为“弱允许的”。要注意的是，守恒定律是一种基本的定律，可以在多种情况下适用，但是选择规则是可以打破的。在近似条件下的规则，当有其他外部微扰打破近似时，选择规则就被打破了。下面对这种打破方式通过核运动、电子振动态和自旋翻转进行阐述。

2.5.4 核运动和电子振动态

上述近似的方式，采用具有固定核几何构型的结构用电子组态的概念研究了各个电子态。由于不确定性原理要求在一切温度下均存在振动形式的“零点”运动，因此必须考虑核运动的影响并修正上述零级模型。核的运动可以使电子态发生振动耦合，振动分子的各电子态称为电子振动态。

1. 核运动对电子能量和电子结构的影响

通常核运动对零级模型的电子能量只引起一个很小的变化，可以用微扰理论来估算零级电子态变为一级电子振动态的电子能级的“分裂”能：

$$E_v = \pm \frac{\langle \psi_1^0 | H_v | \psi_2^0 \rangle^2}{\Delta E_{12}} \tag{2-25}$$

式中，ψ_1^0 和 ψ_2^0 为由于核运动“混合”或“分裂”的“纯粹”的电子态；H_v 为用

来描述电子能级如何依赖于核运动的算符；ΔE_{12} 为两个态之间的能量差。一般，E_v 的值通常在 5 kcal/mol 左右，因此电子振动很难影响零级能差远大于 5 kcal/mol 的电子态的零级描述。然而在混合零级电子激发态时，各个零级电子态间的能差可能为 5 kcal/mol 左右，在这种情况下，核运动就能很大程度上影响电子的能量和结构。电子振动耦合使从 ψ_1^0 到 ψ_2^0 之间的跃迁成为可能。也就是说，对于一个在零级近似下严格禁阻的电子态间的跃迁，在黄金定则下可表示为 $\langle \psi_1^0 | H_0 | \psi_2^0 \rangle = 0$[14]，但是由于核运动产生的电子振动耦合，则会有 $\langle \psi_1^0 | H_v | \psi_2^0 \rangle \neq 0$，按照黄金定则，其跃迁速率可以写为式（2-26）的形式，此时的跃迁速率不为 0。

$$\text{速率}k\ (\text{s}^{-1}) = \frac{2\pi}{h}\rho\langle\langle \psi_1^0 | H_v | \psi_2^0 \rangle\rangle^2 \tag{2-26}$$

下面用一个核运动影响电子能量的例子进行说明。考虑核运动对于一个连着三个其他原子的碳原子轨道的影响。由于结构为平面三角形且夹角为 120°，可认为该 p 轨道是“纯”的 p 轨道，当引入分子振动的作用后，可能会对轨道的形状产生影响。如图 2-11 所示，如果振动的影响较小，只影响原子夹角而轨道仍然是平面形，那么由于平面对称性，自由价轨道在平面上下的空间分布是一致的，也就是说，在平面的振动中，即使 p 轨道的形状略微变化，它仍是“纯”的 p 轨道，且能量维持基本不变。如果振动作用打破了 p 轨道的平面性，那么 p 轨道会在平面的一侧有更大的电子密度，此时可以想象这种超过平面的振动将一个“纯”的 p 轨道转化为 sp^n 轨道。在这种情况下，这种振动作用使电子运动和核运动产生了一种电子振动耦合，使轨道成分和能量发生较大变化。

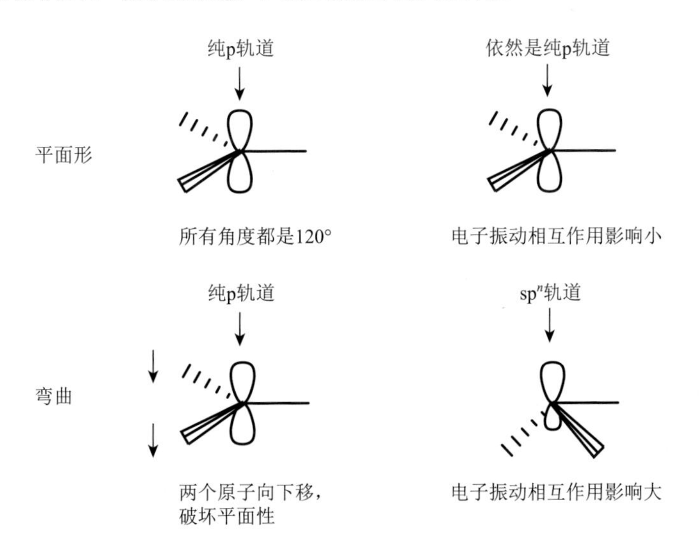

图 2-11　电子振动运动对 p 轨道杂化作用的影响

2. 核运动和核构型对各态间跃迁的影响：Franck-Condon 原理

假设在一个双原子分子内，一个相互作用使电子发生在轨道间的跳跃，若始态（r_i）和终态（r_f）中两核的平衡距离相同，则跳跃可以不受核运动的限制。反之，若两核的平衡距离不同，$r_i \neq r_f$，则必然需要发生某种核运动使r_i变为r_f。因此，跃迁速率依赖于体系改变它的核运动的能力。电子跳跃的速率在 10^{-16}～$10^{-14}s^{-1}$数量级，而核运动的速率在10^{-13}～$10^{-12}s^{-11}$数量级，可见电子的运动速率要比核运动迅速得多。因此认为电子跳跃不决定跃迁速率，核运动才是决定跃迁速率的关键。对于一个振动分子的经典的电子跃迁，Franck-Condon 原理可以表述为[15]：由于电子运动比核运动快得多，因此在电子跃迁前后核间距离和核的速度几乎不变，所以当始态与终态的核结构最相似时，最有利于电子跃迁。

2.5.5 单线态-三线态转化

将电子置入一内部磁场H中时，由于电子自旋而产生磁矩。自旋状态由图 2-12 表示，可以看出矢量在以频率ω绕z轴做进动，其绕轴进动的速率正比于电子与此轴耦合的强度。由单线态到三线态的系间窜越过程可以由于磁转矩的作用而引发，这种磁转矩可以使自旋矢量之一发生同相变化或者自旋翻转。

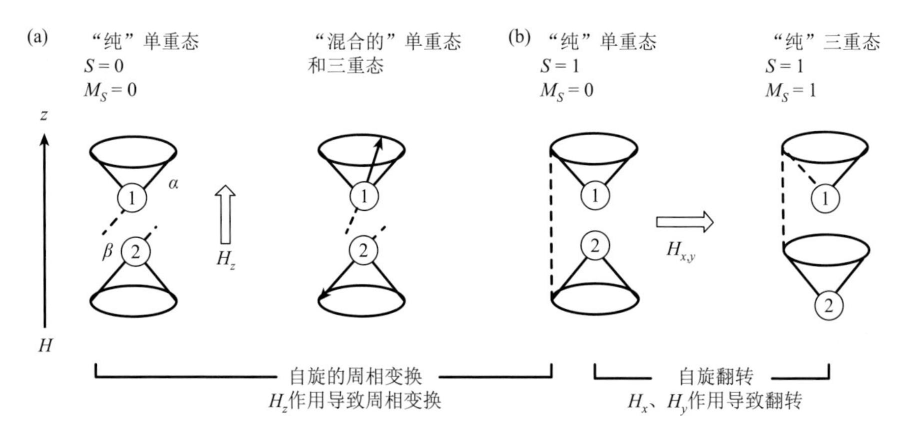

图 2-12 （a）围绕由 H_z 确定的轴，电子 1 的自旋和电子 2 的自旋具有不同的运动速率，由此发生自旋的周相变换；（b）与 H_z 成直角的磁场分量（H_x 或 H_y）将产生一转矩，当“混合态”具有 0°的自旋取向时，这个转矩可以使一个电子自旋（如电子 2）翻转

1. 单线态-三线态相互转化的形象化描述：矢量模型

系间窜越过程涉及单线态到三线态的转变，这种转变会引起角动量的变化。为了保证分子体系的动量守恒，必须找到另一种动量的变化来弥补角动量的变化。

图 2-12 中的模型可以用来表示单线态-三线态的系间窜越。从纯的单线态开始，其中存在 α 和 β 两个 180°异相的矢量。当受到不同磁场的作用时，这两个矢量会以不同的方式进动。首先，若 α 方向上的矢量受到一个与 β 稍微不同的绕 z 轴的磁转矩的作用，则其可以绕 z 轴开始进动，最终变为同相的取向，从而产生S和三线态分量 T_0 的混合。其次，若沿 x 轴或者 y 轴给任意一自旋矢量一磁转矩，则该矢量可以发生一次自旋翻转产生三线态的 T_- 或者 T_+ 分量。值得注意的是，并不是所有磁场都可以产生使电子自旋矢量发生周相变化或自旋翻转的磁转矩。一般地，由分子内部产生的磁场可以提供这种磁转矩。例如，由电子轨道运动或由其他磁自旋产生的磁转矩，前者称为自旋-轨道耦合，后者称为自旋-自旋耦合。自旋-轨道耦合在分子的系间窜越过程中至关重要。

2. 自旋-轨道耦合的一种简单模型[16]

在决定使一个电子自旋角动量翻转的自旋-轨道机理时，首先要找到一个可以使这个矢量发生翻转的磁转矩，此外还需要保证体系的动量守恒。一个加速的荷电质粒引起的磁场强度如式（2-27）所示：

$$H_e = \frac{E \times v}{c} \tag{2-27}$$

式中，E 为荷电粒子的电场；v 为粒子速度；c 为光速。由式（2-27）可以看出，磁场强度与粒子的运动速度相关，由于电子的运动速度远大于核运动的速度，因此可以推测，有效磁场应该是由电子运动所提供的。此外，由两个电子引起的自旋-自旋耦合虽然也可以提供发生翻转的磁转矩，但要注意的是，这种耦合会产生净的自旋变化，从而无法保证总的动量守恒。所以，自旋-轨道耦合是用于实现系间窜越的最为有效的机理，它不仅可以提供一种可以使电子发生翻转的磁转矩，同时在这种耦合作用下，由于自旋动量变化而产生的总的动量变化恰好可以由轨道的动量变化来弥补，从而保证了体系总的动量守恒。

从玻尔原子轨道中的电子运动出发，提出一种可用的自旋-轨道耦合模型。在玻尔原子轨道中，经典粒子主要存在两种重要的运动，一种是粒子的自旋，一种是粒子的绕核旋转。并不是所有的自旋-轨道耦合都能使自旋翻转有效发生。这里将介绍有效的自旋-轨道耦合机理。如图 2-13 所示，一个电子的轨道形状可视为绕核的“8”字形，当电子运动到“8”字形的两个端点时，电子与核的距离最大，此时电子的运动速度最慢；而当电子越接近核时，电子的运动速度越大。根据式（2-27），此时电子运动所产生的磁场 H_e 越大，所以当电子达到接近核的轨道区域时，H_e 将提供最大的磁转矩使电子发生翻转。此外，还需要一个轨道动量的变化来平衡总的动量守恒。若初始的轨道与最终的轨道成直角，如 p_x 轨道和

p_y 轨道，那么相关的角动量便从 l_x 变为 l_y，于是便可以实现自旋角动量与轨道角动量的耦合，凭借着使体系的总角动量不变而实现自旋翻转。

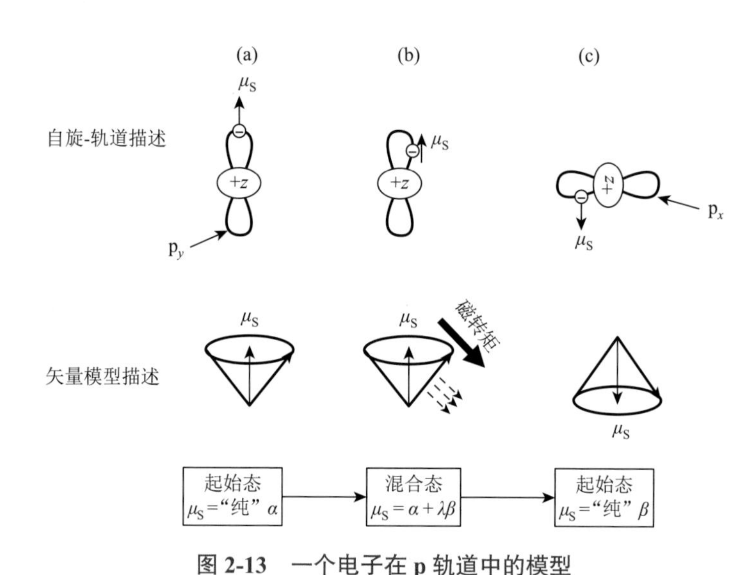

图 2-13　一个电子在 p 轨道中的模型

电子绕核做“8”字形轨道运动产生磁转矩诱导电子发生自旋翻转，伴随轨道动量发生变化

可以用自旋-轨道规则来概括上述结论：

（1）在系间窜越过程中，当发生 p_x 轨道到 p_y 轨道跃迁时，可以观察到“$p_x \rightarrow p_y$”的效应，这意味着自旋-轨道耦合最为有效。

（2）若体系内含有重原子，当要进行自旋翻转的电子可接近这个重原子时会发生“重原子”效应，使自旋翻转的可能性最大。

（3）如果一个原子能用来提供一个与自旋翻转同时发生的 $p_x \rightarrow p_y$ 跃迁，则会发生“单中心”效应，使自旋翻转的可能性最大。

参考文献

[1] Born M，Oppenheimer R. Zur Quantentheorie der Molekeln. Annalen der Physik，1927，389（20）：457-484.

[2] Turro N J，Nicholas J. Geometric and topological thinking in organic chemistry. Angew Chem Int Ed，1986，25（10）：882.

[3] Lewis G N，Kasha M. Phosphorescence in fluid media and the reverse process of singlet-triplet absorption. J Am Chem Soc，1945，67：994-1003.

[4] Evans D F. Photomagnetism of triplet states of organic molecules. Nature，1955，176：777-778.

[5] Mcglynn S P，Smith F J，Cilento G. Some aspects of the triplet. Photochem Photobiol，1964，3（4）：269-294.

[6] Salem L，Rowland C. The electronic properties of diradicals. Angew Chem Int Ed，1971，11（2）：92-111.

[7] Dewar M J S，Dougherty R C. The PMO Theory of Organic Chemistry. New York: Plenum Press，1975.

[8] Förster. Diabatic and adiabatic processes in photochemistry. Pure Appl Chem，1970，24（3）：443-450.

[9] Essen L，Parry J V L. An atomic standard of frequency and time interval: a cæsium resonator. Nature，1955，176：280-282.

[10] Lamola A，Turro N J. Organic Photochemistry and Energy Transfer. New York: Interscience，1969.

[11] Halliday D，Resnick R. Physics. New York: John Wiley，1967.

[12] White E H，Miano J D，Watkins C J，et al. Chemically produced excited states. Angew Chem Int Ed，1974，13（4）：229-243.

[13] Nilsson R，Merkel P B，Kearns D R. Kinetic properties of the triplet states of methylene blue and other photosensitizing dyes. Photochem Photobiol，1972，16（2）：109-116.

[14] Robinson G W. Excited State. New York: Academic Press，1974.

[15] Atkins P. A Handbook of Concepts. Oxford: Clarendon Press，1974.

[16] Calvert J，Pitts J. Photochemistry. New York: John Wiley，1976.

第3章 分子内运动受限机理

3.1 引言

自从唐本忠院士团队报道聚集诱导发光现象以来，对这种现象机理的研究就从未停止过。科学家们提出了多种不同的机理，包括分子内运动受限（RIM）机理、形成J聚集体、扭曲的分子内电荷转移（twisted intramolecular charge transfer，TICT）、激发态分子内质子转移（excited-state intramolecular proton transfer，ESIPT）、*E-Z* 异构化（*E-Z* isomerization）、形成特殊激基复合物、分子构型平面化等。其中，分子内运动受限机理是聚集诱导发光现象目前最广为接受的机理。分子内运动受限机理，按照分子运动的基本类型主要包括分子内旋转受限（RIR）机理和分子内振动受限（RIV）机理，部分类型的分子内运动模式如扭动、剪切、摆动均可归结于特殊形式的转动或振动。

3.2 分子内旋转受限机理

2001年，唐本忠院士团队报道了在噻咯（silole）衍生物上发现的一个有趣的荧光现象[1]。在分离纯化一种噻咯的衍生物［1-甲基-1, 2, 3, 4, 5-五苯基噻咯（MPPS），图3-1（a）］时，他们发现当MPPS溶液刚刚滴到薄层色谱层析板上时，在手持紫外灯照射下MPPS基本不发光；但是当溶剂慢慢挥发后，薄层色谱层析板上残留的MPPS发射的荧光越来越强。在进一步的研究中发现，当使用381 nm的激发光照射MPPS乙醇溶液时，荧光光谱仪上几乎不能检测到任何荧光信号，即便是将荧光光谱放大100倍，也只能看到信号噪声非常弱的小峰［图3-1（b）］；但是，如果在乙醇溶剂中加入水作为不良溶剂使MPPS形成纳米聚集体，在相同的实验条件下可以在荧光光谱仪上检测到非常强的荧光发射信号。通过气相蒸镀沉积法制备的MPPS固体薄膜也同样具有强荧光发射。

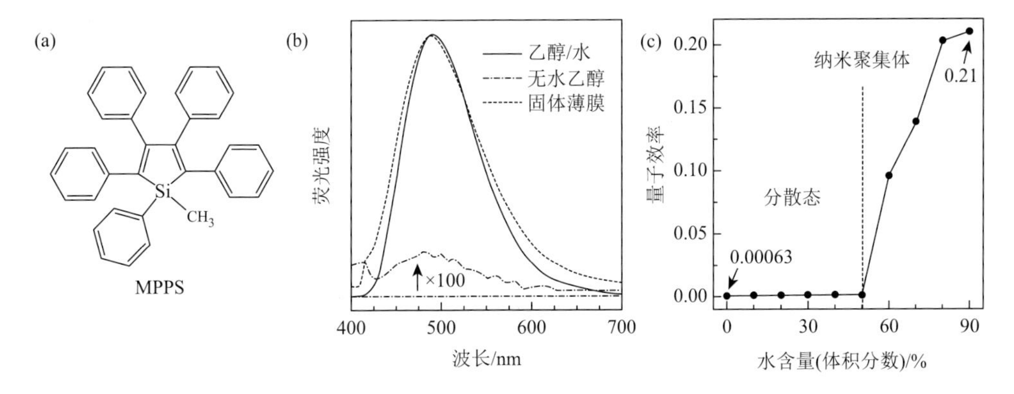

图 3-1　（a）MPPS 的分子结构；（b）MPPS 在乙醇/水混合溶剂（90∶10，体积比）、无水乙醇和固体薄膜中的荧光光谱；（c）MPPS 的相对荧光量子效率随着乙醇/水混合溶剂中水体积分数的变化趋势[1]

为了对这种荧光增强现象有一个定量的表征，他们以 9, 10-二苯基蒽作为参比测量了在乙醇和乙醇/水混合溶剂中 MPPS 的相对荧光量子效率［图 3-1（c）］。MPPS 乙醇溶液的荧光量子效率只有 0.63×10^{-3}；增加混合溶剂中水的体积分数至 50%，MPPS 的荧光量子效率几乎没有变化；当混合溶剂中水的体积分数超过 50% 以后，MPPS 的荧光量子效率开始快速增加；当混合溶剂中水的体积分数达到 90% 时，MPPS 的荧光量子效率升至 0.21，这比 MPPS 乙醇溶液的荧光量子效率提高了近 333 倍。由于这种溶液均匀分散状态不发光，固态聚集体状态下强发光的实验现象最初是在聚集过程中发现的，所以唐本忠院士团队首次将这种聚集态荧光增强的现象命名为聚集诱导发光（AIE）[2-8]现象，标志着聚集诱导发光领域的正式诞生。

具有聚集诱导发光性质的材料在固态和聚集状态下发射强荧光，但是聚集导致发光只是表面现象，聚集并不是使这类材料发光的根本原因，聚集也不是这类材料发光的充要条件。为了解释聚集诱导发光这种现象，唐本忠院士团队提出了分子内旋转受限机理[2]。以六苯基噻咯（hexaphenylsilole，HPS）为例，HPS 的六个苯环在空间排布上并不是与噻咯环形成共平面的结构，而是与噻咯环形成一定的扭转角度（图 3-2）；HPS 结构中的苯环结构形象可理解为螺旋桨的桨片，在溶液状态下这些螺旋桨桨片能够围绕中心噻咯环进行快速旋转（参照分子内低频振动频率）。这种旋转运动能够以非辐射跃迁的形式将 HPS 激发态的能量耗散掉，进而使 HPS 在溶液态发很弱的光或者几乎不发光。当 HPS 分子形成聚集体时，这些 HPS 分子在空间结构上距离很近，受分子内和分子间空间位阻的影响，这些螺旋桨桨片式的苯环的高频旋转运动受到限制。并且由于 HPS 螺旋桨式的空间结构，它并不具有刚性大平面的结构，因而也几乎不会产生分子间 π-π 堆积相互作用。在 HPS 分子受到激发后，它不能形成激基缔合物，也不会以苯环旋转的形式将激发态的能量耗散掉，因而分子的非辐射跃迁途径受阻。这就促使 HPS 的激发态以辐射性跃迁的方式释放激发态的能量，回到基态。值得注意的是，任何能够限制 HPS 分子内旋转的方式原则上都能够激活它的聚集诱导荧光过程，包括主客体识别、与大分子相连接、形成共价键等，所以 HPS 不一定要形成聚集体才可以发光，如果有合适的方法在分子层面上限制它的苯环的运动，那它也可以高效率发光。为了验证分子内旋转受限机理的合理性，唐本忠院士团队先后通过设计一系列实验来改变具有聚集诱导发光性质的分子的外部环境及改变分子结构来限制分子内的旋转运动，进而对聚集诱导发光材料的分子内旋转受限机理进行多维度验证。

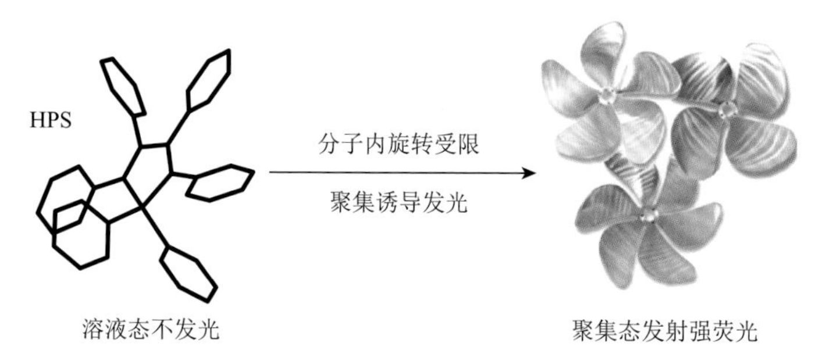

图 3-2　HPS 在溶液态不发光，在聚集态因分子内旋转受限而发射强荧光[2]

3.2.1　调控分子外部环境

1. 温度的影响

分子运动与温度密切相关：升高温度时分子运动加快，降低温度时分子运动减慢，因而通过升高或降低温度可以实现对分子运动速率的调控。唐本忠院士团队设计了一系列实验来探究温度对聚集诱导发光现象的影响[2, 9]。由于四氢呋喃（THF）具有熔点低、溶解性好等优点，实验过程中采用四氢呋喃作为溶剂，来测量 HPS 在溶液态的荧光强度随温度的变化曲线［图 3-3（a）］。随着溶液温度的降低，HPS 四氢呋喃溶液的荧光强度逐渐增强；当用液氮将溶液的温度降低到−196℃时，溶液的荧光明显增强。由于四氢呋喃具有低黏度（25℃时 0.456 cP）和温度系数（约 0.008 cP/K），当温度在四氢呋喃的熔点以上时，溶液的黏度低且随温度变化小。因此，改变温度对 HPS 荧光强度的影响更多是直接作用于 HPS 的分子内旋转运动，而不是通过改变溶液的黏度而间接影响 HPS 的分子运动。降低温度抑制了分子内的旋转运动，使 HPS 分子以荧光的形式辐射激发态能量。随着体系温度的降低，分子内的旋转运动越少，HPS 分子发射的荧光越强。为了进一步确定温度对分子内旋转运动的影响，他们采用变温核磁来表征分子内旋转的情况［图 3-3（b）］。在室温或较高温度时，由于 HPS 可以快速调整分子构象，它的分子构象维持在能量低的平衡态附近，因而表现出尖锐的核磁信号；在温度较低时，分子调整构象的难度增大，HPS 分子构象可以分布在一些亚稳态而不能实现快速平衡转变，因而 HPS 表现出宽核磁信号峰。上述变温核磁实验证实了降低温度可以限制分子内旋转，进而实现荧光增强。

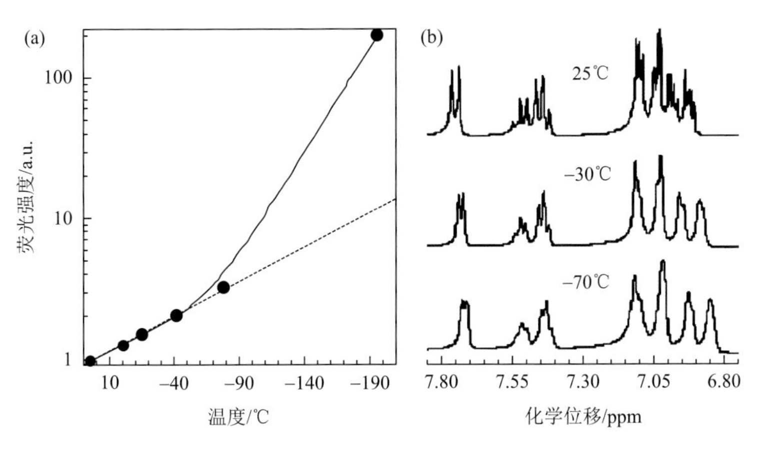

图 3-3 （a）HPS 四氢呋喃溶液的荧光发射强度随温度的变化曲线；（b）不同温度下，HPS 在氘代二氯甲烷溶液中的 ^{1}H NMR 谱图（ppm = 10^{-6}）[2, 9]

2. 黏度的影响

黏度对分子转动也具有很大的影响。分子在低黏度的环境中能够快速地进行分子内旋转，而高黏度的环境能够限制分子内旋转，进而抑制分子激发态的非辐射跃迁过程，因此改变溶液的黏度是控制分子内旋转运动的有效途径。甘油是一种黏度很大的液体：25℃时，甘油的黏度大约是甲醇黏度的 1720 倍；因此，将甘油与甲醇按不同比例混合，可以得到不同黏度梯度的混合溶剂。将 HPS 分散在这些不同黏度的混合溶剂中，就可以考察溶液黏度对 HPS 荧光强度的影响[9]。如图 3-4 所示，在甘油和甲醇的混合溶剂中，当甘油的体积分数小于 50%时，HPS 的荧光强度的对数值随着甘油体积分数的增加呈近似线性增长；而当甘油的体积分数超过 50%时，HPS 的荧光强度迅速增加。当甘油体积分数在 0 到 50%这个区间内时，荧光强度增强可以归结于甘油在混合溶剂中所占的比例升高导致溶液的黏度逐渐变大。因此对 HPS 的分子内旋转运动的限制程度也逐渐增大。当甘油体积分数超过 50%时，除了混合溶剂黏度增大，其对 HPS 分子的溶解能力也逐渐降低，进而导致 HPS 分子发生聚集，并进一步限制了 HPS 的分子内旋转，黏度增大和 HPS 形成聚集体的共同作用使溶液的荧光迅速增强。因此，在这一阶段溶液的荧光强度增长速度要比前一阶段更为迅速。这个实验表明了具有聚集诱导发光性质的荧光分子的荧光强度与溶液黏度具有正相关性，也证明了分子内旋转受限机理作为对 AIE 现象解释的合理性。

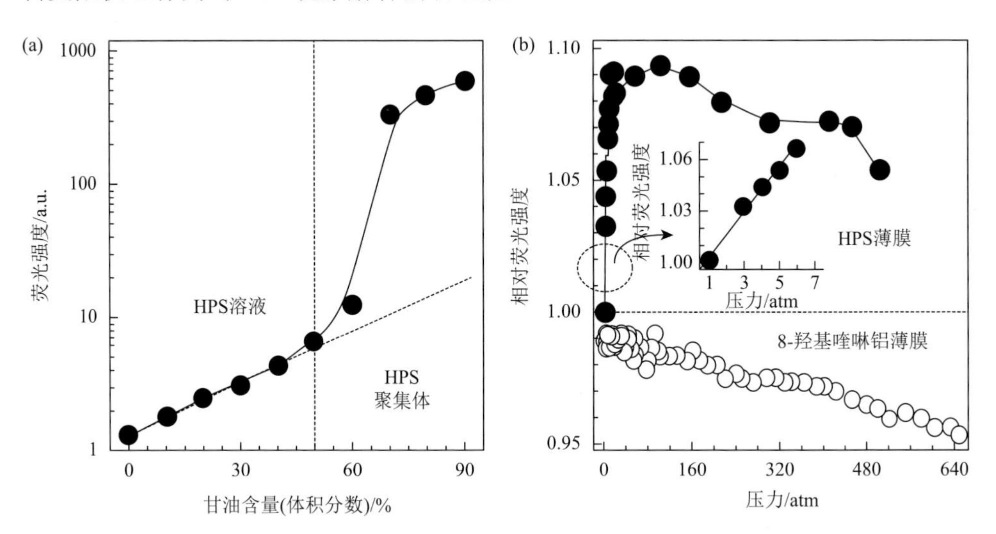

图 3-4　（a）在甘油/甲醇混合溶剂中，HPS 分子的荧光强度随甘油体积分数的变化曲线[9]；（b）外界压力对 HPS 薄膜和 8-羟基喹啉铝薄膜荧光强度的影响[10]

1 atm = 101325 Pa

3. 压力的影响

压力能够影响 HPS 分子的荧光行为[10]，并在更深层次上验证 HPS 体系中分子内旋转受限的机理。如图 3-4（b）所示，随着逐渐增加外界压力，HPS 薄膜的荧光强度急速增加，并很快到达一个峰值；其后，随着外界压力进一步升高，HPS 薄膜的荧光强度逐渐减弱。这一现象体现了外界压力对 HPS 荧光强度复杂的影响：外界压力增加初期，HPS 分子的旋转运动进一步受限，使其激发态的辐射跃迁增强；随着外界压力的进一步增大，HPS 的分子间距离进一步减小，并促进相邻 HPS 分子的分子间相互作用，导致激基缔合物的形成，最终导致 HPS 分子的荧光强度减弱。通过增加外界压力来减小分子间距离，增加分子间相互作用，进而使荧光分子的发光强度减弱是在传统荧光材料中时常出现的现象。以 8-羟基喹啉铝［AlQ_3，图 3-4（b）］为例，随着外界压力的逐渐升高，8-羟基喹啉铝的分子间距离减小，分子间相互作用增加，导致其荧光强度减弱。这些实验结果解释了在进一步增加外界压力时 HPS 分子荧光强度降低的实验现象。综合起来，这个实验说明增加外界压力可以使分子内的旋转运动受限，进而使 HPS 分子的荧光强度提高，证实了分子内旋转受限机理用于解释 HPS 的 AIE 现象的合理性。

4. 荧光衰减动力学

荧光寿命是描述荧光行为的一个非常重要的动力学参数。为了进一步验证分子内旋转受限机理对解释聚集诱导发光现象的适用性，唐本忠院士团队采用时间分辨荧光光谱（time-resolved fluorescence spectroscopy）技术来探究 HPS 的荧光衰减过程[11-13]。他们对水和 *N*, *N*-二甲基甲酰胺（*N*, *N*-dimethylformamide，DMF）混合溶剂中 HPS 的荧光寿命进行了测试，实验结果如表 3-1 所示[11]。在不同的溶剂或混合溶剂中，HPS 的荧光寿命表现出显著差异：在纯 DMF 溶剂中，HPS 分子的激发态以单指数方式弛豫，所有的电子激发态都通过单一途径回到基态；HPS 在 DMF 中的荧光寿命为 40 ps，接近仪器的分辨极限（25 ps），这表示大多数激发态电子以非辐射跃迁的方式快速湮灭了；随着混合溶剂中含水量逐渐增高，HPS 分子的激发态电子逐渐开始通过两条弛豫途径回到基态。在水体积分数为 30%的水和 DMF 混合溶剂中，HPS 分子通过快速、慢速两条途径进行跃迁回到基态，这两条跃迁途径的寿命分别为 0.10 ns 和 3.75 ns，其占比分别为 80%和 20%。随着混合溶剂中水的体积分数逐渐增加，快速跃迁途径的寿命开始增加，并且通过慢速跃迁途径回到基态的激发态电子增多。当混合溶剂中水的体积分数为 90%时，激发态电子主要通过慢速跃迁途径回到基态；与此同时，慢速跃迁途径的寿命也有所增长。

表 3-1 HPS 溶液的荧光衰减参数 [a]

编号	溶剂 [b]	温度/K	A_1/%	A_2/%	τ_1/ns	τ_2/ns
1	H_2O/DMF（0∶10）	295	100	0	0.04	—
2	H_2O/DMF（3∶7）	295	80	20	0.10	3.75
3	H_2O/DMF（7∶3）	95	50	50	0.82	4.98
4	H_2O/DMF（9∶1）	295	43	57	1.27	7.16
5	DMF	295	100	0	0.04	—
6	DMF	200	51	49	0.31	2.89
7	DMF	150	43	57	1.23	7.19
8	DMF	30	34	66	2.49	10.39

a. 由 $I = A_1 \exp(-t/\tau_1) + A_2 \exp(-t/\tau_2)$计算得出，其中 A 和 τ 分别代表快速跃迁途径和慢速跃迁途径跃迁所占比例和对应的荧光寿命；b. 括号里的数字表示混合溶剂中水和 DMF 的体积比。

在冷却条件下，HPS 分子的荧光寿命也会变长，尤其是当温度处于 DMF 的熔点（198 K）以下时，DMF 呈固态，因而 HPS 的分子内旋转运动被有效抑制。

在 150 K 时，HPS 分子快速跃迁途径的寿命为 1.23 ns，慢速跃迁途径的寿命为 7.19 ns；在 30 K 时，HPS 的慢速跃迁途径的寿命延长至 10.39 ns，是室温下的 260 倍。以上实验数据都有力地证明了当慢速跃迁途径为主要的跃迁途径时，荧光寿命延长。上面提到的降低温度和增加黏度的操作，使分子内旋转受限，而荧光强度增强的现象，也可由表 3-1 中的数据分析得到相同的结论。分子内旋转受限，激发态分子主要以慢速跃迁途径进行跃迁，因而表现出荧光寿命延长和荧光强度增强的现象。

3.2.2 分子结构工程调整分子结构

1. 对 HPS 分子结构的调整

通过改变外部条件可以有效地使具有聚集诱导发光性质材料的分子内旋转运动受限，进而使荧光增强。如果对聚集诱导发光材料的分子结构进行调控，利用化学手段在分子水平上阻碍分子内旋转，是不是也能使分子荧光增强呢？

受这种研发灵感的启发，唐本忠院士团队设计并完成了以下实验。他们通过碳碳单键将四个异丙基连接到 HPS 分子外周的苯环上，得到了化合物 HPS-1［图 3-5（b）］[14]。由于异丙基的空间位阻比氢原子大很多，将 HPS 分子上的氢原子换成异丙基能有效地阻碍苯环的旋转运动，因而 HPS-1 的丙酮溶液表现出与 HPS 溶液截然不同的光物理现象。如图 3-5（a）所示，HPS-1 的丙酮稀溶液发射出很强的绿色荧光，荧光量子效率高达 83%。相较于具有 AIE 性质的噻咯衍生物的稀溶液，HPS-1 分子在溶液态的荧光量子效率要高 2～3 个数量级。由此可见，在苯环上引入空间位阻大的异丙基取代基显著地影响了噻咯生色团激发态的动力学行为。异丙基对噻咯生色团荧光性能的影响也体现在荧光寿命上：在稀溶液中时，HPS 的激发态快速衰减，荧光寿命只有 40 ps（表 3-1，编号 1）；而 HPS-1 由于苯环的旋转受限，在溶液态时激发态的弛豫速度要慢得多，HPS-1 溶液态的荧光寿命长达 6.18 ns。这表明引入空间位阻较大的官能团对于荧光寿命的影响与对荧光效率的影响是一致的。据推算，在 HPS-1 中带有异丙基的苯环的旋转能垒大约为 100 kcal/mol。这样高的旋转能垒使 HPS-1 即便在溶液中，苯环也很难进行分子内旋转运动。一般刚性大的分子比刚性小的分子发光更强，因而引入异丙基取代基使 HPS-1 分子的刚性增加，进而使 HPS-1 在溶液态发射强荧光。这些对照实验清楚地说明了调整噻咯的分子结构能够改变噻咯衍生物的荧光量子效率，也佐证了这些噻咯衍生物中分子内旋转受限机理的合理性。

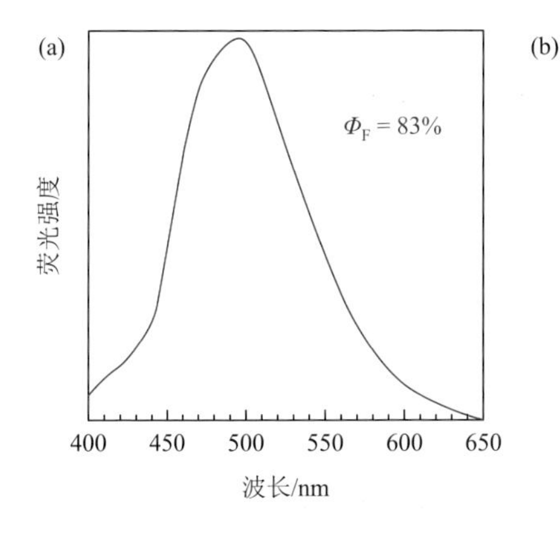

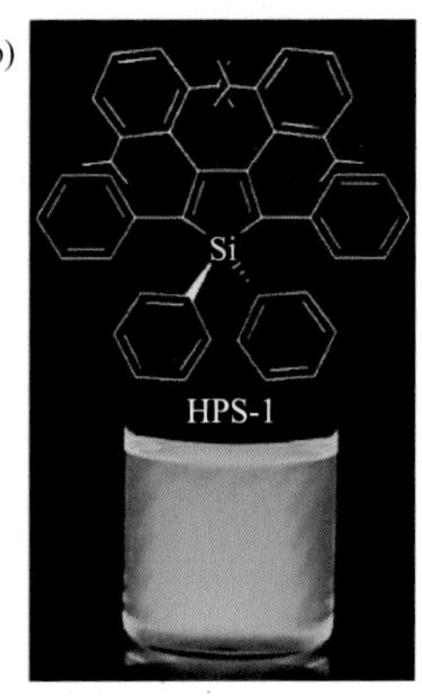

图 3-5 （a）在丙酮溶液中化合物 HPS-1 的荧光光谱；（b）化合物 HPS-1 的结构式及其稀溶液在 365 nm 紫外灯照射下的照片[14]

上述对 HPS 分子结构调控的实验证明了聚集诱导发光材料的分子内旋转受限机理。为了进一步验证该机理的普适性，科学家们设计了一系列基于噻咯发色团的具有 AIE 性质的荧光分子（图 3-6）[1, 9, 15]。以 MPPS 为例[1, 16]，它在乙醇中可以彻底溶解，因而几乎不发荧光，其荧光量子效率仅为 0.06%；然而，当 MPPS 在不良溶剂中聚集或是被制成薄膜时，发射强荧光，其荧光量子效率可以达到 85%。MPPS 聚集体的发光效率比其溶液态增加了 1416 倍！通过对这些聚集诱导发光体系进行实验分析，得出了噻咯衍生物具有的一些共同特点：①在良溶剂或是在含水的体积分数低于 50%的混合溶剂中几乎不发射荧光，其荧光量子效率在 0.1%附近；②在水作为不良溶剂时，随着含水量的增加，其荧光量子效率显著提高；③在高含水量（＞80%）的溶液中，荧光发射光谱会发生红移。

对于这些共同点中的前两点荧光增强的表现，通过前面的讨论已经清楚了。那么，为什么当乙腈/水混合溶剂中水的体积分数从 80%增加到 90%时，这些 AIE 分子的荧光光谱会发生红移呢？

从 HPS 的紫外-可见吸收光谱［图 3-7（a）］中可以看出，当水的体积分数为 80%时，HPS 溶液在长波区域的光散射效应比水的体积分数为 90%时要强[9]。粒径分析表明，水的体积分数为 80%的溶液中 HPS 的粒径大于水的体积分数为 90%的溶液中 HPS 的粒径［图 3-7（b）和（c）］。这可能是由于不同含水量的混合溶剂中的聚集体具有不同的聚集形态结构。在低含水量的混合溶剂中，HPS 分子析出较慢，因而可以缓慢聚集成晶体；而在高含水量的混合溶剂中，分子快速聚集，较大程度上形成无定形的聚集体。这种假设得到了透射电子显微镜（TEM）和电子衍射（ED）测量结果的支持：低含水量和高含水量的混合溶剂中形成的聚集体分别是晶体和非晶体。

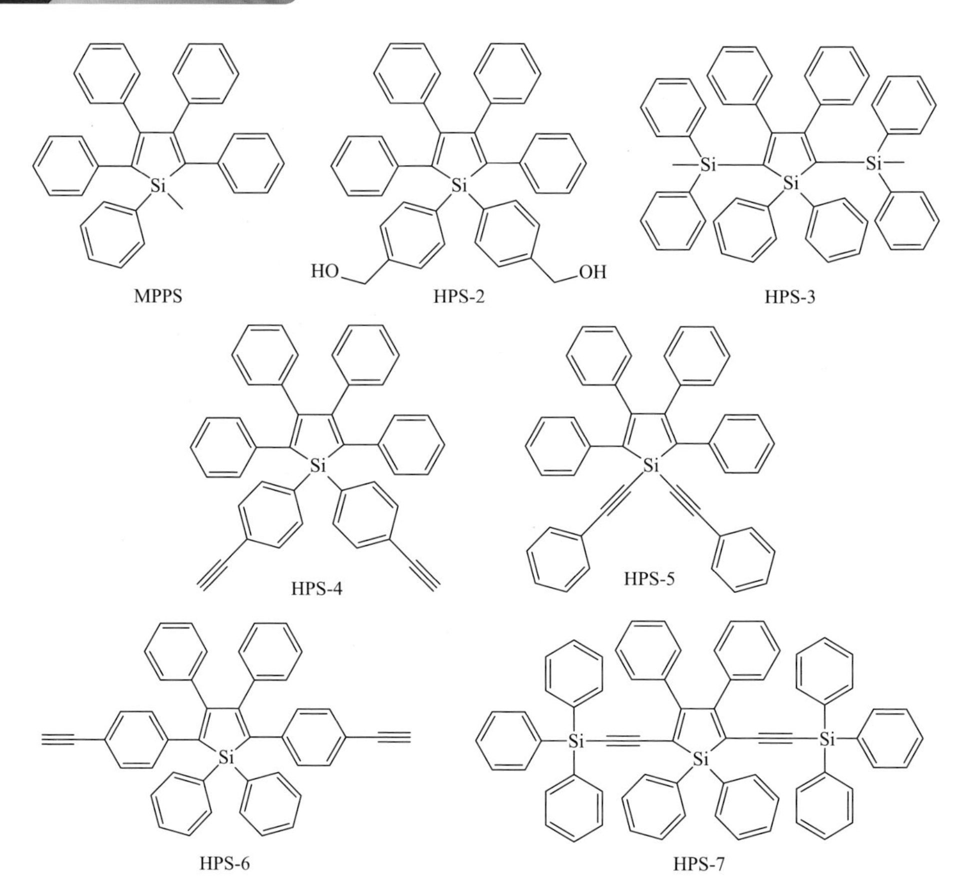

图 3-6 一些具有 AIE 性质的噻咯衍生物的分子结构式[1, 9, 15]

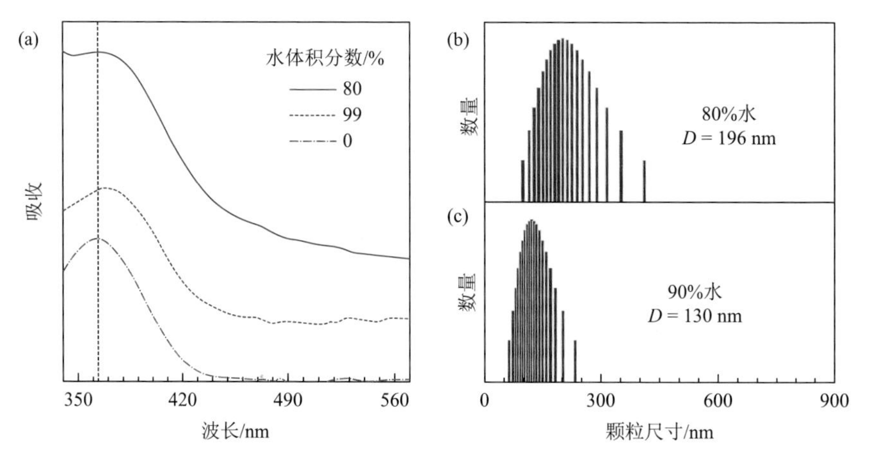

图 3-7 （a）在乙腈/水混合溶剂中 HPS 的吸收光谱；（b、c）在水的体积分数为 80%和 90%的乙腈/水混合溶剂中 HPS 粒子的尺寸分布[9]

结晶通常会使分子的荧光光谱发生红移，但是在噻咯体系中却观察到了相反的结果。这种现象可以通过对 HPS 分子在晶态的构象和堆积形式的分析来进行解释。在晶体中，HPS 分子呈高度扭曲的螺旋桨式构象［图 3-8（a）］[17]。HPS 分子中的苯环呈现出不同程度的扭曲，与中间的噻咯环都不共平面。噻咯环 2-位和 3-位上的苯环与噻咯环呈现约 30°的二面角。噻咯环 3-位和 4-位上的苯环与噻咯环呈现约 70°的扭转角。此外，噻咯环的硅原子的 sp^3 杂化使连接在它上面的苯环完全脱离了噻咯环的平面。HPS 这种螺旋桨式的分子构象减少了分子间的 π-π 相互作用，从而降低了激基缔合物形成的可能性。在 HPS 的晶格中，来自分子内部和分子间的物理限制固化了 HPS 的分子构象，从而提高了其在固态下光致发光的效率。在晶体中观察到的不寻常的荧光发射波长蓝移是由于晶体堆积过程中 HPS 分子的构象扭曲造成的。在晶体形成过程中，HPS 分子通过调整自身构象以适应晶格中规整的排列，这使得 HPS 采取了更加扭曲的分子构象。也就是说在晶态的 HPS 分子的共轭程度更差，因而具有相对短波长的荧光发射。在非晶体形态时，分子排列相对无规则，HPS 分子受限程度相对较低，因而 HPS 分子可以采取相对更加自由分布的分子构象，使其分子共轭程度更好，所以发射的荧光波长也相对较长。因而，非晶态和晶态的 HPS 分子构象的差异是导致其发光颜色差异的根本原因。如图 3-8（b）所示，晶胞内的面间距和分子间距离分别为 10 Å 和 7.6 Å 左右，这表明相邻发色团之间没有能够促进非辐射跃迁和荧光红移的强分子间相互作用。

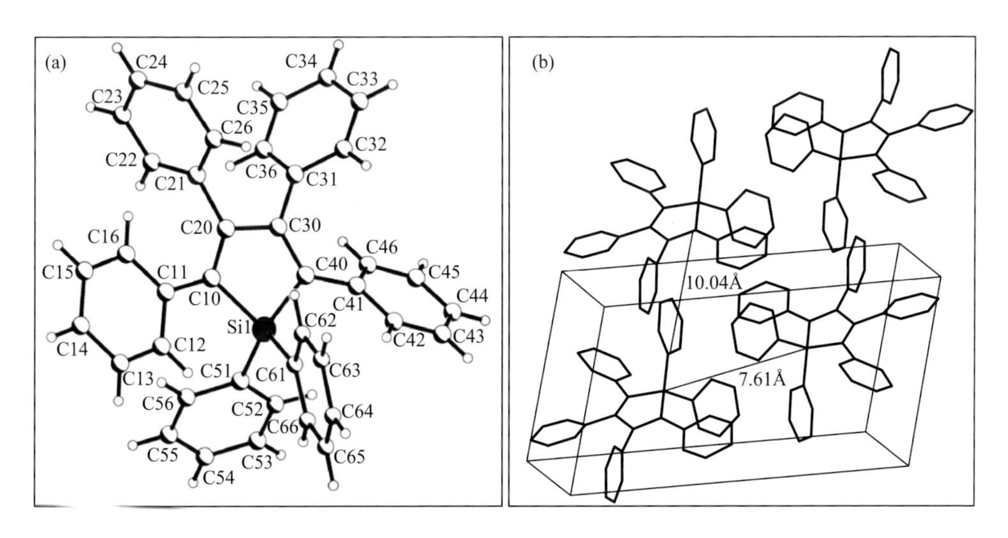

图 3-8　（a）HPS 的橡岭热椭球（Oak Ridge thermal ellipsoid plot，ORTEP）图；（b）HPS 的晶体堆积图[17]

2. HPS 衍生物的 AIE 效应

通过上述实验，了解到很多噻咯衍生物都因分子内旋转受限而展现出 AIE 效应。如果替换掉噻咯环上的硅原子，这些化合物是不是也具有 AIE 效应呢？

为了回答这个问题，Tracy 研究课题组用锗和锡原子替换了噻咯环上的硅原子，得到了化合物 HPS-8 和 HPS-9（图 3-9）[18-20]。实验结果表明，HPS-8 和 HPS-9 都具有良好的 AIE 效应。此外，其他研究课题组分别用硫和磷来替代硅原子得到的硫杂环分子和磷杂环分子也同样表现出明显的 AIE 现象[21-23]。这些结果表明，AIE 现象并不是噻咯衍生物所独有的，而是一种普遍的，可以在很多结构类似或者多转子型化合物中都能观测到的发光效应。

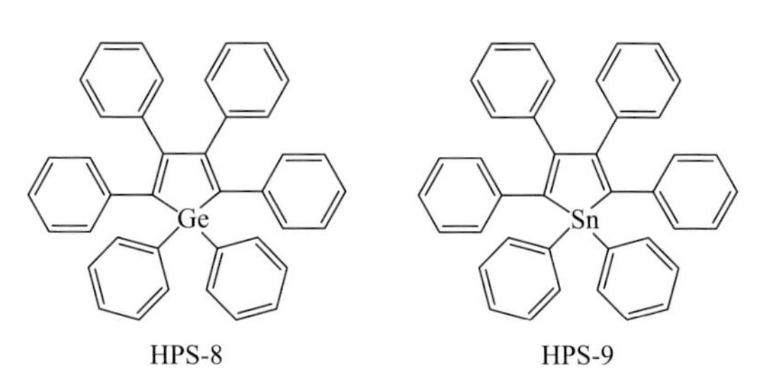

图 3-9 HPS-8 和 HPS-9 的分子结构[18-20]

3. TPE 及其衍生物的 AIE 效应

鉴于噻咯衍生物的 AIE 效应和机理探索的启发，唐本忠院士团队对另一典型的 AIE 分子，四苯基乙烯（TPE，图 3-10）及其衍生物开展了广泛而深入的实验研究和理论研究[2, 6, 7, 24]。TPE 具有与 HPS 不同的分子结构特征。它的四个苯环通过碳碳单键与中心的乙烯基团相连接，这些苯环能够围绕碳碳单键进行自由旋转。在稀溶液中，TPE 以单分子的形态存在，由于它的四个苯环能够自由旋转，其激发态电子同样可以以非辐射跃迁的方式回到基态，因而 TPE 的稀溶液几乎不发光。在聚集状态和固态下，由于来自相邻分子的空间位阻效应，TPE 分子内苯环的自由旋转受到了限制，同时 TPE 分子非平面的分子构象限制了分子间的 π-π 堆积相互作用，使 TPE 分子激发态的非辐射跃迁通道被阻碍，辐射跃迁的通道得以激活，因而 TPE 在固态和聚集态能够发射强荧光。

虽然 TPE 分子在聚集状态下也表现出荧光增强的现象，但是 TPE 分子内的碳碳双键在光照条件下也可能发生 *E-Z* 异构化反应，这种 *E-Z* 异构化反应也可以猝灭荧光分子在溶液态的荧光。为了证实分子内旋转受限机理解释 TPE 衍生物的 AIE 现象的合理性，就需要考虑 *E-Z* 异构化反应在猝灭荧光中所发挥的作用。

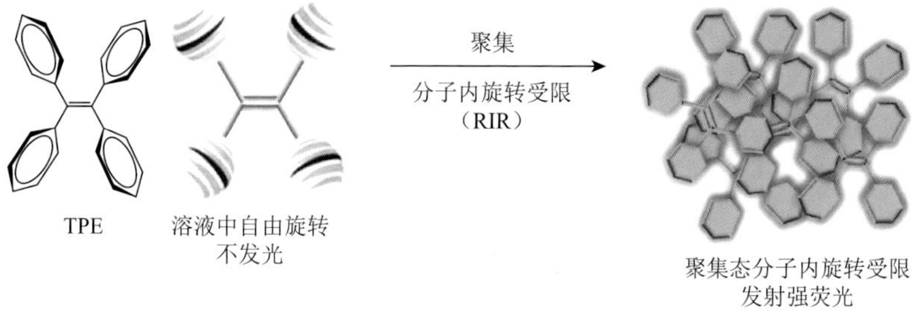

TPE　溶液中自由旋转不发光　聚集　分子内旋转受限（RIR）　聚集态分子内旋转受限发射强荧光

图 3-10　在稀溶液的 TPE 分子不发光，而在聚集状态下 TPE 分子因分子内旋转受限而发射强荧光[2, 6, 7, 24]

在早期的机理研究过程中，唐本忠院士团队对此进行了相关研究[25]。依据 *E-Z* 异构化机理，荧光分子在溶液中经历 *E-Z* 异构化反应，导致其激发态能量以非辐射跃迁的形式耗散；在聚集状态下，*E-Z* 异构化的概率降低，因而导致其发光效率提高。要研究 TPE 衍生物分子的 *E-Z* 异构化过程，需要用到 TPE 分子 *E* 型和 *Z* 型异构体的样品。一般 TPE 衍生物的 *E* 型和 *Z* 型异构体的极性非常相近，导致其分离和纯化十分困难。为了制备 TPE 分子不同的异构体，需要扩大异构体之间的差异，使其能够在宏观水平上实现分离。唐本忠院士团队通过一种温和的"点击"反应（click reaction）将三唑基团引入到 TPE 分子结构中，得到了 TPE-1。由于(*E*)-TPE-1 和(*Z*)-TPE-1（图 3-11）的极性具有差异，可以通过采用硅胶柱层析法将两种异构体分离，得到纯的 *E* 立体异构体和 *Z* 立体异构体。与 TPE 一样，这两种异构体也都表现出明显的 AIE 效应。这两种异构体的分子结构可以通过 ^{1}H NMR 谱表征出来：与 *Z* 型异构体相比，*E* 型异构体的许多核磁共振峰都移动到了低场的位置。其 ^{1}H NMR 谱中最明显的差异在化学位移 $\delta = 7.04 \sim 7.14$ ppm 之间：*E* 型异构体在 $\delta = 7.09$ ppm 处有明显的振动吸收峰，*Z* 型异构体在同一位置没有振动吸收峰；*Z* 型异构体在 $\delta = 7.06$ ppm 处有一个大的振动吸收峰。这些 ^{1}H NMR 谱的差异使利用核磁共振波谱来跟踪光照诱导的立体异构体构象 *E-Z* 异构化成为可能。

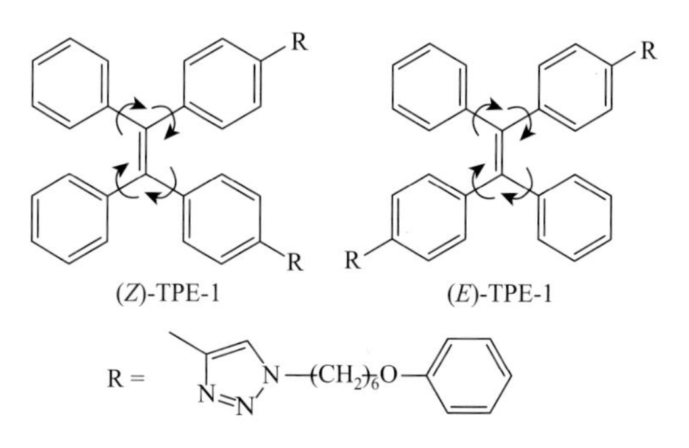

图 3-11　TPE 衍生物 TPE-1 的 *Z* 型立体异构体和 *E* 型立体异构体的分子结构式[25]

光照后 TPE-1 的核磁共振波谱的变化表明，(*E*)-TPE-1 在高功率（1.10 mW/cm^2）的紫外灯照射下很容易生成(*Z*)-TPE-1。在前 50 min 的紫外灯照射下，*E*/*Z* 混合物中 *Z* 型异构体的比例以线性增长的方式稳定增加到 35%；然后，光异构化反应的速率开始减慢；在光照时间达到 150 min 时，*Z* 型异构体的含量为 50%。此外，也可以通过加热的方式促进 *E-Z* 异构化的发生。在 203℃的高温条件下，*E* 型异构体也可以发生 *E-Z* 异构化反应得到 *Z* 型异构体。这些数据表明，可以通过高功率紫外灯照射或高温方式实现 TPE 分子的光异构化过程。然而光致发光过程通常是在很低的光强（约 52 μW/cm^2）和温度（室温或 20℃）下进行测试的。在这样温和的条件下，光异构化反应是否像高功率紫外灯照射下一样可以发生尚未可知。唐本忠院士团队将(*E*)-TPE-1 的溶液放到荧光光谱仪中，并在常规测量的光强下用氙灯（$\lambda_{ex} = 332$ nm）连续照射样品 30 min，实验前后样品的 ^{1}H NMR 基本没有改变，说明在常规光致发光实验中 *E-Z* 异构化反应没有发生。对 *Z* 型异构体进行相同的实验也得到类似的实验结果。

通常光致发光的测试都是在常温、低功率氙灯的照射下进行的（测试时间通常少于 1 min）。在这种测试条件下，包括 TPE 衍生物在内的 AIE 体系的碳碳双键很难被打开，因此 *E-Z* 异构化关键初始步骤便无法发生。在溶液状态下，TPE-1 的荧光猝灭过程并不是由 *E-Z* 异构化过程导致的，而主要是由 TPE-1 的分子内旋转引起的。由此便可以推测出，TPE 类衍生物在聚集态荧光增强主要是由多个苯基转子的运动受限所致：也就是说，TPE 类荧光分子的 AIE 效应，主要是由这类分子在聚集状态下分子内旋转受限所致。综上分析，分子内旋转受限机理并不是仅仅适用于噻咯衍生物，只要是共轭中心外围连接有多个可旋转芳香取代基的荧光分子，其 AIE 现象就与在聚集态时的分子内旋转运动受限紧密相关。

然而，在早期的 *E-Z* 异构化机理影响的研究探讨过程中，由于缺乏超快光谱和高精度理论计算的辅助，同时实验过程中忽略了一个重要的问题，即低通量的光照不能完全使溶液中 TPE 分子结构实现激发，较低地估算了异构化过程对无辐射过程的贡献。在第 6 章中，将对此部分作进一步的阐述。尽管如此，关于 TPE 结构 AIE 效应的限制分子转动的机理解释仍然是可靠的。

4. 对 TPE 分子结构的调整

由于 TPE 分子合成便捷、衍生方便，诞生了种类繁多的 AIE 型生色团，极大地拓宽了 AIE 的研究领域。为加深对分子内旋转受限机理的研究，唐本忠院士团队对分子的内部结构进行了改造。他们将 AIE-1 和 Contr-1 的荧光性质进行了对比分析（图 3-12）[26]。最早他们打算用共价键锁住 HPS 外围苯环的方式来对 HPS 分子的结构进行改造，但是这在合成上具有一定的难度。相比之下，将 AIE-1 分子中相邻的苯环用碳碳单键直接相连是十分容易做到的，由此便获得了化合物 Contr-1。AIE-1 表现出典型的 AIE 光物理特征：AIE-1 在乙腈的稀溶液中荧光很弱，但是在含水量为 99%的乙腈/水混合溶剂中，AIE-1 的荧光量子效率却提高了 35 倍［图 3-12（a）］。而闭环后的 Contr-1 却表现出相反的性质：闭环的 Contr-1 在乙腈溶液中展现出发射峰为 447 nm 的强烈蓝色荧光；当在溶液中加入 99%的水后，Contr-1 的荧光量子效率降低了 85.7%［图 3-12（b）］。很明显，通过单键将 AIE-1 的一个苯基转子固定在芴单元定子上，使其丧失 AIE 特性，将它变成一个“传统”的 ACQ 荧光化合物。与溶液中相比，在晶体状态下 AIE-1 的荧光发射光谱发生了蓝移，这与 HPS 体系中观察到的情况类似；而同样在晶体状态下，Contr-1 的荧光发射光谱在波长为 509 nm 的区域存在肩峰。从晶体分析数据中提取的双体结构中，AIE-1 分子的二芴单元定子和苯基转子以反平行的方式排列，几乎没有 π-π 堆积相互作用［图 3-12（c）］；而化合物 Contr-1 中却有一个大的刚性平面结构，其在聚集状态下分子间会发生面对面 π-π 堆积，而强烈的 π-π 堆积相互作用会导致其荧光猝灭［图 3-12（d）］。

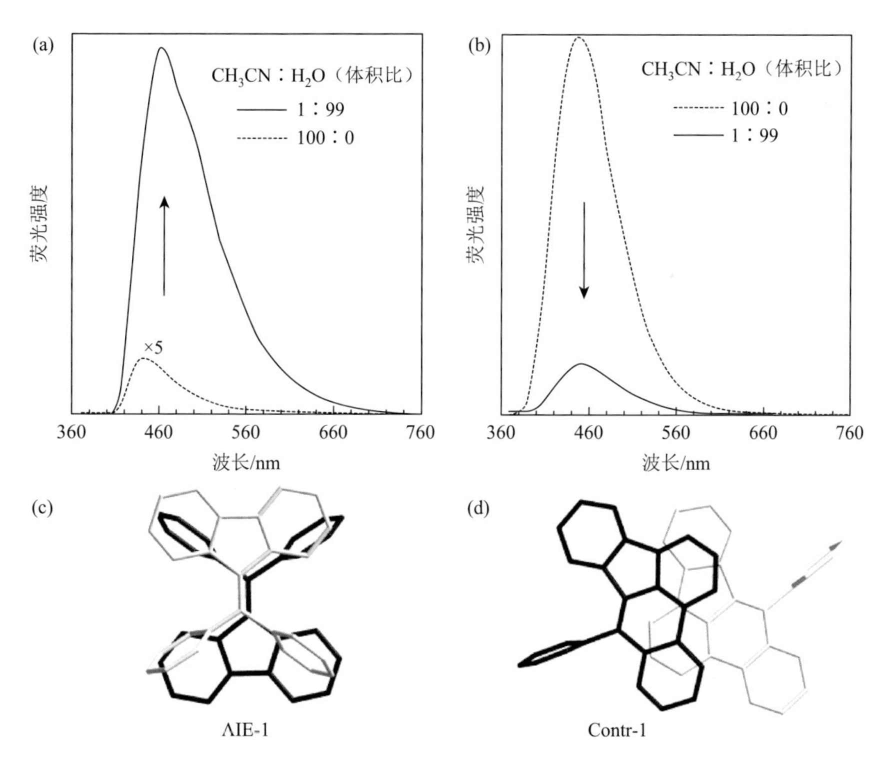

图 3-12 AIE-1（a）和 Contr-1（b）在乙腈/水混合溶剂中的荧光光谱图；X 射线晶体分析数据中提取的化合物 AIE-1（c）和 Contr-1（d）双体结构的俯视图[26]

实验数据和理论计算研究表明，TPE 分子在聚集状态下的非辐射跃迁速率 k_{nr} 降低达 4 个数量级，而辐射跃迁速率（k_r）变化不大。因此，设计实验验证哪些条件会使分子的哪些运动发生变化进而引起非辐射跃迁速率的变化是解析 TPE 及其衍生物的 AIE 现象产生机理的关键所在。为了理解 TPE 及其衍生物的 AIE 现象机理的本质，弄清楚其激发态电子是如何回到基态，以及分子内哪些运动会增加其在溶液中的非辐射跃迁速率是非常重要的。

增大 TPE 分子的取代基位阻的实验证明了 RIR 机理是具有螺旋桨式结构的 TPE 分子及其衍生物的聚集诱导发光现象的主要原因。例如，改变 TPE 分子的外围苯环取代基，并在其中两个苯环的邻位修饰甲基，得到增加了空间位阻效应的 TPE-TM 分子。TPE-TM 分子失去了聚集诱导发光的性质[27]。如图 3-13 所示，在四氢呋喃溶液中，TPE-TM 可以发射出光亮的蓝色荧光，发光效率高达 64%，同样条件下 TPE 的四氢呋喃溶液几乎不发射荧光。这是因为，在稀溶液条件下，TPE-TM 中的苯环上邻位取代的甲基由于增大了空间位阻，极大地抑制了苯环围绕单键的分子内旋转运动的自由度，从而有效地抑制了 TPE-TM 激发态的非辐射跃迁途径，而 TPE 分子在溶液中由于苯环的自由旋转不受限制，非辐射跃迁成为其激发态能量主要的耗散方式。

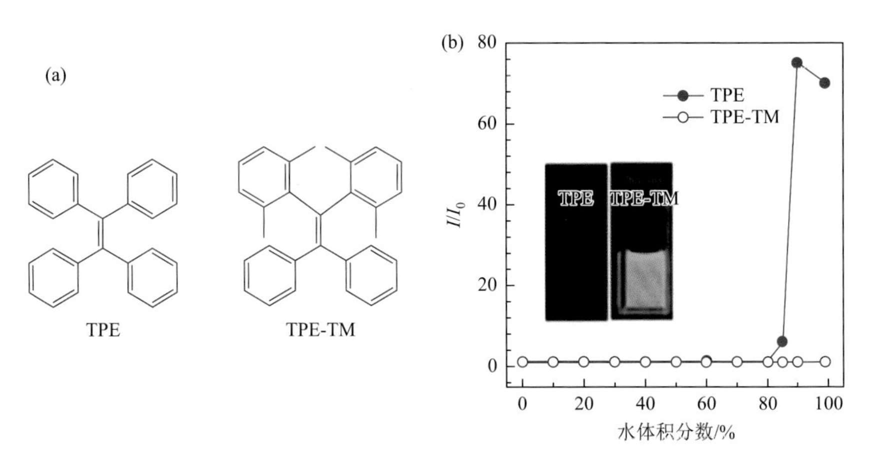

图 3-13 （a）TPE 和 TPE-TM 的分子结构式；（b）TPE 和 TPE-TM 在四氢呋喃/水混合溶剂中相对荧光强度随水体积分数的变化曲线，其中 I_0 是分子在四氢呋喃中的荧光强度，插入图片分别是 TPE 和 TPE-TM 的四氢呋喃溶液在手持紫外灯照射下的照片[27]

此外，利用桥连的氧原子或者通过化学键将 TPE 外围的旋转单元锁住也是一种能够有效限制分子内旋转的方法，这种方法可以用来研究 TPE 及其衍生物的 RIR 机理。图 3-14 中展示了两种锁住旋转单元的方式，分别是构建“氧桥”［图 3-14（a）］[28]及使相邻的苯环直接成键［图 3-14（b）和（c）］[29, 30]。

如图 3-14（a）所示，一对苯环被“氧桥”连接的 TPE-O 分子在溶液中的荧光量子效率（Φ_F）相比 TPE 的荧光量子效率小幅度增加至 4.6%，两对苯环都被“氧桥”连接的 TPE-2O 分子在溶液中的荧光量子效率显著提高到 30.1%。TPE-2O 的强荧光发射可以通过肉眼直接观测到。这种“氧桥”形成的共价键限制了苯环的自由旋转运动，抑制了非辐射跃迁，因此大多数 TPE-2O 分子的激发态能量不会以非辐射跃迁方式消耗掉，导致这些分子在溶液中也可以发光[28]。通过光环化反应将苯环锁住以后形成的 TPE-a、TPE-b 和 TPE-c 分子在聚集状态下都不发光。与 TPE-O 分子和 TPE-2O 分子类似，TPE-a、TPE-b 和 TPE-c 分子［图 3-14（b）］中两个可自由旋转的苯环的旋转运动不足以通过非辐射衰变方式消耗其激发态的能量，并且由于光环化反应生成的 TPE-a、TPE-b 和 TPE-c 的分子结构刚性增加，在聚集状态下更接近平面，因而 TPE-a、TPE-b 和 TPE-c 更加容易形成 π-π 堆积从而产生聚集诱导荧光猝灭的现象[29]。二苯并富烯化合物 TPE-d 与 TPE-e 的光物理性质与上述两个例子相似［图 3-14（c）］，都是在聚集状态下发生荧光猝灭，在溶液状态发射荧光[30]，其原因也与前述相同。

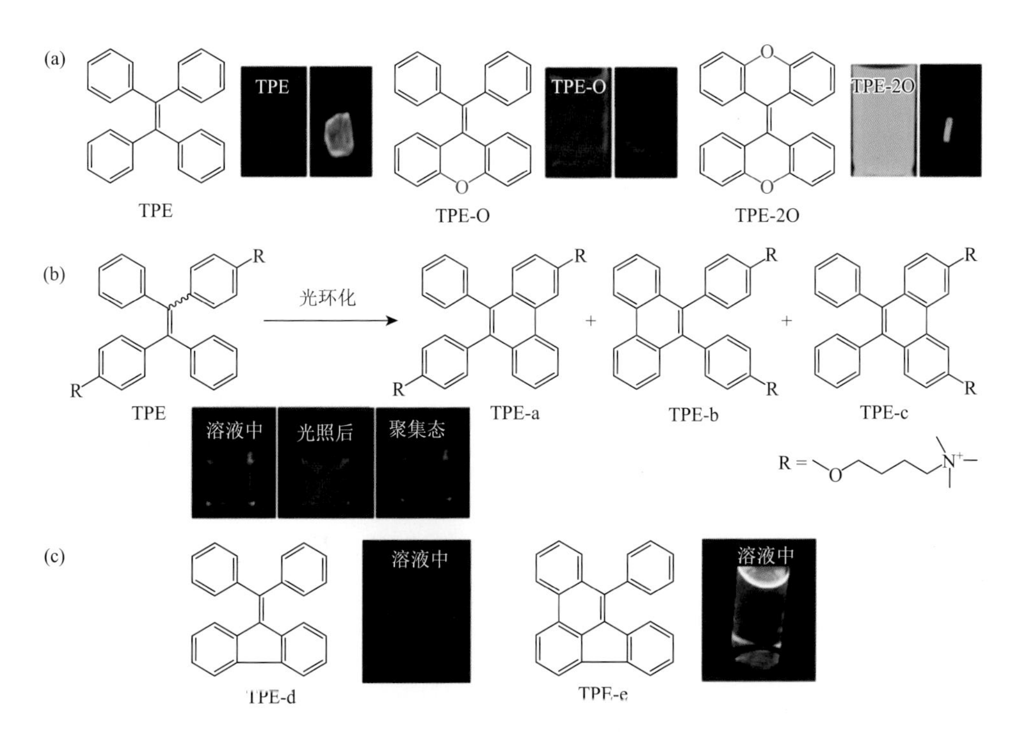

图 3-14 TPE 及其苯环被不同方式锁住的衍生物的分子结构及光物理性质[28-32]

（a）TPE 苯环被氧桥锁住；（b）、（c）TPE 相邻的苯环被碳碳单键锁住

除此之外，配位作用也可以被用来限制分子内旋转运动，进而用于研究 AIE 现象的机理。例如，四（双脲基）取代的 TPE 衍生物分子在溶液中不发光，但是与硫酸根和磷酸根等阴离子络合后发射强荧光[31]。在这类体系中，一开始 TPE 衍生物分子由于芳基基团可绕碳碳单键自由旋转，非辐射跃迁是激发态分子能量消耗的主要方式，而辐射跃迁的通道被抑制，当 TPE 衍生物的修饰基团与相应离子配位形成配合物时，由于外围的芳基基团变得更大，旋转自由度减小，分子内旋转运动受到限制，使 TPE 衍生物在溶液中也能够发射荧光[31, 32]。

5. 其他基于 TPE 结构衍生碳氢化合物的 AIE 生色团

唐本忠院士团队设计并合成了一系列具有碳氢类生色团，外围连接多个可旋转芳香取代基的荧光分子（图 3-15），它们都表现出典型的 AIE 行为[33-36]。这些荧光分子在溶液中不发光，但在聚集体状态下却能发出很强的荧光。与噻咯衍生物和 TPE 衍生物一样，这些基于碳氢化合物的 AIE 生色团的分子构象也是螺旋桨状的：由多个苯基转子和烯烃定子或芳香族化合物定子组成。这些 AIE 化合物的分子结构中只包含碳原子和氢原子，既不包括杂原子，也不包含极性基团，其强固态发光行为源于在形成聚集体过程中的分子内旋转受限。

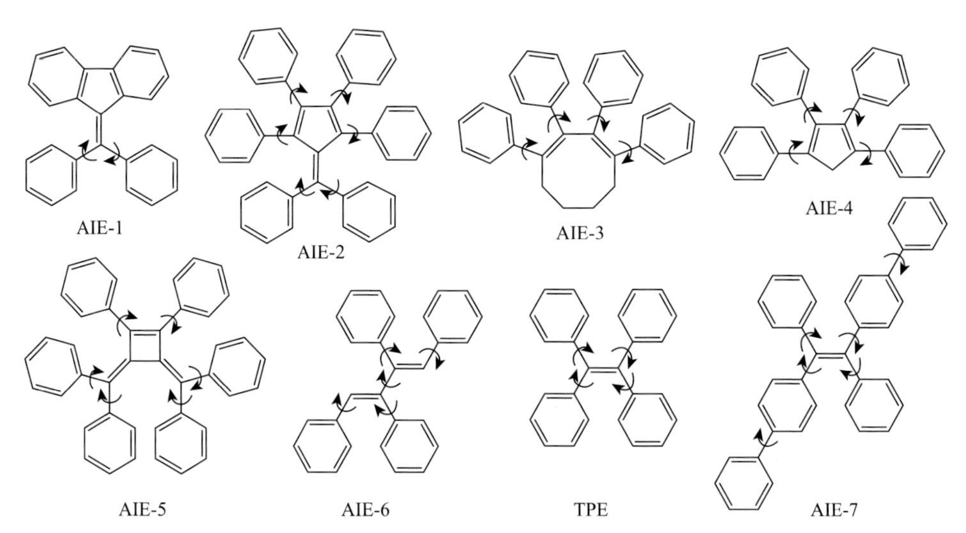

图 3-15　一些具有 AIE 性质的碳氢化合物的分子结构式[33-36]

如果在聚集过程中是否经历分子内旋转受限是荧光化合物是否具有 AIE 性质的决定性因素，那么苯环通过碳碳单键连接所形成的多苯基化合物也应该表现出 AIE 性质。实际情况也确实如此，图 3-16 中所示的多苯基化合物都是具有 AIE 性质的荧光分子[33]。相对于图3-15中所示的碳氢类AIE分子，多苯基类AIE分子更易合成，甚至有很多多苯基类AIE化合物可以直接在试剂公司买到。

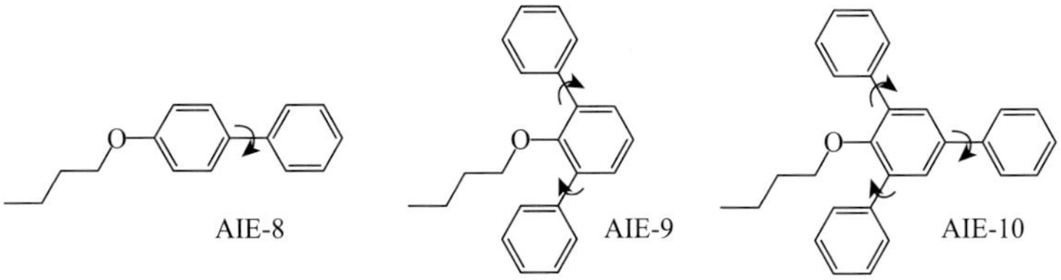

AIE-8 AIE-9 AIE-10

图3-16 一些多苯基类AIE分子的结构式[26]

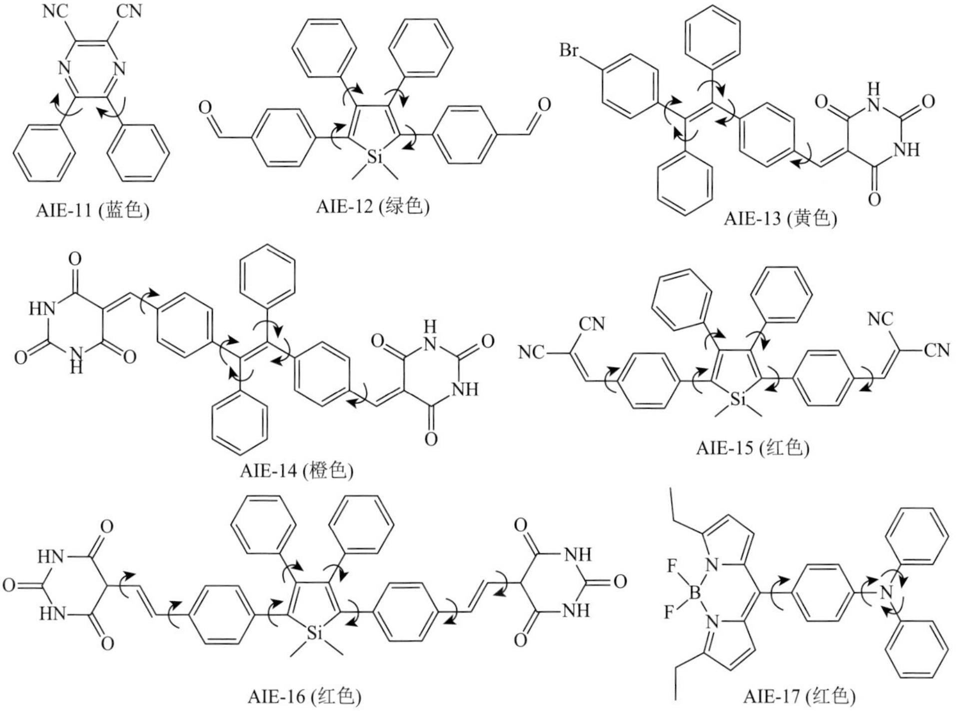

AIE-11 (蓝色) AIE-12 (绿色) AIE-13 (黄色)

AIE-14 (橙色) AIE-15 (红色)

AIE-16 (红色) AIE-17 (红色)

图3-17 能够发射不同颜色荧光的AIE材料的分子结构式[26, 37]

这些AIE材料在分子结构中含有不同种类和数目的杂原子

6. 含有极性基团和杂原子的AIE体系

在实现结构变化的研究基础上，唐本忠院士团队又探索了具有极性基团及含有杂原子的AIE体系，这类体系对发光性能调控（颜色、效率）和功能的拓展至关重要。尽管官能团之间的相互作用（如推拉电子作用）不能激活AIE效应，但是将极性官能团引入到具有 AIE 性质的荧光材料的分子结构中，能够极大地拓展 AIE 型荧光材料的发光范围，使这些荧光材料更加“多姿多彩”[26, 37]。通过共价键对 AIE 生色团修饰不同的官能团，可以制备荧光颜色覆盖整个可见光谱区域（蓝色、绿色、黄色、橙色、红色）的一系列新型荧光材料（图 3-17）。

随着对 AIE 材料研究的不断深入，科学家们发现了一些能够在不同条件下发射不同荧光颜色的材料。以蝴蝶形状的吡喃衍生物 AIE-18 为例（图 3-18），其在不同溶剂条件下能够发射出不同颜色的荧光，所发射的荧光横跨绿色荧光到红色荧光[37]。如图 3-18 所示，在水体积分数为 40%、90%、99%的四氢呋喃/水混合溶剂中，AIE-18 聚集体分别发射出绿色、黄色和红色的荧光。此外，AIE-18 的分子结构上具有形似蝴蝶的手性胆甾醇，使其在合适的条件下能够进行自组装，形成晶状的、螺旋形的聚集体。这些聚集体能够高效地发射偏振光。这个工作展现了通过简单改变混合溶剂的比例就能够方便地调控材料荧光颜色。

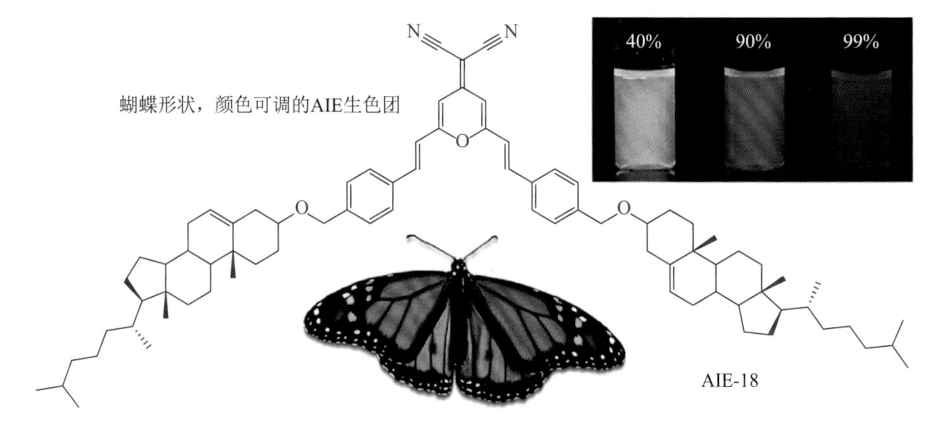

图 3-18　蝴蝶形状的 AIE-18 的分子结构，及其在水体积分数为 40%、90%、99%的四氢呋喃/水混合溶剂中发射出绿光、黄光、红光的照片[37]

7. 金属有机配合物

分子内旋转受限是解释 AIE 现象的机理。前面已经列举数例并详细地介绍了分子内旋转受限对具有 AIE 性质的材料荧光增强的影响。2008 年，支志明院士课题组报道了分子内旋转受限不仅可以导致材料的荧光发射强度增强，也可以导致化合物磷光发射强度增强[38]。Pt(Ⅱ)的配合物（AIE-19，图 3-19）在乙腈溶液中几乎不发光，磷光量子效率仅为 0.004；但是当在乙腈中加入大量水时，AIE-18 的磷光发射强度却增加了 7.5 倍。出现这种现象的原因就是在乙腈/水混合溶剂中，随着不良溶剂水的体积分数的不断增加，该混合溶剂对 Pt(Ⅱ)配合物的溶解度逐渐降低，Pt(Ⅱ)配合物分子逐渐形成了聚集体，激活了分子内旋转受限的过程。此外，吕光烈课题组在 Re(Ⅰ)（AIE-20，图 3-19）复合物体系中也观察到了类似的磷光增强现象[39]。当溶剂从纯有机溶剂变为有机/水混合溶剂时，AIE-20 的磷光发射强度有很大程度的增强。

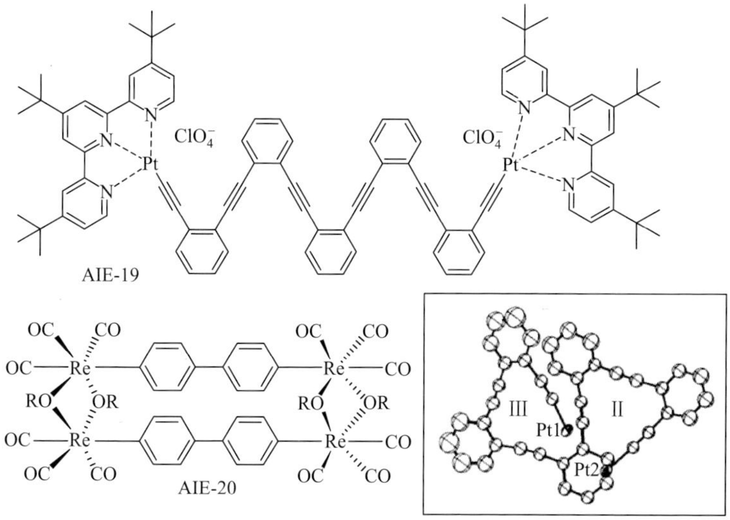

图 3-19 具有 AIE 活性的化合物 AIE-19 和 AIE-20 的分子结构式及化合物 AIE-19 部分折叠构象的 ORTEP[39]

此外，Park 课题组制备了一组含亚胺基配体的 Ir(Ⅲ)配合物（AIE-21 和 AIE-22，图 3-20）[40]。这些配合物在溶液状态时发出微弱的光；但是，在固态时其磷光强度比溶液态时增强了 4100 倍。在低温冻结的情况下，也能够在这些化合物中观察到强磷光。研究人员认为，*N*-芳基的分子内旋转受限是引起其 AIE 效应的主要原因。

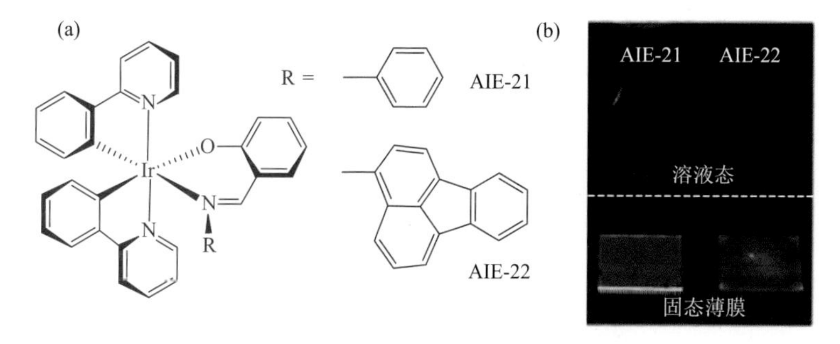

图 3-20 （a）AIE-21 和 AIE-22 的分子结构式；（b）紫外灯照射下 AIE-21 和 AIE-22 溶液态和固态薄膜的照片[40]

8. 其他体系

值得注意的是，虽然 AIE 现象是由于“转子”相对于化合物“中心”的旋转运动受限所引起的，但是不能简单地认为在发光体上连接越多的转子，就一定能够使它具有更好的发光效应。唐本忠院士课题组对此进行了相关的实验研究[3]。DMBODIPY（图 3-21）是一个良好的荧光生色团；以它为母体合成的多一个苯环的化合物 AIE-23 在溶液中却发出相对较弱的荧光，其溶液态的荧光量子效率比 DMBODIPY 降低了 76.5%。这是因为化合物 AIE-23 的苯环与其母体 DMBODIPY 不共平面，使苯环可以自由地进行旋转运动，所以在溶液状态时多数 AIE-23 的激发态通过非辐射跃迁的方式回到基态。在化合物 AIE-23 的 1-位和 7-位分别引入甲基，得到化合物 AIE-24（图 3-21），其光物理性质与 AIE-23 有很大区别。化合物 AIE-24 比化合物 AIE-23 具有更高的荧光发射效率。为了对 AIE-23 和 AIE-24 光物理性质区别产生的原因有更清晰的认识，研究者分别计算了它们 8-位的旋转能垒。结果表明，AIE-23 上苯环的旋转运动更容易。而这恰恰也说明了空间位阻的存在使 AIE-24 分子内旋转运动受到更大的限制，因而使其具有更高的溶液态荧光发射效率。

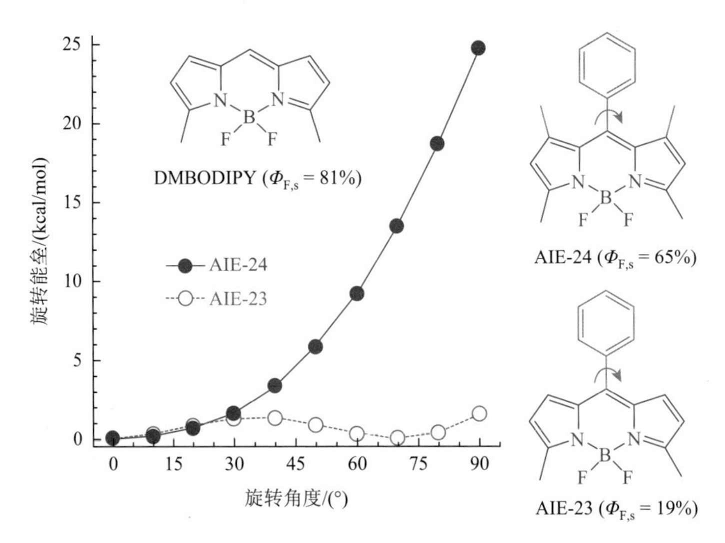

图 3-21 以 DMBODIPY 为母体的化合物 AIE-23 和 AIE-24 的分子结构式，以及其旋转能垒相对于苯环旋转角度的关系图[3]

在噻咯衍生物中化合物荧光强度随苯环数目增加的变化更为明显。DPS 和 TPS（图 3-22）是两个噻咯衍生物。DPS 在噻咯环的 2-位和 5-位存在苯环取代。由于这两个苯环与噻咯环中心是相对共平面的，这种共平面的构象使 DPS 具有良好的共轭效应，并在一定程度上允许苯环和噻咯环之间的 π 电子离域，因此化合物 DPS 具有相对刚性的分子结构，使其在溶液的荧光量子效率可以达到 29%[41]。在噻咯环的 3-位和 4-位继续引入苯环取代基就得到 TPS，它在溶液中几乎没有荧光发射，荧光量子效率仅为 0.063%。这是因为 TPS 的噻咯环平面与 3-位、4-位的苯环之间形成 57°角；噻咯环 3-位和 4-位上的苯环取代基又同时排斥 2-位和 5-位上的苯环，使 2-位和 5-位上的苯环与噻咯环也形成一定的角度，这样 TPS 就形成了扭曲的构象。因此，在苯环平面度变差和可旋转性增加的共同作用下，化合物 TPS 在溶液中的荧光量子效率大幅度降低。这些现象的探讨其实促使朝着光物理机理，即激发态的弛豫途径，进行更为深入细致的探究。

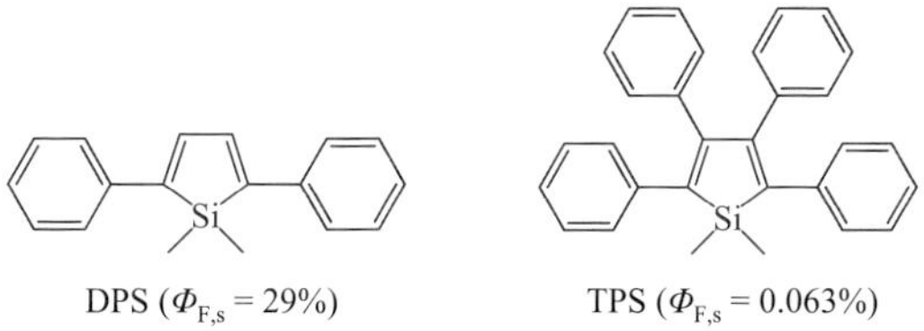

DPS ($\Phi_{F,s}$ = 29%)　　TPS ($\Phi_{F,s}$ = 0.063%)

图 3-22　DPS 和 TPS 的分子结构式及其在溶液态的荧光量子效率[41]

例如，通过先进的分析手段也能够对 AIE 现象的分子内旋转受限机理进行验证，如太赫兹时域光谱（terahertz time-domain-spectroscopy，THz-TDS）。频率为 1 THz（10^{12} Hz，4.1 meV）的电磁辐射的能量很低，可以用于探测分子电子结构的变化、低频的分子间相互作用和某些低能量的分子内运动，因为它对晶体中的结构变化和凝聚态的弛豫动力学过程很敏感，可以以不接触的方式测量材料频率依赖的导电性（frequency-dependent conductivity）。因而可以采用太赫兹时域光谱对 TPE 固体进行测量，进而检验分子内旋转受限机理[42]。图 3-23（a）是在测量频率范围内（0.1～2.2 THz）TPE 的吸收系数随着温度的变化过程。为了简便，研究者将 280 K 和 80 K 的吸收曲线作图，并对高温和低温条件下 TPE 对太赫兹频率的电磁辐射的吸收进行对比［图 3-23（b）］。通过将图 3-23（b）中的两条吸收曲线进行积分可以发现，在 280 K 温度下 TPE 对太赫兹频率的电磁辐射的吸收比在 80 K 时高出了 38%，这与较高温度下与较低温度下 TPE 的吸收差别的理论预测值比较吻合，从而证明了分子内旋转受限机理的合理性。

一些课题组通过理论计算模拟不同 AIE 分子的非辐射衰变路径，也从理论计算方面证实了分子内旋转受限（RIR）机理的合理性。例如，帅志刚等[43, 44]采用第一性原理，计算了 AIE 分子的激子-振动耦合系数，发现这类分子外围苯环的低频扭转模式与激发态分子有强烈的耦合，对无辐射跃迁过程起到关键作用。苯环绕单键的分子内旋转运动在聚集状态下被限制，故这类分子表现出 AIE 性质。

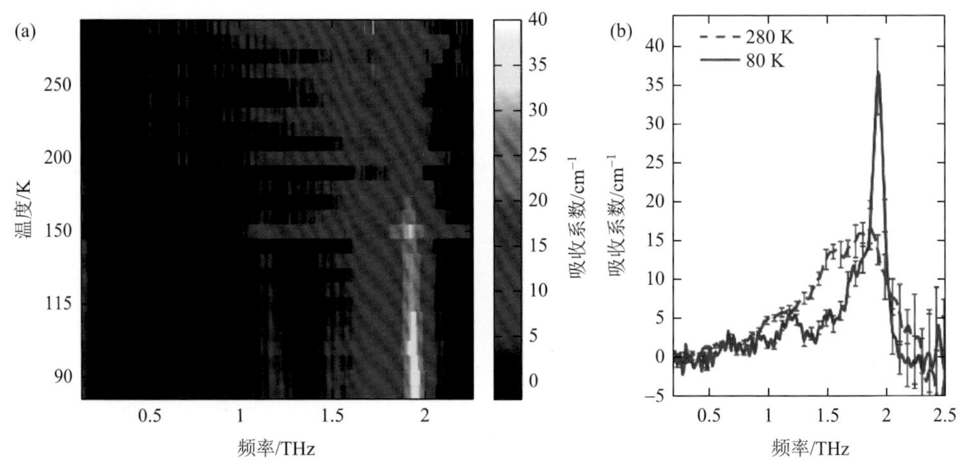

图 3-23 （a）TPE 的太赫兹时域光谱的吸收系数随温度的变化；（b）TPE 在 280 K 和 80 K 温度下太赫兹时域光谱的吸收曲线[42]

总体来讲，对于含有转子的 AIE 分子，通过外部环境的改变（温度、溶液黏度、压力等），修饰 AIE 分子结构改变其旋转自由度，以及光谱技术得出的实验数据，结合理论计算，分子内旋转受限机理得到了强有力的证明，也成为分析 AIE 分子机理的有效手段。分子内旋转受限机理的提出和验证，是 AIE 领域的研究从简单的现象发现，走向成熟的一个标志。

3.3 分子内振动受限机理

虽然分子内旋转受限机理可以很好地解释 TPE、HPS 及其衍生物的 AIE 现象，但是对于那些没有可以自由旋转单元的分子，其 AIE 现象就不可以用分子内旋转受限机理来解释。亟须一种全新的机理，分子内振动受限（RIV）机理应运而生。正如分子内旋转运动可以消耗能量，分子内的振动运动也可以消耗能量，类似地，分子内振动受限机理也可以解释一些分子的 AIE 现象。与分子内旋转运动的模式不同，分子内振动代表着更为广泛的分子内运动模式，正如常谈论的分子振动，无时无刻、无时无处不在进行，即便在绝对零度情况下仍然存在零点振动。

2014 年，唐本忠院士团队率先利用分子内振动受限机理解释了 THBDA 的 AIE 现象［图 3-24（a）］[45]。THBDA 溶液在激发光照射下几乎不发射荧光；但是在聚集状态下，THBDA 能够在紫外线的激发下产生荧光。量子力学与分子力学计算结果也进一步验证了分子内振动受限机理：THBDA 单分子有 6 个较大重组能的低频振动模式，而聚集状态下的 THBDA 只有 3 个较大重组能低频振动模式，因此聚集状态比单独分子状态的振动模式少。聚集状态下的重组能比单分子状态下的重组能少 30%，说明聚集态时更少的激发态能量以非辐射跃迁的形式回到基态。另外，从分子结构上分析，THBDA 分子可以看作是两个可以弯曲的基团通过碳碳双键连接起来，而在每个可弯曲的基团中，环庚烷基团可以频繁翻转构型，因此该生色团可以通过振动快速地消耗激发态能量，导致其在溶液中不发射荧光[6]。但是在聚集态时，THBDA 的分子内振动由于空间位阻和分子间的相互作用力的影响而受到了抑制，因此这些非辐射跃迁途径受阻，THBDA 表现出荧光性能，固态荧光量子效率为 23%。所以，THBDA 是由于分子内振动受限而具有 AIE 性质。BDBA 与 THBDA 在分子结构上很相似，区别仅仅是可弯曲基团中的弯曲部分不一样：THBDA 中的可弯曲部分为环庚烷，而 BDBA 中的可弯曲部分为环庚烯。这就导致 BDBA 比 THBDA 的共轭性更好，BDBA 的分子内振动也较 THBDA 受到了更多的限制。因此，BDBA 在固态下的荧光量子效率比 THBDA 高。

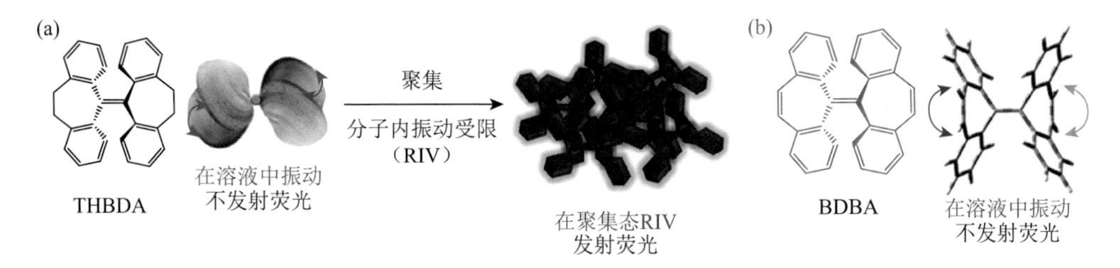

图 3-24　（a）THBDA 分子因分子内振动受限而表现 AIE 性质；（b）BDBA 的分子结构式及其分子内振动的示意图[45]

单独的 THBDA 体系很难证明分子内振动受限机理的普适性，接下来将继续介绍其他体系来佐证分子内振动受限机理。2013 年，Iyoda 课题组发现了一种全新的 AIE 分子，该分子在溶液中和非晶态下都几乎不发射荧光，但是其在晶态下却可以发射荧光[46]。这种光物理性质与其分子结构密切相关，该分子是由三个苯环通过两个环辛四烯连接起来而形成的。环辛四烯作为可弯曲部分可以在溶液中频繁发生构型翻转，这样的分子内振动可以消耗激发态能量，从而导致其在溶液态下不发射荧光［图 3-25（a)］。在晶体状态下，由于分子间的空间位阻效应和堆积效应，分子内振动受到了极大限制，因而该分子可以在晶态下表现出荧光性能。另外，分子结构中的氰基对其 AIE 性能也有一定影响，这是因为分子间的 C—N…H 氢键也可以限制分子内振动。

Yamaguchi 课题组也报道了一种基于环辛四烯的 AIE 分子[47]。在该分子结构中，每个环辛四烯基团都连接着两个萘酰亚胺基团。该分子与上一个分子类似，在溶液中由于环辛四烯基团可以发生构型翻转，消耗激发态能量［图 3-25（b)］；

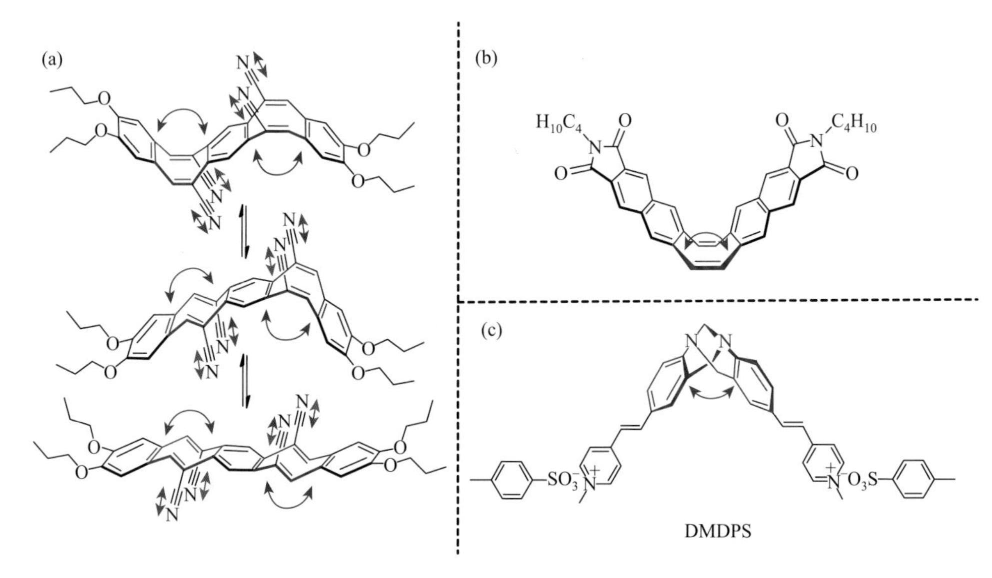

图 3-25 （a）构型的翻转变化示意图；（b）构型的翻转振动过程示意图；（c）DMDPS 的分子内振动过程示意图[46-48]

但是在固态下，环辛四烯基团的分子内振动受到限制，而且萘酰亚胺基团中羰基的作用导致分子内振动进一步受限，所以该分子表现出明显的 AIE 性能。2007 年，陶绪堂课题组发现了具有 AIE 性质的分子 DMDPS，其由一个 Λ 形核心在两边分别接一个苯乙烯吡啶镓[48]。虽然表面上看，该分子可能存在可旋转的部分，但是其结构上与二苯基乙烯更相似，这说明碳碳双键连接的两个芳香环存在强烈的电子共轭效应，从而导致芳香环的旋转受到一定的限制，使得分子内旋转受限机理不适用于解释 DMDPS 的 AIE 现象。DMDPS 分子中的 Λ 形核心可以产生分子内振动，导致该分子在溶液中荧光猝灭［图 3-25（c）］；而在固态状态中分子内振动受限，就可以产生荧光。

2015 年，Gryko 课题组[49]和唐本忠院士团队[50]分别制备了一系列香豆素衍生物，其中唐本忠院士团队报道的 CD-7 和 CD-5 具有相同的共轭部分［图 3-26（a）］，导致它们的吸收光谱相似。但是 CD-7 和 CD-5 的荧光光谱完全不一样：CD-5 在溶液中被激发后可以发射蓝色荧光，且荧光量子效率高达 69%，在聚集态下的荧光量子效率为 5.1%；非平面的具有七元环的 CD-7 在溶液中的荧光量子效率仅为 0.5%，但是在聚集状态下的荧光量子效率可以达到 43%。所以，CD-7 表现出明显的 AIE 性能，而 CD-5 则表现出明显的 ACQ 效应。时间分辨率荧光光谱的结果显示在溶液中时 CD-7 的激发态以非辐射跃迁回到基态的途径占主导；但是在粉末状态时，非辐射跃迁和辐射跃迁已经在同一个数量级，所以 CD-7 可以表现出 AIE 性质。而 CD-5 的情况与 CD-7 正好相反，因此 CD-5 表现出 ACQ 性质。CD-7

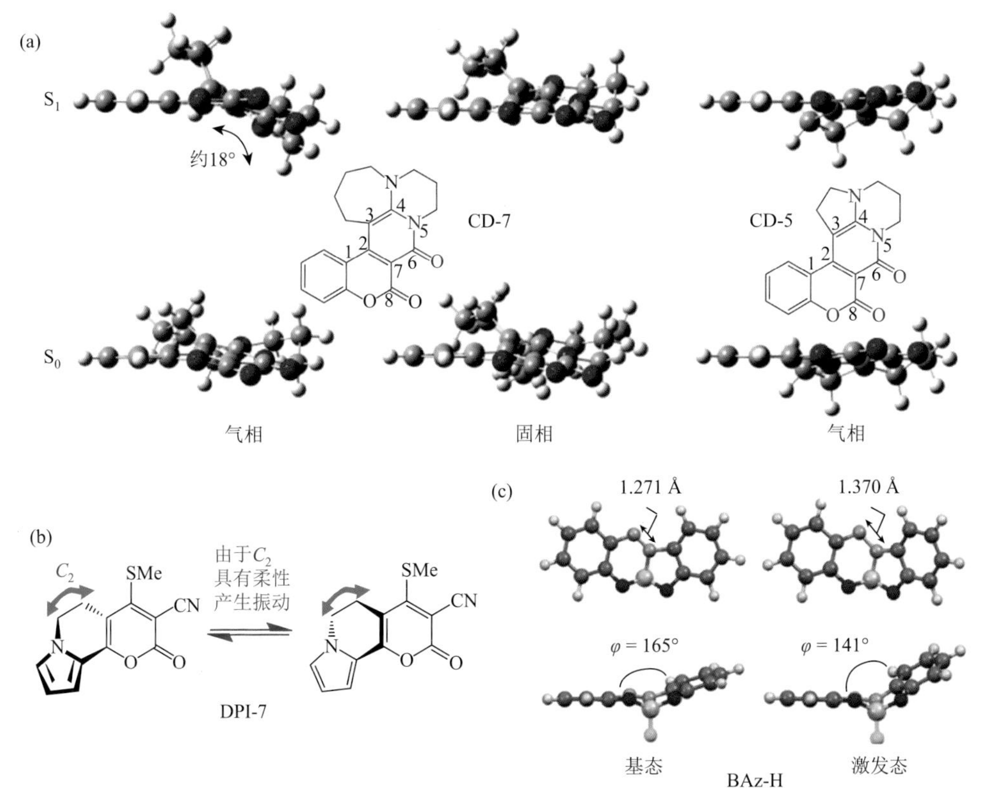

图 3-26　（a）CD-7 在气相和固相中的 S_1、S_0 构型以及 CD-5 在气相中的 S_1、S_0 构型；（b）DPI-7 的分子内振动示意图；（c）BAz-H 在气相中基态和激发态的结构示意图[49-53]

的单晶结构分析显示，它的分子构型是一种稍微扭曲的构型，七元环的存在引入了更强的空间位阻，所以 CD-7 的七元脂肪链环与共轭的分子骨架不在同一个平面上。这种非平面构型弱化了它的结构刚性，所以 CD-7 在溶液中可以通过分子骨架的振动而耗散激发态能量。此外，CD-7 在晶体状态下采取了松散的堆积模式，没有 π-π 堆积相互作用，而且分子间的 C—H···O 氢键可以有效限制分子内振动，抑制激发态能量的非辐射跃迁，这导致 CD-7 具有明显的 AIE 性能。理论计算的结果也表明 CD-7 在气相发生 $S_0 \rightarrow S_1$ 的转换过程中扭转角会产生约 18°的变化，所以单独的一个 CD-7 分子在被激发之后会发生分子内的扭曲振动；但是在固态中，CD-7 的分子内扭曲振动受到了极大的限制（仅为 5°）。结合以上所有的分析，可以明确判断，CD-7 的 AIE 性能源自分子内振动受限。CD-5 因为具有刚性的平面分子构型，在被激发前后并不会发生明显的变化，所以在溶液中被激发后可以发出强烈的蓝色荧光；但是在固态中，由于 π-π 堆积作用导致其荧光猝灭，因此 CD-5 表现出 ACQ 性质。2017 年，

Goel 等报道了一种在溶液中和固态下都可以发射荧光的材料［DPI-7，图 3-26（b）］[51]。DPI-7 在溶液中发射绿色荧光，在固态状态下发射红色荧光。将 DPI-7 溶解在四氢呋喃和水的混合溶剂中，随着含水量的增加，DPI-7 的荧光强度逐渐增加，当水的体积分数为 99%时，其荧光强度为在四氢呋喃溶液中荧光强度的 20 倍。此外，DPI-7 的荧光量子效率也会从溶液中的 30%增强为粉末中的 52%。这些实验数据揭示了 DPI-7 的 AIE 性质。通过对 DPI-7 的单晶结构进行分析可知，DPI-7 的晶体中存在两种 C—H…N 和两种 C—H…O 分子间作用力，这些作用力阻碍了 DPI-7 分子在 C_2 弯曲部分的振动，从而赋予了 DPI-7 分子 AIE 性质。

2018 年，Chujo 课题组制备了一种偶氮苯-硼复合物 BAz-H［图 3-26（c）］，其在溶液中的荧光量子效率小于 0.1%，但是在聚集态下却能够发射强荧光，表现出明显的 AIE 性质[52]。对分子结构进行分析可以发现，BAz-H 中并不存在可以旋转的结构单元，因此分子内旋转受限机理不适用于解释 BAz-H 的 AIE 现象。为了探究 BAz-H 产生 AIE 现象的原因，他们对 BAz-H 的单晶结构进行分析，结果显示 BAz-H 在基态的扭转角为 165°。根据理论计算的结果，气相中的 BAz-H 在受到激发之后扭转角会变为 141°，并且 N═N 双键的长度也会发生变化［图 3-26（c）］，所以溶液中的 BAz-H 在受到激发后会发生振动，耗散激发态能量，从而导致荧光猝灭；但是在聚集态下 BAz-H 分子由于受到周围分子的空间位阻作用，大大限制了其分子内振动。因此，BAz-H 的 AIE 性能可以用分子内振动受限机理来解释。其实在 2017 年 Chujo 课题组就报道了一种类似的甲亚胺-硼复合物，通过理论计算和单晶结果分析证明该复合物也可以像 BAz-H 一样在溶液中受到激发之后发生扭转角及键长的变化，消耗激发态能量，造成荧光猝灭[53]。该物质的非晶态和两种不同晶体结构的荧光量子效率分别是 0.3%、39%和 34%。这说明晶体状态下的堆积可以更加有效地限制分子内振动。

2018 年，美国亚利桑那州立大学的林跃生研究团队发现金属有机骨架（MOF）材料 ZIF-8 可以吸附包埋蒽[54]。ZIF-8 的骨架结构限制了蒽的分子内振动，从而使其具有 AIE 性能。金属有机骨架材料由于空间结构的特殊性，可以用在主客体相互作用中。通过将蒽和金属有机骨架材料用一锅法进行反应，可以将蒽分子包埋在 ZIF-8 骨架中，且蒽不能从 ZIF-8 的窗口逃出，同时也设置对照组将蒽吸附在 ZIF-8 表面。通过红外吸收光谱的测试，发现表面吸附蒽的红外吸收很弱，而包埋在金属有机骨架材料中的蒽的红外吸收很明显，因而可以得知该体系的光物理效应主要源于蒽与 ZIF-8 的主客体相互作用。这也说明主体 ZIF-8 限制了蒽的振动，导致该主客体的 AIE 现象。

分子内振动受限也可以解释部分分子的热活化延迟荧光（thermally activated

delayed fluorescence，TADF）现象。Bryce、Dias 和朱东霞一起报道了两种一价铜的复合物同时具备 AIE 现象和 TADF 现象[55]。通过固态稀释实验探索了这两种复合物在分子内振动受到不同程度限制下的光物理性质，发现在低分子量的 PMMA 作为固体稀释剂时，这两种分子发出磷光；在高分子量的 PMMA 作为固体稀释剂时，这两种分子的热活化延迟荧光效率很高。这两种分子在高分子量的 PMMA 作为稀释剂时和在聚集态表现出类似的热活化延迟荧光性能表明，分子内特定的振动受限是该分子具有强烈的热活化延迟荧光性能的根本原因。依时密度泛函理论计算的结果也与实验结果一致，这从另一方面表明了分子内振动受限对于热活化延迟荧光性能有很重要的影响。

2019 年，唐本忠院士团队发现了一类具有 AIE 性能的轮烯，这些分子以环辛四烯为核心[56]。正如上面提到的那样，环辛四烯是可以弯曲的，并可以发生构型翻转，是一种典型的非芳香轮烯。他们合成了一系列噻吩稠合的环辛四烯衍生物，表征并分析其光物理性质、单晶结构等。荧光光谱测试结果表明该系列分子都具有明显的 AIE 性能，但是它们的结构中并不存在可以自由旋转的基团，故而判断分子内振动受限是这一现象产生的原因。这一结论得到了以下实验数据的证明。首先，对这些化合物单晶结构的分析表明，这一系列的分子都呈现非平面的马鞍状构象，这种构象可以有效避免分子间的 π-π 相互作用，而且分子间的 C—H⋯π 和 S⋯π 相互作用可以使分子的构型更加固化，有效抑制分子内振动。然后，理论计算结果也表明，单独的一个分子比聚集态中的分子更加柔韧，说明分子内振动是分子在溶液中耗散激发态能量的主要机理。最后，圆二色谱（circular dichroism spectrum，CD spectrum）分析也表明，溶剂中分子在紫外光的照射下，其手性信号逐渐消失，这说明溶液中分子可以在紫外光照射下发生构型翻转；如果没有紫外光的照射，这些分子的圆二色谱的信号不会发生改变。在固态下，紫外光照射并不能使这些分子失去其手性信号。以上的结果说明，在溶液中时，这些分子可以在受到激发之后发生构型翻转，导致分子手性的消失，分子激发态能量可以通过分子的构型翻转运动而耗散，导致其在溶液状态下不发射荧光［图 3-27（a）］；但是在聚集状态时，分子内振动受限，分子激发态的能量不可以通过分子构型翻转的方式消耗，故而分子发射出荧光。

哥伦比亚大学的 Campos 课题组设计并合成了一系列蝴蝶状分子 bFA、bFT 和 bFP［图 3-27（b）］[57]。在四氢呋喃溶剂中，这三种物质都几乎不发射荧光，量子效率均低于 1%。当将这些蝴蝶状分子分散在四氢呋喃/水混合溶剂中时，随着混合溶剂中水的体积分数的增加，这些分子随着溶解度的降低形成聚集体，荧光强度会逐渐增加，尤其是当水的体积分数增加到 60%时，荧光强度急剧增加。聚集状态的 bFA、bFT 和 bFP 的荧光量子效率分别是 11.2%、24.9%和 18.5%，表

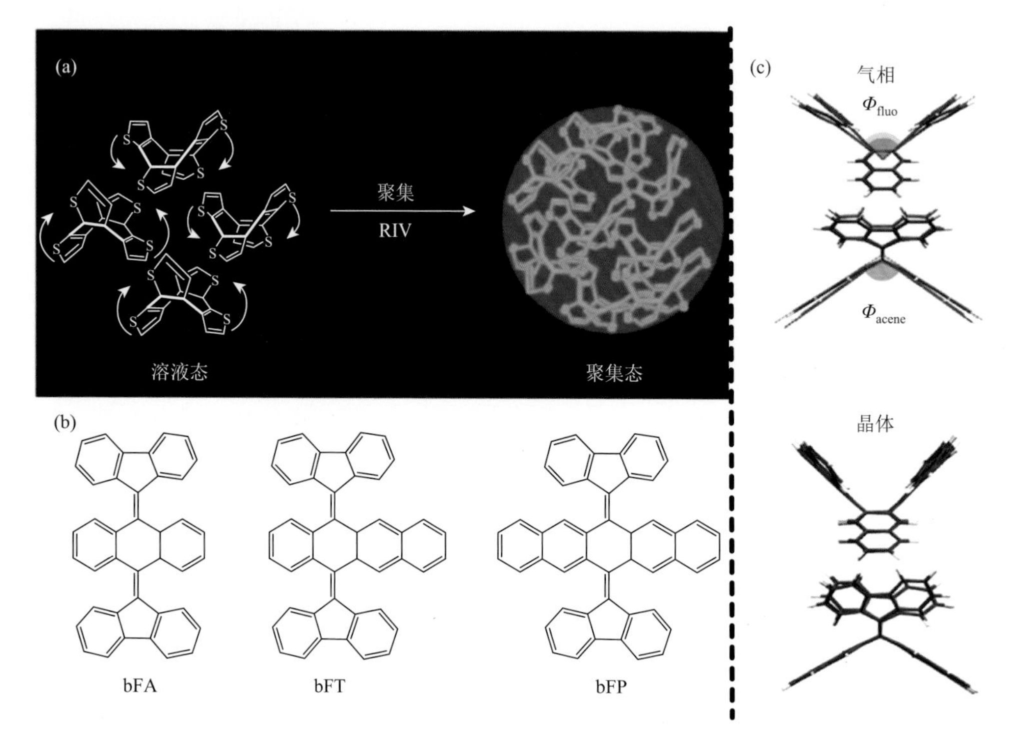

图 3-27 （a）环八四噻吩的分子内振动示意图；（b）bFA、bFT 和 bFP 的分子结构；（c）优化后 bFP 在气相中和晶体中的 S_0（红色）和 S_1（蓝色）构型[56, 57]

明这些蝴蝶状分子都是具有 AIE 性质的荧光材料。由于这些分子结构内并没有可以旋转的基团，因此分子内振动受限机理可以用于解释这个体系分子的 AIE 性质。这种解释得到了理论计算结果的支持。以 bFP 为例，气相中 bFP 分子的并苯基团和芴基团在激发态下都表现出比在基态下更接近平面构型；然而晶态下 bFP 分子的并苯基团和芴基团在激发态下都与其在基态下的构型类似[图 3-27（c）]。此外，分子内振动受限机理也得到了核磁共振和电子顺磁共振（electron paramagnetic resonance，EPR）结果的支持。以 bFA 为例，通过研究其在不同温度下核磁共振氢谱和电子顺磁共振谱的变化，发现 bFA 在温度升高之后可以共振为“两个蝴蝶翅膀”扁平化的开壳双自由基结构。所以，当 bFA 在溶液中受到激发后会变为开壳的双自由基结构，这时“两个翅膀”之间的夹角更接近平角，bFA 的激发态可以通过不停“拍打两个翅膀”的方式耗散激发态能量，以非辐射跃迁的方式回到基态，因而 bFA 在溶液中不发射荧光。在聚集态时，这种“蝴蝶拍打翅膀”耗散激发态能量的方式受到严重限制，激发态能量以辐射跃迁的方式回到基态，使其发射荧光。

3.4 分子内运动受限

自从 2001 年 AIE 概念提出以来，随着进一步的深入研究，越来越多具有 AIE 性质的材料体系被报道，同时 AIE 现象的机理相关研究受到了广泛关注。科学家们为众多 AIE 新体系提出了不同的机理假说，包括分子内旋转受限、分子内共平面、抑制光物理过程或光化学反应、非紧密堆积、形成 J 聚集体、形成扭曲分子内电荷转移、激发态分子内质子转移及形成特殊激基缔合物等。科学家们发现没有一种理论可以完全适用于阐释所有 AIE 分子的发光现象。因此，结合机理实验和理论计算，唐本忠课题组最后提出 AIE 现象的机理主要为分子内运动受限（RIM）机理，即分子内旋转受限（RIR）机理和分子内振动受限（RIV）机理[6]。

研究 AIE 现象的机理是为了建立 AIE 分子的结构与发光特性基本规律的方法，这种研究既加深了对光物理过程的理解，也为设计更高效的 AIE 分子提供了指导思想。分子内旋转受限机理与分子内振动受限机理并不是相互排斥的，有的 AIE 分子的发光机理结合了这两种机理，另一些分子内运动受限机理也不同于旋转受限和振动受限。在本节中，其余的 AIE 分子内运动受限机理将会被介绍。

3.4.1 分子内旋转受限 + 分子内振动受限

随着分子内旋转受限机理和分子内振动受限机理先后提出，AIE 现象的理论基础被系统性地建立，分子内旋转受限机理和分子内振动受限机理共同被称为分子内运动受限机理，既可以用来解释大多数 AIE 体系的发光现象，也由此提供了设计新型 AIE 分子的思路和策略。在此基础上，既含有可自由旋转的结构单元，又含有可振动结构单元的分子肯定具有 AIE 效应。

吩噻嗪衍生物 PTZ-BZP 便是一类已报道的同时含有旋转单元和振动单元的分子，结构如图 3-28（a）所示[58]。这种分子具有可旋转的苯并噻二唑基团和苯环。而根据密度泛函理论（DFT），并采用 B3LYP/6-31G(d, p)基组对 PTZ-BZP 的分子结构进行优化。结果发现，PTZ-BZP 呈现出非平面的蝴蝶形状的分子最优结构，这表明吩噻嗪母核中含有可进行弯曲振动结构单元。在分散状态下，苯并噻二唑及苯环的旋转运动及吩噻嗪核的振动运动是 PTZ-BZP 分子激发态能量消耗的两种主要方式；在聚集状态下，PTZ-BZP 分子内的旋转运动和振动运动都受到限制，因而开启了辐射跃迁途径，从而使 PTZ-BZP 发射出强荧光。因而，PTZ-BZP 的 AIE 现象可以用分子内运动受限机理来解释。另一个具有蒽醌核的 AIE 分子的结构如图 3-28（b）所示[59]，该分子结构是由可进行旋转运动的苯环及可进行振动运动的氰基和蒽醌核组成。与 PTZ-BZP 分子类似，该分子的旋转运动和振动运动在聚集状态下都受到限制，因而使其在聚集态产生了荧光增强的现象。此外，该分子的晶体结构中氢键的距离只有 2.6 Å，表明分子在聚集过程中形成了氢键（C—H···N），这种分子内氢键也增强了荧光强度。具有类似分子结构的材料如图 3-28（c）[60]和（d）[61]所示，它们都是分子内含有可振动运动的稠环及可以自由旋转的苯环，由于分子内运动（旋转和振动）在聚集状态下都受到限制，这些分子产生了 AIE 效应。

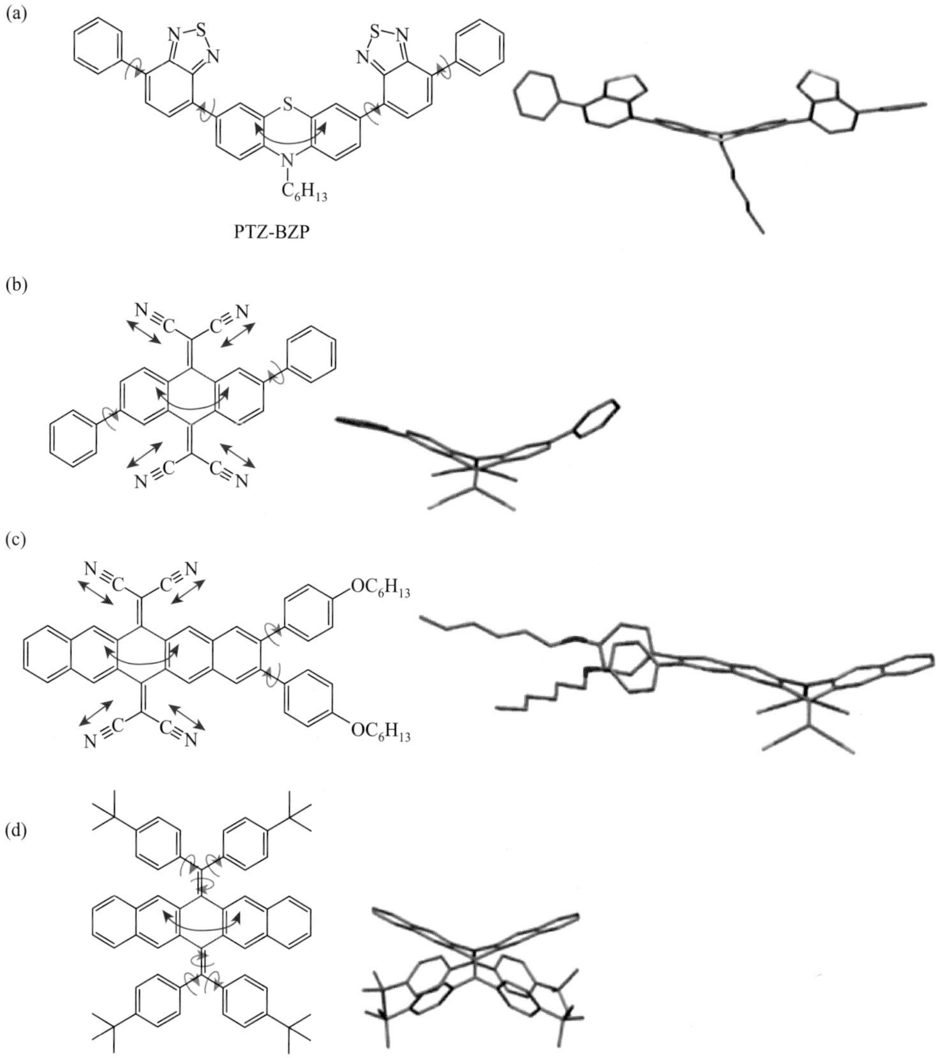

图 3-28　既含有可转动的结构单元又含有可振动的结构单元的 AIE 分子[58-61]

一些具有二氢并苯核和苯环修饰的荧光材料的 AIE 性质同样可以利用分子内运动受限机理来解释，如 BDPM-DHA、BDPM-DHT 和 BDPM-DHP（图 3-29）[62]。在这些分子结构中苯环是可以自由旋转的结构单元，二氢并苯骨架是可以进行振动运动的结构单元。在溶液中，这些材料的分子内的旋转运动和振动运动都很活跃，使得分子能够以非辐射跃迁的方式消耗分子激发态的能量；在聚集状态下由于分子内运动受限，非辐射跃迁途径受阻，辐射跃迁通道打开，因而这些分子表现出强荧光发射。其中，BDPM-DHT 还具有光致变色的性质，无色的 BDPM-DHT 晶体在紫外光照射下能够变成红色，伴随着其蓝色荧光逐渐消失；在室温条件下，BDPM-DHT 又能够逐渐恢复到未受到紫外光照射之前的状态，表明这一光致变色行为具有可逆性。

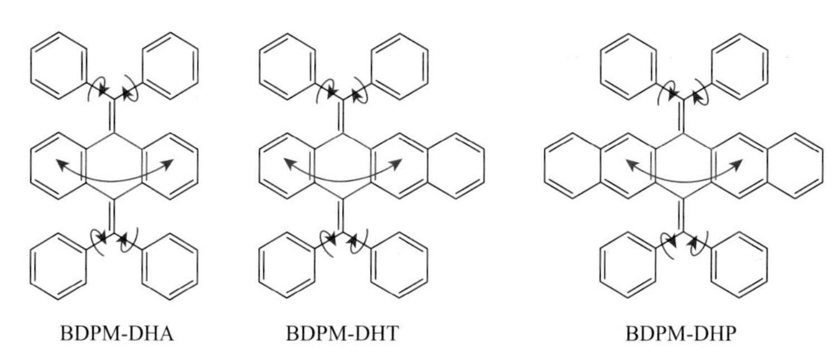

图 3-29　二氢并苯类衍生物因同时具有可旋转和可振动单元而表现出 AIE 性质[62]

除了上述两类同时含有可旋转单元与可振动的环结构的分子，一些大分子同样是通过分子内运动受限而获得了聚集诱导荧光现象或聚集增强荧光（aggregation-enhanced emission，AEE），如在氧连吡嗪的 2, 6-位连接了四苯基乙烯（TPE）的大分子［图 3-30（a）］[63]。TPE 中的苯环与 DPM 作为可旋转单元以非辐射跃迁方式消耗激发态能量。从该分子的晶体结构中可以看出，分子中的吡嗪单元与 TPE 通过氧桥以倾斜角度相连，因此分子中的吡嗪单元以翼式振动方式同样消耗激发态能量。在聚集状态下，分子中 TPE 单元的旋转运动与吡嗪的振动由于空间效应被限制，从而发出荧光。咪唑鎓大环化合物［图 3-30（b）］[64]也具有可旋转的芴基单元和可振动的咪唑单元。甘油是该分子高黏度的不良溶剂，因此随着二甲基亚砜/甘油混合溶液中甘油含量的增加，分子中的运动（旋转与振动）被限制，荧光逐渐增强。图 3-30（c）所示的大分子具有由分子内运动受限机理产生的聚集增强荧光效应[65]。由该分子的晶体结构显示，分子中的芳香环取代基为旋转单元，而分子中与 sp^3 碳相连的吡咯基团及噻吩基团则几乎不能旋转但可以进行振动运动。随着水/乙腈体系中的含水量增加，该分子由于分子内运动受限，产生了聚集增强荧光现象。减少苯环数量的分子依然具有类似的现象[66]［图 3-30（d)］，随着体系中不良溶剂增加，分子内运动由于聚集受限，产生了聚集增强荧光效应。

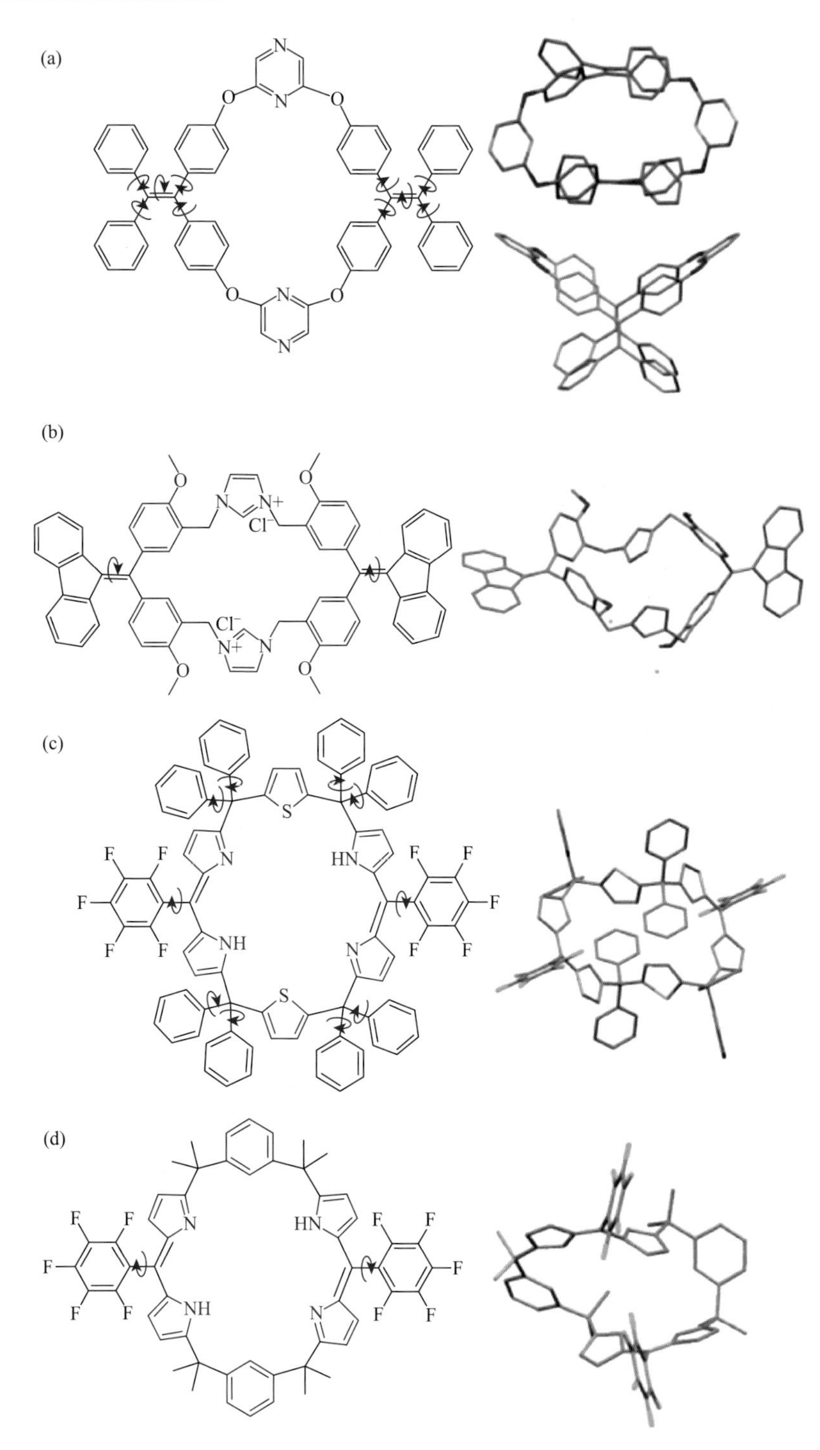

图 3-30　一些具有环状结构的 AIE 分子[63-66]

综上所述，分子内运动受限机理将分子内旋转受限机理和分子内振动受限机理统一起来，是一种用于解释 AIE 现象更全面的机理模型。由于分子内运动既有旋转运动又有振动运动，分子内旋转受限机理与分子内振动受限机理可以共同存在于同一个分子或体系中，因此分子内运动受限机理就可以用来解释这两种运动都存在的分子的 AIE 效应。分子内运动受限机理不仅可以解释一些具有更为复杂分子结构的体系的 AIE 效应，而且可以为这些分子的设计提供指导。分子内运动受限机理的基本原理就是分子内运动在分散状态时，如溶液，能够以非辐射跃迁的方式消耗激发态的能量，而在聚集状态下分子内运动受限，使分子结构更加刚性，从而打开了激发态的辐射跃迁的通道，促使荧光产生或增强。

3.4.2　其他分子内运动受限机理

分子内运动受限机理是 AIE 现象目前最广为接受的机理。分子内运动受限机理，按照分子运动的基本类型主要包括分子内旋转受限机理和分子内振动受限机理。在不严格地讨论分子运动模式的情形下，部分类型的分子内运动模式如扭动、剪切、摆动均可归结于特殊形式的转动或振动；同时一些特殊的分子内运动模式如分子内共平面、分子内扭转受限等可以归结于分子内运动受限。

1. 分子内共平面

氰基是具有简单结构的极性基团，因而常被用作先进光学材料的功能单元。氰基也已经被广泛地应用在 AIE 材料的分子设计和开发中。在 AIE 分子中引入氰基能够在很大程度上影响分子的空间效应和电子效应。图 3-31 所示的分子由于氰基和苯环之间的互相排斥作用具有扭曲的构象，这与其主体结构 1, 4-二乙烯基苯的平面构象形成对比[67]。在溶液中，该分子扭曲的结构允许分子内运动发生，促进了

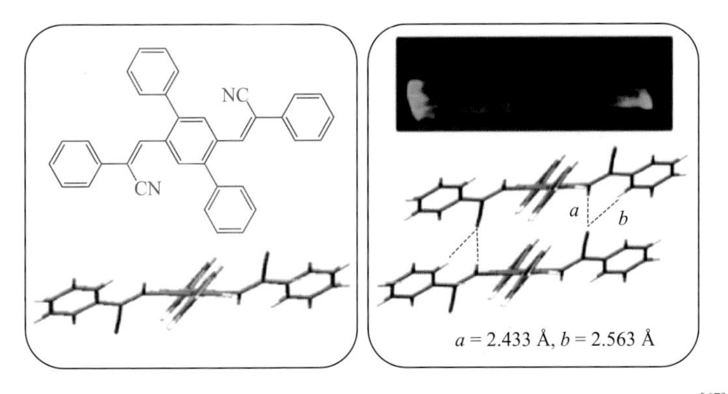

图 3-31　含有氰基的 AIE 化合物的分子结构、晶体结构和晶体发光[67]

激发态能量以辐射跃迁的方式耗散；在形成晶体后，分子被固定为共平面的构象。这种聚集导致的分子构象平面化使分子在聚集态的有效共轭长度增加，并促进形成C—H⋯N氢键，增大了分子的振子强度，从而使其在聚集态发射强荧光。

氰基的空间效应赋予二氰基乙烯类衍生物AIE效应，其电子效应也使研究者能够方便地调控AIE材料的荧光颜色。例如，Chen课题组[68]和Neckers等[69]发展了一系列的二苯基富马腈型荧光材料，其结构如图3-32所示。通过改变苯环上的取代基，荧光分子的晶体或聚集体发光颜色可以很容易地从紫色调到蓝色，再调到绿色，最后再调到红色。随着二苯基富马腈上取代基给电子能力的逐渐增强，分子的固体的荧光发射也逐渐红移。

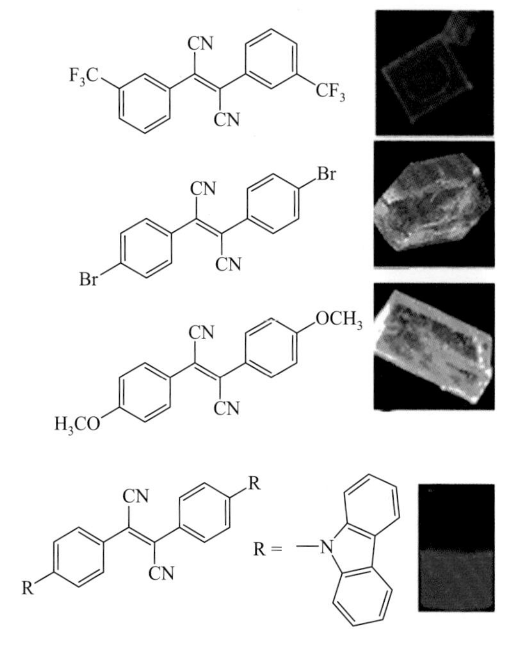

图3-32　二苯基富马腈型AIE荧光材料[68, 69]

2. 分子内扭转受限

由于具有π共轭结构的有机分子的活性较高，其在光电材料领域如有机发光二极管（organic light emitting diode，OLED）材料方面受到关注。但是，传统荧光材料由于在聚集状态下荧光猝灭，因此不可以在固态或直接制成薄片使用。具有AIE效应的荧光分子则可以从根本上解决这个问题，因而一些具有蒽核的AIE分子被用于光电材料领域，如DSA、BMOSA、B-4-BOSA、B-2-BOSA［图3-33（a）］[70]。为了研究这些分子的发光机理，田文晶课题组培养了它们的晶体。从这些化合物的晶体结构的数据可知，由于分子内部具有较大位阻，蒽核与苯乙烯基之间存在较大的扭转角。由于乙烯基团的共轭效应，乙烯基团扭转角分布在 176°～179°之间。通过对这四个分子的晶体结构分析，可以发现它们都具有非平面的分子构象。不同的分子在晶体中扭转角度不同，表明这些分子在固态时的不同分子间相互作用和堆积作用会对其构象产生重要影响。通过将实验结果与理论计算结果进行对比发现，限制分子内的扭转运动是这些化合物产生 AIE 效应的原因。由于在这四个分子结构中引入苯乙烯取代基与蒽核氢原子的空间位阻效应，蒽核 9,10-位的取代基呈现扭曲的分子构象，如图 3-33（b）所示。在溶液中时，分子中被扭曲的部分可以进行自由的扭转运动，导致激发态能量快速通过非辐射跃迁的方式消耗；而在聚集状态下，分子的自由扭转运动受到限制，关闭了激发态的非辐射跃迁通道，使这些化合物荧光发射增强。

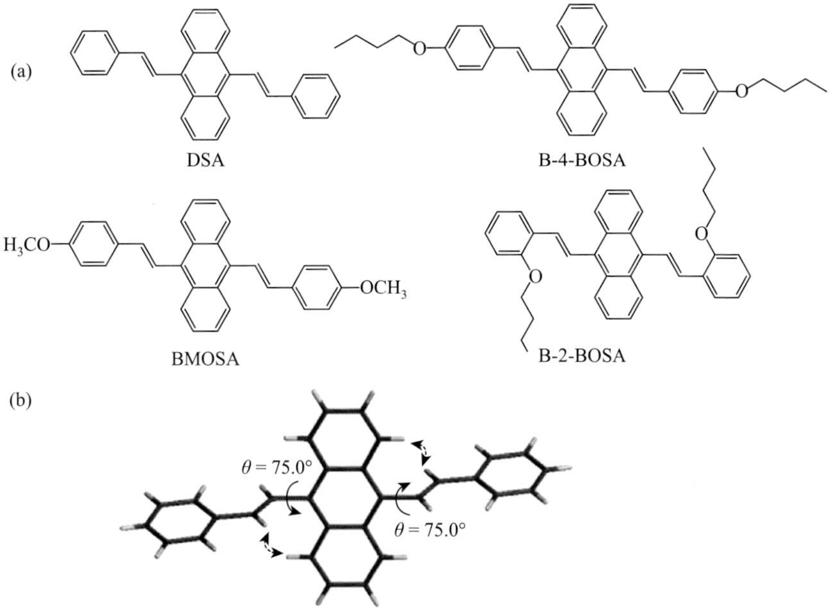

(a)

DSA　B-4-BOSA

H_3CO　OCH_3

BMOSA　B-2-BOSA

(b)

$\theta = 75.0°$　$\theta = 75.0°$

图 3-33　（a）具有蒽核的 AIE 分子的结构式；（b）DSA 晶体中苯乙烯基团与蒽核的二面角[70]

硼二吡咯亚甲基（borondipyrromethene，BODIPY）衍生物是一类具有高荧光量子效率及高强度荧光发射峰的荧光分子，因而经常被用在许多光电应用领域。由于 BODIPY 的刚性平面结构，大多数 BODIPY 的衍生物都不具有 AIE 效应，因而在固体中的发光效率降低，这不利于它们在光电领域的实际应用。为了进一步扩展其应用场景，解永树课题组将典型的具有 AIE 效应的 TPE 基团引入到 BODIPY 分子中，获得了一系列具有 AIE 效应的新型 BODIPY 分子[TPE-BODIPY，

图 3-34（a）]。这些新型 AIE 分子的荧光量子效率最高可达 100%[71]。此外，TPE-BODIPY-1 的荧光颜色随浓度的升高逐渐发生红移。在固体时，TPE-BODIPY-1 展现出红色荧光。尽管这些分子中的 TPE 生色团是经典的 AIE 基元，其产生 AIE 效应也常常归因于 RIR 机理，但 TPE-BODIPY 系列分子的 AIE 效应并不仅仅是由分子内旋转运动受限所引起的。

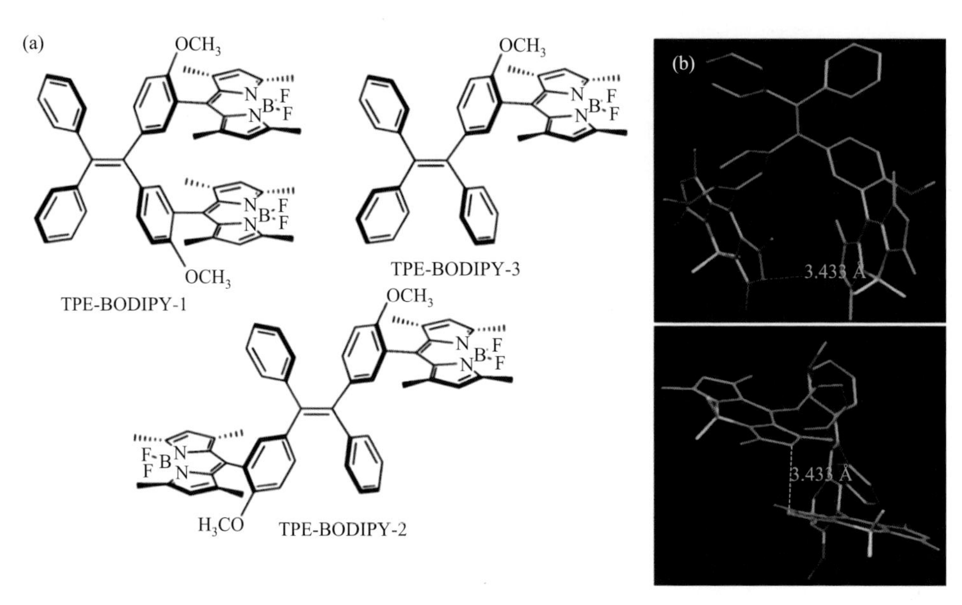

图 3-34 （a）TPE-BODIPY 系列化合物的分子结构式；（b）TPE-BODIPY-1 的分子内相互作用[71]

为了研究这类分子的 AIE 效应和浓度改变荧光颜色的机理，研究者培养出了 TPE-BODIPY-1 的单晶［图 3-34（b）］。TPE-BODIPY-1 单晶结构显示，TPE 结构单元的四个苯环依然采取螺旋桨式的排列方式，而 BODIPY 单元受旁边甲氧基空间排斥作用的影响几乎垂直于与之相连的苯环。两个 BODIPY 单元和与其相连的苯环之间的二面角分别为 89.76°和 85.6°，因此这两个 BODIPY 单元基本上是平行排列的，表明 BODIPY 单元与苯环之间几乎没有共轭。因此，TPE-BODIPY-1 在固态时能够发射红色荧光不可能是由固态分子平面化引起的。TPE-BODIPY-1 分子中两个 BODIPY 单元的二面角只有 16.65°，而它们之间的最短距离为 3.433 Å，因此 TPE-BODIPY-1 的两个 BODIPY 单元之间存在着滑动 π-π 堆积相互作用，这也是 TPE-BODIPY-1 在溶液中额外的吸收峰及发射峰产生的原因。尽管两个 BODIPY 基团的重叠程度并不是很大，但是这种重叠对于改变 TPE-BODIPY-1 分子的光物理性质是非常有效的。在稀溶液中，由于带有 BODIPY 的苯环能够自由旋转，因而通过苯环的自由旋转可以将 BODIPY 基团拉近或者推远，所以能够观察到 BODIPY 的荧光和 π-π 堆积产生荧光。随着溶液浓度提高，BODIPY 的荧光和 π-π 堆积产生荧光都增强。在低聚集状态下，苯环的旋转运动受限制，由于两个 BODIPY 彼此靠近以使 TPE-BODIPY-1 分子构象稳定，BODIPY 单体发射减弱，而 π-π 堆积发射增强。随着分子聚集程度增加，分子内 π-π 堆积相互作用和分子间 π-π 堆积相互作用的协同作用使 TPE-BODIPY-1 的荧光发射产生明显红移。

3.5 本章小结

通过本章内容可以发现，分子内旋转受限和分子内振动受限机理并不是互相排斥的，而是携手统一的：这两种机理既可以分别用来解释螺旋桨构型分子及不含旋转单元的扇贝状分子体系的聚集诱导发光效应，也可以共同出现在同一个聚集诱导发光体系中。随着科学家对聚集诱导发光现象的不断深入研究，具有聚集诱导发光性质的分子体系类型不断发展和壮大，越来越多具有复杂分子结构的聚集诱导发光性质的荧光材料被合成出来，分子内运动受限机理适用于解释这些复杂体系的聚集诱导发光现象。因而，理解和掌握分子内运动受限机理不仅有利于理解和完善有机发光理论，也可以为设计合成新型的聚集诱导发光型荧光分子和功能型有机固态发光材料提供指导。同时也标志着聚集诱导发光研究领域的发展从现象发现、体系报道正式走向成熟，为后续该领域的蓬勃发展奠定了坚实的基础。

参考文献

[1] Luo J，Xie Z，Lam J W，et al. Aggregation-induced emission of 1-methyl-1,2,3,4,5-pentaphenylsilole. Chem Commun，2001，18：1740-1741.

[2] Hong Y，Lam J W Y，Tang B Z. Aggregation-induced emission：phenomenon，mechanism and applications. Chem Commun，2009（29）：4332-4353.

[3] Hong Y，Lam J W Y，Tang B Z. Aggregation-induced emission. Chem Soc Rev，2011，40（11）：5361-5388.

[4] Qin A，Lam J W Y，Tang B Z. Luminogenic polymers with aggregation-induced emission characteristics. Prog Polym Sci，2012，37（1）：182-209.

[5] 张双，秦安军，孙景志，等. 聚集诱导发光机理研究. 化学进展，2011，23（4）：623-636.

[6] Mei J，Hong Y，Lam J W Y，et al. Aggregation-induced emission：the whole is more brilliant than the parts. Adv Mater，2014，26（31）：5429-5479.

[7] Mei J，Leung N L C，Kwok R T K，et al. Aggregation-induced emission：together we shine，united we soar！Chem Rev，2015，115（21）：11718-11940.

[8] Zhao E，Chen S. Materials with aggregation-induced emission characteristics for applications in diagnosis，theragnosis，disease mechanism study and personalized medicine. Mater Chem Front，2021，5：3322-3343.

[9] Chen J，Law C C W，Lam J W Y，et al. Synthesis，light emission，nanoaggregation，and restricted intramolecular

rotation of 1,1-substituted 2,3,4,5-tetraphenylsiloles. Chem Mater，2003，15（7）：1535-1546.

[10] Fan X，Sun J，Wang F，et al. Photoluminescence and electroluminescence of hexaphenylsilole are enhanced by pressurization in the solid state. Chem Commun，2008，381（26）：2989-2991.

[11] Ren Y，Lam J W Y，Dong Y，et al. Enhanced emission efficiency and excited state lifetime due to restricted intramolecular motion in silole aggregates. J Phys Chem B，2005，109（3）：1135-1140.

[12] Ren Y，Dong Y，Lam J W Y，et al. Studies on the aggregation-induced emission of silole film and crystal by time-resolved fluorescence technique. Chem Phys Lett，2005，402（4-6）：468-473.

[13] Bhongale C J，Chang C W，Diau E W G，et al. Formation of nanostructures of hexaphenylsilole with enhanced color-tunable emissions. Chem Phys Lett，2006，419（4-6）：444-449.

[14] Li Z，Dong Y，Mi B，et al. Structural control of the photoluminescence of silole regioisomers and their utility as sensitive regiodiscriminating chemosensors and efficient electroluminescent materials. J Phys Chem B，2005，109（20）：10061-10066.

[15] Liu J，Lam J W Y，Tang B Z. Aggregation-induced emission of silole molecules and polymers：fundamental and applications. J Inorg Organomet Polym Mater，2009，19（3）：249-285.

[16] Chen H Y，Lam W Y，Luo J D，et al. Highly efficient organic light-emitting diodes with a silole-based compound. Appl Phys Lett，2002，81（4）：574-576.

[17] Dong Y，Lam J W Y，Li Z，et al. Vapochromism of hexaphenylsilole. J Inorg Organomet Polym Mater，2005，15（2）：287-291.

[18] 邓春梅，牛英利，彭谦，等. 14 族杂环戊二烯分子（硅、锗、锡）的电子结构与光谱性质. 物理化学学报，2010，26（4）：1051-1058.

[19] Mullin J L，Tracy H J，Ford J R，et al. Characteristics of aggregation induced emission in 1,1-dimethyl-2, 3, 4, 5-tetraphenyl and 1,1,2,3,4,5-hexaphenyl siloles and germoles. J Inorg Organomet Polym Mater，2007，17（1）：201-213.

[20] Tracy H J，Mullin J L，Klooster W T，et al. Enhanced photoluminescence from group 14 metalloles in aggregated and solid solutions. Inorg Chem，2005，44（6）：2003-2011.

[21] Lai C T，Hong J L. Aggregation-induced emission in tetraphenylthiophene-derived organic molecules and vinyl polymer. J Phys Chem B，2010，114（32）：10302-10310.

[22] Bolle P，Chéret Y，Roiland C，et al. Strong solid-state luminescence enhancement in supramolecular assemblies of polyoxometalate and “aggregation-induced emission”-active phospholium. Chem Asian J，2019，14（10）：1642-1646.

[23] Imoto H，Urushizaki A，Kawashima I，et al. Peraryl arsoles：practical synthesis，electronic structures，and solid-state emission behaviors. Chem Eur J，2018，24（35）：8797-8803.

[24] Dong Y，Lam J W Y，Qin A，et al. Aggregation-induced emissions of tetraphenylethene derivatives and their utilities as chemical vapor sensors and in organic light-emitting diodes. Appl Phys Lett，2007，91（1）：1-4.

[25] Wang J，Mei J，Hu R，et al. Click synthesis，aggregation-induced emission，*E*/*Z* isomerization，self-organization，and multiple chromisms of pure stereoisomers of a tetraphenylethene-cored luminogen. J Am Chem Soc，2012，134（24）：9956-9966.

[26] Tong H, Dong Y, Häußler M, et al. Novel linear and cyclic polyenes With dramatic aggregation-induced enhancements in photoresponsiveness. Mol Cryst Liq Cryst, 2006，446：183-191.

[27] Zhang G F, Chen Z Q, Aldred M P, et al. Direct validation of the restriction of intramolecular rotation hypothesis

via the synthesis of novel ortho-methyl substituted tetraphenylethenes and their application in cell imaging. Chem Commun, 2014，50（81）：12058-12060.

[28] Shi J, Chang N, Li C, et al. Locking the phenyl rings of tetraphenylethene step by step: understanding the mechanism of aggregation-induced emission. Chem Commun, 2012，48（86）：10675-10677.

[29] Jiang B P, Guo D S, Liu Y C, et al. Photomodulated fluorescence of supramolecular assemblies of sulfonatocalixarenes and tetraphenylethene. ACS Nano, 2014，8（2）：1609-1618.

[30] Tong H, Dong Y, Hong Y, et al. Aggregation-induced emission: effects of molecular structure, solid-state conformation, and morphological packing arrangement on light-emitting behaviors of diphenyldibenzofulvene derivatives. J Phys Chem C, 2007，111（5）：2287-2294.

[31] Zhao J, Yang D, Zhao Y, et al. Anion-coordination-induced turn-on fluorescence of an oligourea- functionalized tetraphenylethene in a wide concentration range. angew Chem Int Ed, 2014，53（26）：6632-6636.

[32] Huang G, Zhang G, Zhang D. Turn-on of the fluorescence of tetra(4-pyridylphenyl)ethylene by the synergistic interactions of mercury(ii) cation and hydrogen sulfate anion. Chem Commun, 2012，48（60）：7504-7506.

[33] Zeng Q, Li Z, Dong Y, et al. Fluorescence enhancements of benzene-Cored luminophors by restricted intramolecular rotations: AIE and AIEE effects. Chem Commun, 2007，1（1）：70-72.

[34] Tong H, Dong Y, Häußler M, et al. Molecular packing and aggregation-induced emission of 4- dicyanomethylene -2,6-distyryl-4H-pyran derivatives. Chem Phys Lett, 2006，428（4－6）：326-330.

[35] Chen J, Xu B, Ouyang X, et al. Aggregation-induced emission of *cis,cis*-1,2,3,4-tetraphenylbutadiene from restricted intramolecular rotation. J Phys Chem A, 2004，108：7522-7526.

[36] Tong H, Dong Y, Häußler M, et al. Tunable aggregation-induced emission of diphenyldibenzofulvenes. Chem Commun, 2006，1（10）：1133-1135.

[37] Tong H, Hong Y, Dong Y, et al. Color-tunable, aggregation-induced emission of a butterfly-shaped molecule comprising a pyran skeleton and two cholesteryl wings. J Phys Chem B, 2007，111（8）：2000-2007.

[38] Zhu M X, Lu W, Zhu N, et al. Structures and solvatochromic phosphorescence of dicationic terpyridyl-platinum(Ⅱ) complexes with foldable oligo(ortho-phenyleneethynylene) bridging ligands. Chem Eur J, 2008，14（31）：9736-9746.

[39] Manimaran B, Thanasekaran P, Rajendran T, et al. Luminescence enhancement induced by aggregation of alkoxy-bridged rhenium(Ⅰ) molecular rectangles. inorg Chem, 2002，41（21）：5323-5325.

[40] You Y, Huh H S, Kim K S, et al. Comment on “aggregation-Induced phosphorescent emission (AIPE) of iridium(III) complexes”: origin of the enhanced phosphorescence. Chem Commun, 2008，(34)：3998-4000.

[41] Katkevics M, Yamaguchi S, Toshimitsu A, et al. From tellurophenes to siloles. synthesis, structures, and photophysical properties of 3,4-unsubstituted 2,5-diarylsiloles. Organometallics, 1998，17（26）：5796-5800.

[42] Parrott E P J，Tan N Y，Hu R，et al. Direct evidence to support the restriction of intramolecular rotation hypothesis for the mechanism of aggregation-induced emission：temperature resolved terahertz spectra of tetraphenylethene. Mater Horizons，2014，1（2）：251-258.

[43] Peng Q，Yi Y，Shuai Z，et al. Toward quantitative prediction of molecular fluorescence quantum efficiency：role of duschinsky rotation. J Am Chem Soc，2007，129（30）：9333-9339.

[44] Yin S，Peng Q，Shuai Z，et al. Aggregation-enhanced luminescence and vibronic coupling of silole molecules from first principles. Phys Rev B：Condens Matter Mater Phys，2006，73（20）：1-5.

[45] Leung N L C，Xie N，Yuan W Z，et al. Restriction of intramolecular motions：the general mechanism behind

aggregation-induced emission. Chem Eur J，2014，20（47）：15349-15353.

[46] Nishiuchi T，Tanaka K，Kuwatani Y，et al. Solvent-induced crystalline-state emission and multichromism of a bent π-surface system composed of dibenzocyclooctatetraene units. Chem Eur J，2013，19（13）：4110-4116.

[47] Yuan C，Saito S，Camacho C，et al. Hybridization of a flexible cyclooctatetraene core and rigid aceneimide wings for multiluminescent flapping π systems. Chem Eur J，2014，20（8）：2193-2200.

[48] Yuan C X，Tao X T，Ren Y，et al. Synthesis，structure，and aggregation-induced emission of a novel lambda（A）-shaped pyridinium salt based on Tröger's base. J Phys Chem C，2007，111（34）：12811-12816.

[49] Poronik Y M，Gryko D T. Pentacyclic coumarin-based blue emitters-the case of bifunctional nucleophilic behavior of amidines. Chem Commun，2014，50（43）：5688-5690.

[50] Bu F，Duan R，Xie Y，et al. Unusual aggregation-induced emission of a coumarin derivative as a result of the restriction of an intramolecular twisting motion. Angew Chem Int Ed，2015，54（48）：14492-14497.

[51] Raghuvanshi A，Jha A K，Sharma A，et al. A nonarchetypal 5, 6-dihydro-2*H*-pyrano[3, 2-*g*]indolizine-based solution-solid dual emissive AIEgen with multicolor tunability. Chem Eur J，2017，23（19）：4527-4531.

[52] Gon M，Tanaka K，Chujo Y. A highly efficient near-infrared-emissive copolymer with a N=N double-bond π-conjugated system based on a fused azobenzene-boron complex. Angew Chem Int Ed，2018，57(22)：6546-6551.

[53] Ohtani S，Gon M，Tanaka K，et al. A flexible，fused，azomethine-boron complex：thermochromic luminescence and thermosalient behavior in structural transitions between crystalline polymorphs. Chem Eur J，2017，23（49）：11827-11833.

[54] Boudjema L，Toquer G，Basta A H，et al. Confinement-induced electronic excitation limitation of anthracene：the restriction of intramolecular vibrations. J Phys Chem C，2018，122（49）：28416-28422.

[55] Li G，Nobuyasu R S，Zhang B，et al. Thermally activated delayed fluorescence in cuI complexes originating from restricted molecular vibrations. Chem Eur J，2017，23（49）：11761-11766.

[56] Zhao Z，Zheng X Y，Du L L，et al. Non-aromatic annulene-based aggregation-induced emission system via aromaticity reversal process. Nat Commun，2019，10（1）：1-10.

[57] Yin X，Low J Z，Fallon K J，et al. The butterfly effect in bisfluorenylidene-based dihydroacenes：aggregation induced emission and spin switching. Chem Sci，2019，10（46）：10733-10739.

[58] Yao L，Zhang S，Wang R，et al. highly efficient near-infrared organic light-emitting diode based on a butterfly-shaped donor-acceptor chromophore with strong solid-state fluorescence and a large proportion of radiative excitons. Angew Chem Int Ed，2014，53（8）：2119-2123.

[59] Liu J，Meng Q，Zhang X，et al. Aggregation-induced emission enhancement based on 11, 11, 12, 12-tetracyano-9, 10-anthraquinodimethane. Chem Commun，2013，49（12）：1199-1201.

[60] Sharma Nee Kamaldeep K，Kaur S，Bhalla V，et al. Pentacenequinone derivatives for preparation of gold nanoparticles：facile synthesis and catalytic application. J Mater Chem A，2014，2（22）：8369-8375.

[61] Banal J L，White J M，Ghiggino K P，et al. Concentrating aggregation-induced fluorescence in planar waveguides：a proof-of-principle. Sci Rep，2014，4：1-5.

[62] He Z，Shan L，Mei J，et al. Aggregation-induced emission and aggregation-promoted photochromism of bis（diphenylmethylene）dihydroacenes. Chem Sci，2015，6（6）：3538-3543.

[63] Zhang C，Wang Z，Song S，et al. Tetraphenylethylene-based expanded oxacalixarene：synthesis，structure，and its supramolecular grid assemblies directed by guests in the solid state. J Org Chem，2014，79（6）：2729-2732.

[64] Wang J H，Feng H T，Luo J，et al. Monomer emission and aggregate emission of an imidazolium macrocycle based

on bridged tetraphenylethylene and their quenching by C_{60}. J Org Chem，2014，79（12）：5746-5751.

[65] Karthik G，Krushna P V，Srinivasan A，et al. Calix[2]thia[4]phyrin：an expanded calixphyrin with aggregation-induced enhanced emission and anion receptor properties. J Org Chem，2013，78（17）：8496-8501.

[66] Salini P S，Thomas A P，Sabarinathan R，et al. Calix[2]-*m*-benzo[4]phyrin with aggregation-induced enhanced-emission characteristics：application as a Hg(Ⅱ) chemosensor. Chem Eur J，2011，17（24）：6598-6601.

[67] Li Y，Li F，Zhang H，et al. Tight intermolecular packing through supramolecular interactions in crystals of cyano substituted oligo（para-phenylene vinylene）：a key factor for aggregation-induced emission. Chem Commun，2007，1（3）：231-233.

[68] Yeh H C，Wu W C，Wen Y S，et al. Derivative of α, β-dicyanostilbene：convenient precursor for the synthesis of diphenylmaleimide compounds，*E-Z* isomerization，crystal structure，and solid-state fluorescence. J Org Chem，2004，69（19）：6455-6462.

[69] Palayangoda S S，Cai X，Adhikari R M，et al. Carbazole-based donor-acceptor compounds：highly fluorescent organic nanoparticles. Org Lett，2008，10（2）：281-284.

[70] He J T，Xu B，Chen F P，et al. Aggregation-induced emission in the crystals of 9, 10-distyrylanthracene derivatives：the essential role of restricted intramolecular torsion. J Phys Chem C，2009，113（22）：9892-9899.

[71] Feng H T，Xiong J B，Zheng Y S，et al. Multicolor emissions by the synergism of intra/intermolecular slipped π-π stackings of tetraphenylethylene-DiBODIPY conjugate. Chem Mater，2015，27（22）：7812-7819.

第4章 新型聚集诱导发光机理探索

4.1 引言

分子内运动受限机理可以解释绝大多数 AIE 体系的发光行为，同时也为新体系的设计和开发提供了简洁高效的工具，极大地推动了这一新兴领域的蓬勃发展。但是，这并不妨碍对机理更细致、更深层次的持续探讨。近些年来，围绕电子激发态的结构演化、能级变化和动力学弛豫路径的研究，研究者提出了一些较为新颖的，具有一定参考价值的 AIE 机理。此类研究把表象的机理内容，推向以纯机理探索为研究对象的理论或者机理研究，逐渐发展为一个相对独立的方向。本章选取两类典型的 AIE 新机理——反 Kasha 规则、限制锥形交叉，作为代表进行阐述。

4.2 反 Kasha 规则

Kasha 规则是由美籍乌克兰裔光物理学家 Michael Kasha 于 1950 年提出的，它是一个在光物理和光化学领域受到广泛认可的基本物理原则。作为人们理解光学特性和描述光反应发生途径的理论，这个通用的模型加深了人们对光化学过程的认识。Kasha 规则描述的是在光致发光过程中，仅在给定的多重态的最低激发态时才有可观的发光或反应效率。换句话说，即在光激发过程中电子是从第一激发态回到基态，因而发光波长仅取决于第一激发态和基态间的能量差；无论光发射还是光化学反应都不需要考虑初始的高阶激发态[1, 2]。Kasha 规则解释了这样的光致发光过程：荧光分子吸收光子被激发到高阶的单线激发态（S_n，$n>1$）后，会快速通过内转换（internal conversion）回到第一单线激发态 S_1，随后再进行其他光学过程，如系间窜越、荧光辐射或非辐射跃迁等。若激发态电子通过系间窜越来到高阶三线激发态（T_n，$n>1$），也会先通过相似的内转换过程回到最低三线

激发态 T_1，然后再进行其他光化学（物理）过程。

这些遵循 Kasha 规则的体系，其本质在于内转换速率非常快，在高阶激发态进行光学过程之前内转换过程就已经完成，所以无论物质初始被激发到任何激发态，其进行光学过程时都是处于能量最低的激发态。Kasha 规则表明任何涉及激发态的物理过程或化学过程都与激发能量无关。事实证明，自然界的大部分光发射和光反应过程都遵循这一规律，因而 Kasha 规则加深了人们对光学过程的理解，也促进了相应领域光学应用的发展。

Kasha 规则对绝大多数体系都适用，但也存在一些特例。科研人员发现一些发光材料的高阶激发态（S_n 或 T_n，$n>1$）能够参与除了内转换以外的其他光物理或光化学过程。在这些体系中，通常内转换和振动弛豫的速率远低于光物理或光化学过程，使其可以直接在高阶激发态进行光物理或光化学过程。这些高阶激发态的光物理或光化学过程取决于激发光波长，即只有足够能量的激发光才能将分子激发到高阶激发态然后进行对应的光物理或光化学过程。这种光物理或光化学过程发生在高阶激发态（S_n 或 T_n，$n>1$）的实验现象被定义为反 Kasha 效应。反 Kasha 效应是揭示激发状态转换机理的一个重要因素，它为选择性控制荧光发射或化学反应的各种实际应用开辟了新的可能性，并能够有效利用激发态的电子能量，提高人造光合作用和光电设备系统的性能。另外，通过对激发光能量的调控，遵循反 Kasha 规则的体系在光学成像和光传感等领域也具有很大的优势。

以荧光发射为例，实现反 Kasha 效应通常需要满足以下条件之一：①内转换过程（$S_n \rightarrow S_1$）足够慢；②高阶激发态的光反应、光辐射、能量转移、激子转移等过程足够快[3]。尽管科学家发现了越来越多遵循反 Kasha 规则的例子，但是在聚集状态下具有反 Kasha 发射的实例尤其是在纯有机分子体系的反 Kasha 发射的实例却非常少。传统荧光材料中存在浓度猝灭荧光的问题，导致这些荧光化合物的荧光辐射在聚集状态下强度减弱或完全消失，这一现象被命名为聚集诱导荧光猝灭（ACQ）[4]。ACQ 现象非常普遍[5-8]，因此大多数早期的反 Kasha 发射的现象都是在溶剂介质分散条件下观测到的[9, 10]。在聚集态下，这些体系发生荧光猝灭，因而无法观测到反 Kasha 现象。这种聚集态荧光猝灭的现象极大地限制了具有反 Kasha 效应材料的实际应用。另外，在聚集状态下，分子间的碰撞概率会增加，这些分子间的相互作用传导到分子内，让其有更快振动弛豫过程，通过振动耦合实现快速内转换，不利于反 Kasha 规则效应的观察和实现。在 AIE 材料体系中[11]，当分子聚集时，分子运动受限[12-14]，非辐射跃迁过程受到抑制，从而使激发态通过荧光发射的途径进行弛豫。AIE 现象在生物分析、医学成像等很多方面都具有很大的应用价值[15-26]。开发同时具有 AIE 性质和反 Kasha 性质的有机荧光材料在前沿科技领域中越来越受到关注。尽管最近陆续有关于具有 AIE 和反 Kasha 性能的有机荧光分子的报道，但总体而言对聚集态的反 Kasha 现象的研究仍然处于探索阶段。在本节中，希望通过对比这些不同途径的反 Kasha 发射和来源，阐明聚集态下反 Kasha 现象的机理，为研究者提供可参考的分子设计或分析模型。同时，对有争议处进行简单阐述，指出目前研究过程中存在的性能和应用的不足，为未来开发这类分子提供借鉴和指导。

在本节中，将反 Kasha 规则的途径和机理主要归类到以下几种：①S_1 为暗态的反 Kasha 规则；②热活化型反 Kasha 规则；③强自旋轨道耦合型反 Kasha 规则；④氢键诱导的反 Kasha 规则；⑤荧光共振能量转移增强的反 Kasha 规则。目前已经利用实验表征、理论计算、分子轨道分析和分子模型等手段，直接或间接证实这些分子聚集态下的反 Kasha 发射行为。

4.2.1 S_1 为暗态的反 Kasha 发射

在 S_1 为暗态的反 Kasha 发射体系中，由于分子的 $S_1 \rightarrow S_0$ 振子强度较小，处于 S_1 的激子以非辐射跃迁途径回到基态，因此在这些体系中 S_1 不发光，即 S_1 为暗态。在这类体系中，分子的发射现象主要来自更高能级的发射或者其他多线态的发射，其中典型的就是来源于 S_2 的反 Kasha 发射。2015 年，Arindam Banerjee 课题组报道了一种萘二亚酰胺的衍生物［NDI 1，图 4-1（a）］[27]。该分子的氯仿溶液呈现微弱的荧光，随着逐渐增加非极性溶剂甲基环己烷的体积分数，混合溶剂对化合物 NDI 1 的溶解度逐渐降低。当氯仿和甲基环己烷的体积比为 1∶1 时，化合物 NDI 1 从混合溶剂中析出，并开始形成 H 堆积聚集体[28-30]；当氯仿和甲基环己烷的体积比为 1∶9 时，溶液发射出明亮的蓝白色荧光［图 4-1（b）］，荧光强度大幅增加。理论计算结果表明，在聚集态下化合物 NDI 1 的荧光来源于更高能级的 S_2，这与 Kasha 规则相违背。紫外-可见吸收光谱表明，在氯仿溶剂中化合物 NDI 1 的分子均匀分散，呈现单分子分散态；随着混合溶剂中不良溶剂（甲基环己烷）含量的增加，溶液的吸收峰蓝移并且强度降低；当化合物 NDI 1 的浓度增加时，吸收峰的位置不变，但吸收强度增强。这些实验现象表明甲基环己烷的加入导致化合物 NDI 1 聚集，最终 NDI 1 分子以 H 堆积聚集体的形式存在。荧光发射光谱表明，该分子以单分子分散在氯仿中时，其荧光发射峰出现在 410 nm 处；当甲基环己烷的体积分数达到 80%时，化合物 NDI 1 的荧光强度增加，在波长 447 nm 处形成宽荧光发射带，该荧光发射带具有 485 nm 和 538 nm 两个肩峰［图 4-1（c）］。有趣的是，当 NDI 1 分子形成 H 堆积时，荧光并没有通过快速的带间弛豫而猝灭。一般认为，同轴 H 二聚体排列的共轭生色团在激发过程中分子间距会减小，这种变化会形成能量更低的激基缔合物，导致荧光强度减弱但荧光寿命延长。时间相关的单光子计数（time-correlated single photon counting，TCSPC）实验结果表明，单分子分散态的 NDI 1 分子在 410 nm 处的荧光寿命为 828 ps；形成聚集体后，其在 447 nm、485 nm 和 538 nm 的荧光寿命分别为 1.26 ns、1.32 ns 和 2.14 ns，荧光寿命明显增长，这与形成激基缔合物的现象一致[31]。接下来他们以 NDI 1 分子形成 H 堆积的二聚体为模型，进行了基于 M06-2X 基组的含时密度泛函理论（time-dependent density functional theory，TD-DFT）计算[32, 33]。计算结果表明，当分子间中心距离为 4.06 Å 时，体系能量最低。对轨道激发的振子强度的计算结果表明，$S_2 \rightarrow S_0$ 的振子强度 f 为 0.26，而 $S_1 \rightarrow S_0$ 的振子强度 f 为 0，说明 S_1 为暗态；$S_2 \rightarrow S_0$ 辐射跃迁的速率大于 $S_2 \rightarrow S_1$ 内转换的速率。这些结果证明了当 NDI 1 分子形成 H 堆积时，激基缔合物的荧光来源于更高能级的 S_2，这与 Kasha 规则不一致。在芳香二亚酰胺体系中，这种现象是较为罕见的。通常的芳香基团均具有较强 S_1 的吸收和发射的振子强度，仅在特殊分子排列或者对称性禁阻的条件下才能出现 S_1 为非常规的暗态。

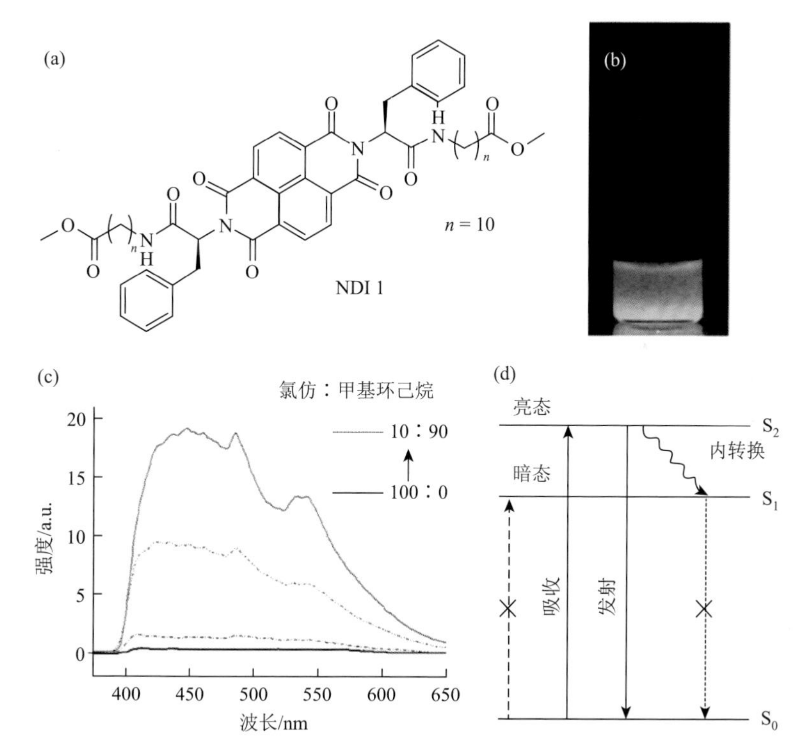

图 4-1 （a）化合物 NDI 1 的分子结构式；（b）化合物 NDI 1 的氯仿和甲基环己烷混合溶剂（体积比 1：9）在 365 nm 紫外灯照射下的照片，化合物 NDI 1 的浓度为 2 mmol/L；（c）化合物 NDI 1 在不同比例的氯仿和甲基环己烷混合溶剂中的荧光光谱，化合物 NDI 1 的浓度为 2 mmol/L；（d）化合物 NDI 1 的二倍体的光物理过程[27]

2017 年，Ivan Aprahamian 详细报道了一系列具有反 Kasha 发射和 AIE 特性的荧光分子，并系统研究了这些分子在不同黏度和极性溶剂中的发光情况。结合密度泛函理论计算，他们提出了一种新的发光机理，即抑制 Kasha 规则的 AIE 机理[34]，并指出这种 S_1 暗态的反 Kasha 发射是由旋转运动受限导致的。他们设计并合成了一系列硼二氟腙的衍生物（BODIHY），这些 BODIHY 分子在苯环上的不同位置具有不同的吸电子基团和给电子基团［图 4-2（a）］。在改变溶剂黏度的实验中发现，这些分子的发射行为受到黏度的影响［图 4-2（b）］，并且溶液荧光发射强度的双对数与溶剂的黏度呈现出较好的线性关系。此外，不同取代基也会对 BODIHY 系列化合物的荧光发射波长产生较大影响；当对位（图 4-2，R^2 位置）被吸电子基团取代后，BODIHY 系列化合物的吸收峰和荧光发射峰发生蓝移；相反，当对位被给电子基团取代时，BODIHY 系列化合物的吸收峰和荧光发射峰发生红移，并形成大的 Stokes 位移，这在生物成像领域具有较大的应用价值[35]。溶剂的极性也会对 BODIHY 系列化合物的发光性能产生影响。实验结果表明，BODIHY 系列化合物在高极性溶剂中的荧光发射强度降低、波长不变，但溶剂极性的影响相对于黏度要小很多。

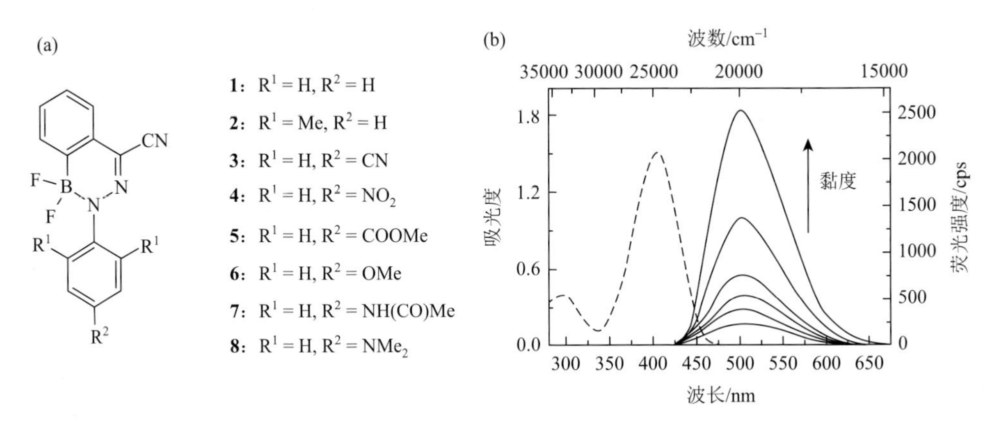

图 4-2　（a）BODIHY 及其衍生物的分子结构式；（b）BODIHY 4 的吸收光谱（虚线）及其在不同黏度下的荧光光谱（实线）[34]

密度泛函理论计算结果表明 BODIHY 系列分子的 S_1 为暗态，其荧光发射来源于更高能级的 S_2。不同分子的 S_2–S_1 能差差别较大，导致其内转换速率不同，进而引起这些分子发光效率的差异。由于 BODIHY 系列分子的 S_1 为暗态，因此如何避免高能激发态通过内转换到达 S_1 是实现 BODIHY 系列分子高效发光所要解决的关键性问题，这个问题可以归纳总结为抑制 Kasha 规则。Ivan Apranamian 也对 BODIHY 系列分子的势能面进行了研究，发现在低黏度溶剂时，BODIHY 系列分子在激发下会因为转子明显转动而加快内转换过程；而高黏度溶剂可以抑制分子转动，导致激发态转动能垒上升，内转换速率较低，因而可以获得高效的反 Kasha 发射。这些研究结果为聚集诱导发光提出了新的机理，并对新材料设计和应用提供了宝贵的参考价值。

2019 年，唐本忠院士课题组设计并合成了三个以吩噁嗪（phenoxazine，PXZ）为给体，以苯甲酮衍生物为受体的分子［图 4-3（a）］，并且观察到这些分子具有明显的聚集诱导延迟荧光（aggregation-induced delayed fluorescence，AIDF）的现象，这种独特的发射后被证实为反 Kasha 荧光发射[36]。由于具有聚集诱导延迟荧光的特性，这些分子可以高效地利用激子，并能够极大程度地降低非掺杂和掺杂的 OLED 中的激子湮灭，获得较好的电致发光效率。光致发光光谱表明，这些分子在溶液状态下荧光发射很弱；当在溶液中加入水，这些化合物在混合溶剂中的溶解度降低并逐渐形成聚集体。这些聚集体的荧光强度比其溶液态的要强，而且聚集体的荧光寿命相较于溶液态也有所延长。当这些分子被制成薄膜，它们的量子效率可以达到 45.4%～48.7%（溶液中的量子效率为 1.8%～3.2%），荧光寿命可以达到 1.1～1.4 μs（溶液中为 1.8～3.2 ns）。这表明固态下这些吩噁嗪类化合物产生了聚集诱导延迟荧光。瞬态吸收光谱表明，在溶液态时这些分子的三线态未参与反系间窜越过程；在固态下，由于分子运动受限、抑制内转换和非辐射过程及较小的 S–T 能差，这些分子能够产生延迟荧光。

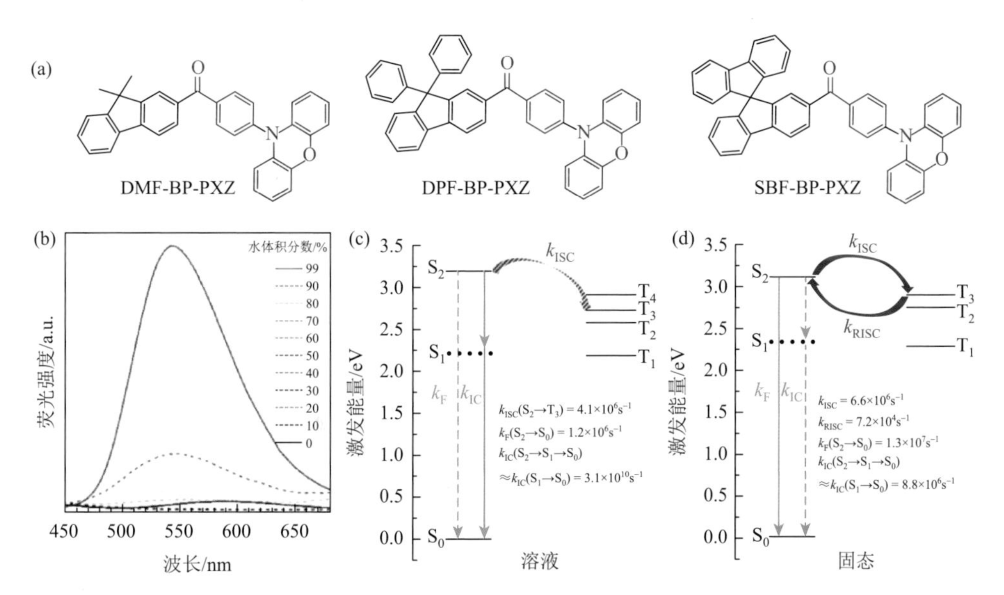

图 4-3　（a）DMF-BP-PXZ、DPF-BP-PXZ 和 SBF-BP-PXZ 的分子结构式；（b）DMF-BP-PXZ 在不同比例 THF/水混合溶剂中的荧光光谱；DMF-BP-PXZ 在溶液（c）和固态（d）下的绝热激发能量[36]

密度泛函理论计算表明，DMF-BP-PXZ 分子的 S_1 为暗态，荧光来自更高能级的 S_2，其发射为反 Kasha 发射。计算得到的 $S_2 \rightarrow T_3$ 的跃迁速率与实验值基本相同，T_3 参与了系间窜越和反系间窜越过程，进而导致来自 S_2 延迟荧光的产生。相比于溶液态，固态下 DMF-BP-PXZ 的自旋轨道耦合更大，重组能更小，这进一步解释了 DMF-BP-PXZ 的延迟荧光在固态能够产生，而在溶液态却不能够产生。为了进一步深入理解 S_2 和 T_3 的特性，对 DMF-BP-PXZ 的自然跃迁轨道进行了理论计算，结果发现 S_2 具有典型的电荷转移特性，T_3 为定域激发特征，且 S_2–T_3 的能差非常小[37]。其他课题组的研究结果也表明，电荷转移激发单线态与能量接近的定域激发三线态混合可以有效地调节延迟荧光的效率[38-41]。这种高阶激发态间同时发生系间窜越和反系间窜越过程是罕见的（反 Kasha 规则），有助于设计高效发射的荧光分子，为利用高能电子激发态开辟了新的途径。

4.2.2 热活化型反 Kasha 发射

处于最低激发态的分子可以通过热活化形成更高的激发态分子，从而产生高阶激发态的反 Kasha 发射。一般地，实现这种跃迁和发射需要同时满足两个条件，即两个激发态间的能差较小且更高阶激发态的发射速率很大。

2017 年，唐本忠院士团队设计合成了四个带有重原子和羰基基团的二苯并噻吩衍生物[42]，并发现其中带有氯的 4-氯苯甲酮二苯并噻吩（ClBDBT）可以发射出白色磷光［图 4-4（a）］。ClBDBT 在溶液中不发光，但是当形成晶体时，这些晶体在室温下可以发射强磷光，表明它具有 AIE 特性。有趣的是，ClBDBT 展示出双室温磷光，分别来源于 T_2 和 T_1［图 4-4（b）］[43-45]，这种发光行为很显然违背了 Kasha 规则。紫外-可见吸收光谱表明，这些二苯并噻吩衍生物在溶液态的吸收峰非常相似，说明卤素取代没有对能级产生明显影响；延迟荧光光谱表明，这些分子的晶体存在两个不同寿命的发射峰，这两组峰分别为 467 nm 短寿命的磷光（毫秒级）发射峰和 551 nm 长寿命的磷光（秒级）发射峰。在化合物的低温发射光谱中除了上述两组发射峰外，在 503 nm 处还存在一个新的发射峰，它可以归结于 T_1 的 0-0 峰。当温度由 300 K 降低到 50 K 时，在 467 nm 处的发射在全部发射中的占比从 34%降低到 13%［图 4-4（c）］。在 551 nm 处的发射峰的寿命不受温度影响，但 467 nm 处的发射峰寿命与温度紧密相关。因此推断，467 nm 的 T_2 发射可能来源于 T_1 的热活化[45-48]。对 ClBDBT 进行密度泛函理论计算发现 T_1 和 T_2 的能级都低于 S_1，T_1 和 T_2 之间的能差为 0.27 eV（实验值为 0.48 eV），并且 T_2 主要为 ^{3}LE 的(n, π^*)跃迁，T_1 为比较明显的电荷转移(π, π^*)跃迁；计算结果与实验现象基本相符。通过使用基于热振动关联函数光谱理论的 MOMAP 程序计算这些分子的振动发射模拟光谱，发现低温条件下 T_1 的 0-0 峰较为明显，而随着温度升高，长波发射峰逐渐变宽，进而覆盖了 503 nm 的发射峰［图 4-4（d）］。通过对 ClBDBT 的晶体进行解析发现，两个分子间的 π-π 相互作用及二苯并噻吩和羰基之间的强共轭性［图 4-4（e）］导致羰基的(n, π^*)和共轭的(π, π^*)杂化组成了不同的能级和轨道构型，并导致 T_2 能级的产生，最终 T_1 通过热活化平衡获得 T_2 发射。从这些现象可以发现，该体系不仅具有明显的聚集诱导发光性能，而且表现出罕见的反 Kasha 发射。通过双磷光的组成，获得罕见的白色磷光 CIE 坐标(0.33, 0.35)［图 4-4（f）］。

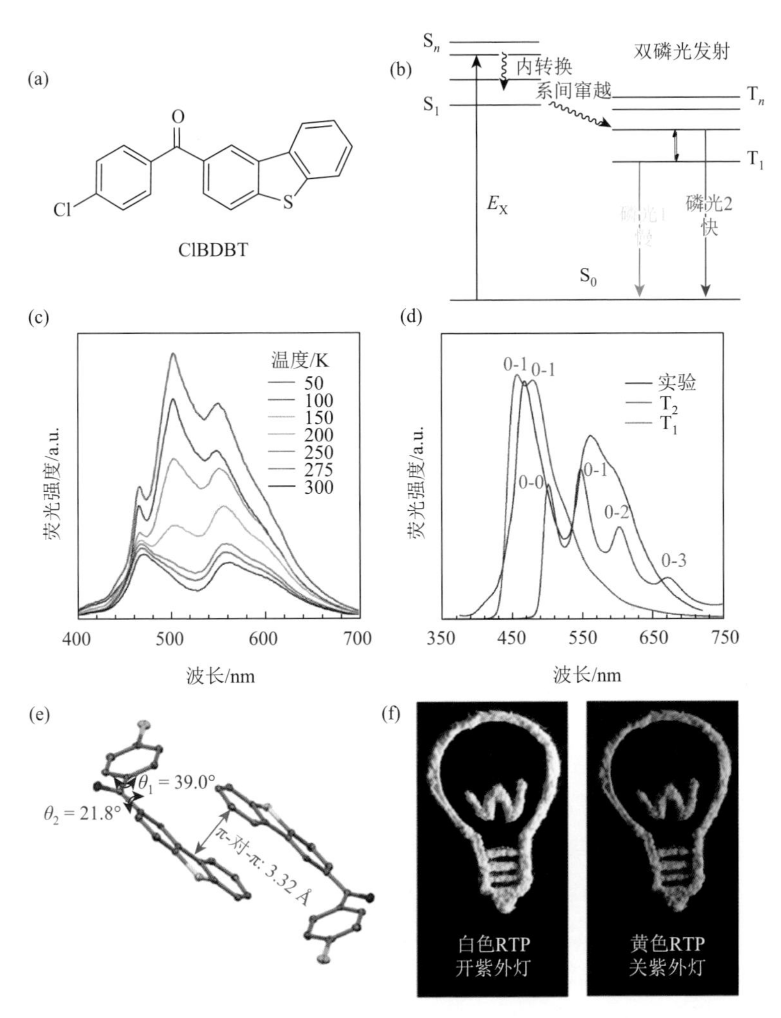

图 4-4　（a）ClBDBT 的分子结构式；（b）ClBDBT 晶体的光物理过程；（c）在不同温度下 ClBDBT 晶体的光致发光光谱；（d）密度泛函理论计算获得的 300 K 下 ClBDBT 晶体的 T_1 和 T_2 的模拟发射光谱；（e）在单晶中 ClBDBT 的空间排布；（f）ClBDBT 晶体在紫外灯下和关闭紫外灯时的照片[42-45]

4.2.3 强自旋轨道耦合的反 Kasha 发射

系间窜越是一个重要的光物理过程。通常情况下，系间窜越是禁阻的，但当强自旋轨道耦合存在时，系间窜越能力显著增强，便可能产生来自更高阶三线态的反 Kasha 发射。前面提到唐本忠院士团队设计并合成了具有 $T_2 \rightarrow S_0$ 磷光发射的化合物 ClBDBT［图 4-4（a）］，并证明其 T_2 激子是由 T_1 热激发产生[42]。

2019 年，Swapan Chakrabarti 等[49]使用基于响应理论的时间分辨密度泛函理论（time-dependent density functional theory-based response theory，TDDFT-RT）重新优化了 ClBDBT 的结构，并发现其 T_2 激子产生可能存在另一条来源，即更快的 $S_1 \rightarrow T_2$ 的系间窜越过程。他们采用 B3LYP/6-311G(d, p)的 Grimme 离散方程优化了 ClBDBT 结构，获得了能量最小值和谐波振动频率。计算结果表明 $S_1 \rightarrow S_0$ 荧光强度很弱，这与实验现象一致。利用 B3LYP-D3/Sadlej-pVTZ 计算得到了 ClBDBT 的理论磷光波长，在不考虑振动耦合影响的情况下，该磷光发射波长与实验测得的磷光发射峰一致：$T_1 \rightarrow S_0$ 的发射峰在 566 nm 处，$T_2 \rightarrow S_0$ 的发射峰在 464 nm 处。

为了研究振动耦合对三线态的影响，他们对 ClBDBT 的全部 93 种简正振动的重叠积分进行计算（每种简正振动含有 5 个振动量子数），得到了 T_1 态和 T_2 态的 Franck-Condon 振动光谱。如图 4-5（a）所示，T_1 在绿光到红光范围内有 4 个振动峰，T_2 有 2 个强振动峰和 3 个弱振动峰，T_1 的 0-0 峰在 512 nm，且 T_1 其余振动峰不能认为是 0-1 峰、0-2 峰、0-3 峰，而可能是来源于两种或更多种简正振动的混合。这些结果与唐本忠课题组的计算结果不同[42]。此外，他们也对光谱的温度梯度变化进行了研究：随着温度降低，发射峰强度增强，这应归结于低温下量子效率的提高。通常在 T_2–T_1 能差小的分子中更容易通过热激活产生低阶三线态获得 T_2 磷光发射；在 ClBDBT 中 T_2–T_1 的能差为 0.48 eV，这样大的 T_2–T_1 能差会阻止 T_1 激子通过 Boltzmann 分布跃迁到达 T_2，因此大部分 T_2 激子应该是通过 $S_1 \rightarrow T_2$ 系间窜越的方式形成的［图 4-5（b）］。

使用累计膨胀方法结合高斯衰减函数计算 ISC 速率[50, 51]，最终计算得出 $k_{ISC}(S_1 \rightarrow T_1)$和 $k_{ISC}(S_1 \rightarrow T_2)$分别为 $7.71 \times 10^8\ s^{-1}$ 和 $2.13 \times 10^{11}\ s^{-1}$。尽管 $S_1 \rightarrow T_1$ 和 $S_1 \rightarrow T_2$ 两个过程的 SOC 常数相近，但由于 S_1 和 T_2 之间能差更小（仅为 0.09 eV），因此 S_1 和 T_2 之间的系间窜越更加高效。两个电子态之间简正振动的 Duschinsky 混合[52]也会对 ISC 速率产生重要影响。在 $S_1 \rightarrow T_n$（$n = 1, 2$）非辐射跃迁相关的 Duschinsky 旋转矩阵图中出现了很多不在对角线的成分［图 4-5（c）和（d）］，这表明存在这些简正振动的振动态的强烈混合作用，而且其中 $S_1 \rightarrow T_2$ 的程度比 $S_1 \rightarrow T_1$ 的更强。通过对这些电子能态的构象分析可知，S_1 和 T_2 之间明显的结构变化导致这些态简正振动的矢量位移变大[51]，从而导致强的 Duschinsky 混合。分子轨道分析表明，$S_1 \rightarrow T_2$ 为

$^1(n,\pi^*)\rightarrow{}^3(\pi,\pi^*)$的跃迁，而 $S_1\rightarrow T_1$ 为 $^1(n,\pi^*)\rightarrow{}^3(n,\pi^*)$的跃迁，这一点与唐本忠课题组的计算结果不同[42]。利用高温极限近似（high-temperature limit approximation）[53]计算辐射速率 k_r 和 Marcus-Levich-Jortner 理论计算非辐射速率 k_{nr}[54]，得知 T_2 的非辐射强度大大超过 T_1，且寿命计算结果显示 τ_1 为 231 ms（实验值为 123.4 ms）和 τ_2 为 8.9 ms（实验值为 0.41 ms），这些数据进一步证明 $S_1\rightarrow T_2$ 的系间窜越过程在整个光辐射过程中贡献更大，进而说明绝大多数 T_2 激子的产生并不是通过 T_1 的热活化导致的。

这些结果说明，三线态激子的反 Kasha 机理的研究更为复杂，实验结果与理论计算结果需要具有较高的一致性才可能揭示光物理进程。因此，目前来讲全面具体阐释完整的光物理过程仍然是一大挑战，解释某一现象时存在争议性也是颇为正常的。

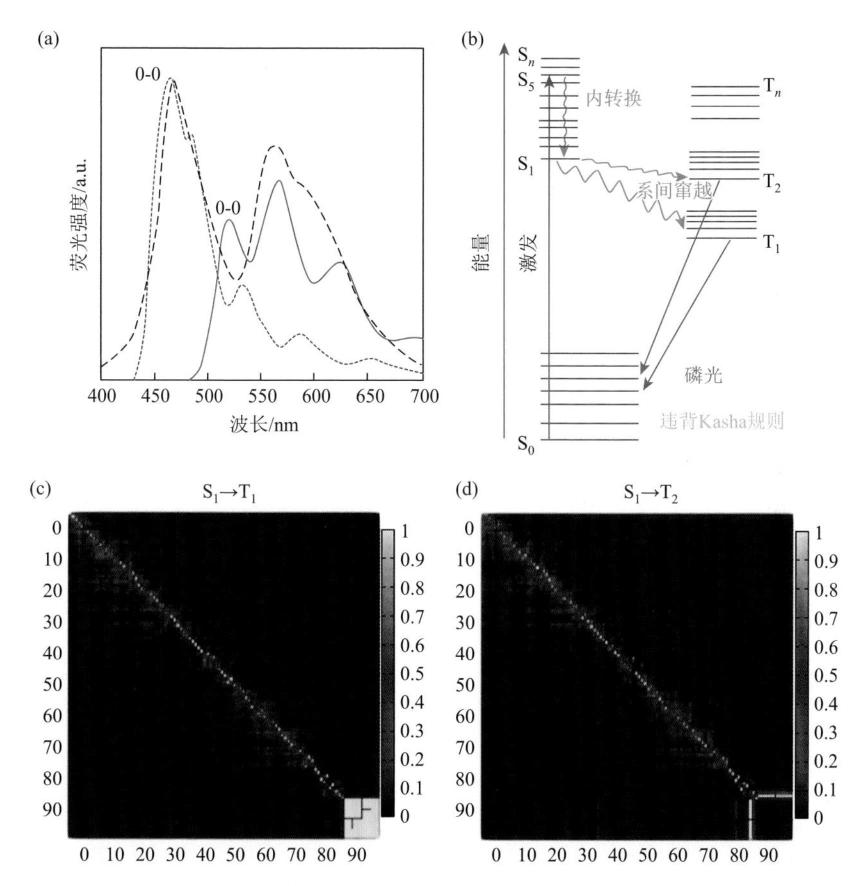

图 4-5　（a）ClBDBT 晶体振动分辨的模拟光谱，其中黑色虚线为通过实验获得的荧光光谱，红色线为模拟的 $T_1\rightarrow S_0$ 的荧光光谱，蓝色线为模拟的 $T_2\rightarrow S_0$ 的荧光光谱；（b）ClBDBT 晶体的光物理理论过程；$S_1\rightarrow T_1$（c）和 $S_1\rightarrow T_2$（d）的 Duschinsky 旋转矩阵绝对值[49]

张国庆课题组在 2019 年设计并合成了四种二咔唑的衍生物［BCZ 1～BCZ 4，图 4-6（a）］[55]，这些分子同样具有良好的双室温磷光性能，其磷光量子效率最高可达到 64%。利用这些材料作为发光层的 OLED 器件的外量子效率达到 5.8%。此外，这些分子还展现出明显的 AIE 性能。溶液态的光致发光光谱显示，当这些分子溶解于丙酮或四氢呋喃时，发射微弱的荧光或无荧光发射。随着增加不良溶剂（水）的体积分数，混合溶剂对这些化合物的溶解能力逐渐降低，当水的体积分数超过 50%时，这些化合物的荧光大幅度增强。值得注意的是，BCZ 1～BCZ 3 在水/丙酮混合溶剂（体系比 95∶5）中的发射寿命为微秒级，而 BCZ 4 的发射寿命是纳秒级。除此以外，在聚集过程中 BCZ 1 的短波发射降低，长波发射增强，表明随着聚集的发生，振动耦合或激子分裂导致系间窜越增强，进而使荧光减弱，磷光增强。另外，在溶液中 BCZ 1 展示出(n, π^*)荧光，而没有 CT 态发射[56]。固态吸收光谱表明，BCZ 1～BCZ 3 存在明显的 CT 跃迁，而 BCZ 4 则检测不到［图 4-6（b）］。相对于 BCZ 4，BCZ 1～BCZ 3 的激发波长和发射波长都发生了红移。在室温大气环境下，这些分子在固态具有微秒级的发射；而在低温 77 K 时，BCZ 1 和 BCZ 3 固体延迟光谱相比于室温下的发射发生蓝移，且磷光寿命达到亚秒级。这表明 77 K 下，BCZ 1 短波发射（556 nm，0.150 s）和 BCZ 3 短波发射（540 nm，0.134 s）来源于$^3(\pi, \pi^*)$的高阶三线态发射，而 BCZ 1 长波发射（601 nm，0.143 s）和 BCZ 3 长波发射（608 nm，0.114 s）属于$^3(\pi, \pi^*)$的 T_1 发射，这种双$^3(\pi, \pi^*)$的发射是罕见的。BCZ 2 固体在 77 K 下的延迟光谱则展示出红移的长波发射（564 nm，0.153 s），这种差异可能是由取代基不同、不同聚集形态或能级变化导致的。与唐本忠课题组报道的分子性质相同，BCZ 1～BCZ 3 固体并没有荧光发射[42]，而 BCZ 4 固体在 469 nm 处表现出纳秒级的荧光发射。

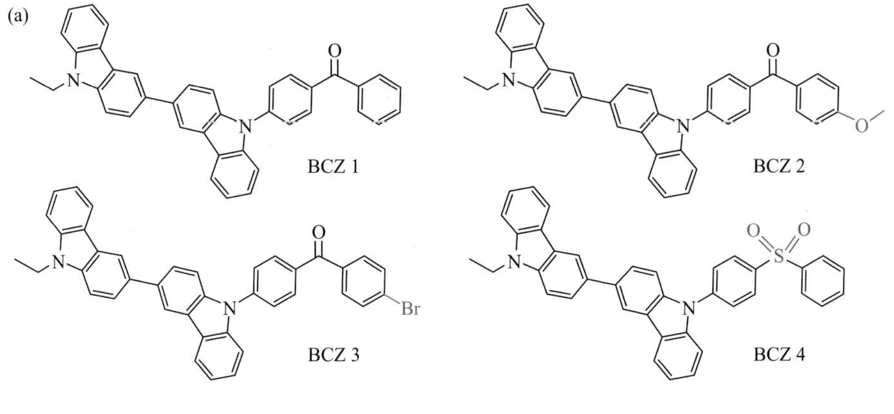

(a)

BCZ 1

BCZ 2

BCZ 3

BCZ 4

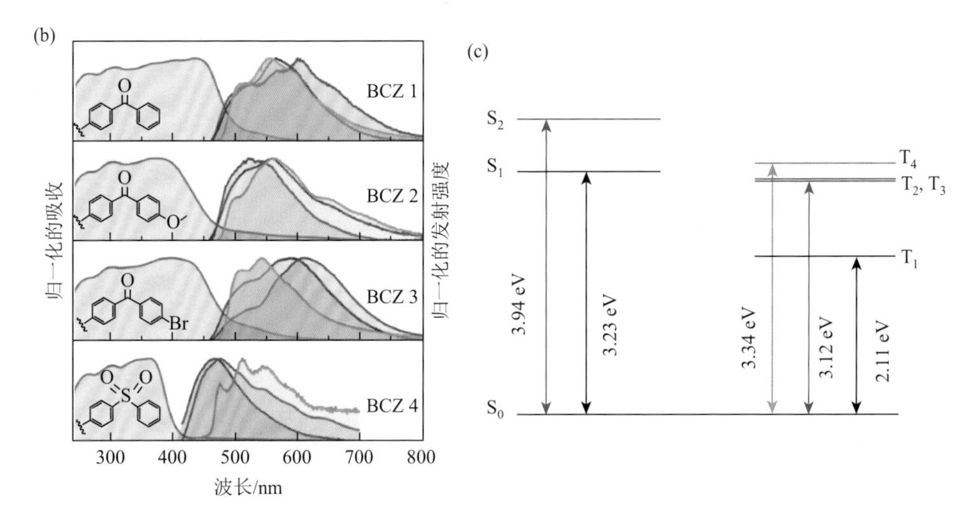

图 4-6　(a) BCZ 1～BCZ 4 的分子结构式；(b) BCZ 1～BCZ 4 的固体吸收光谱（灰色线）、稳态发射光谱（红色线为空气下 298 K 测得，蓝色线为空气下 77 K 测得）、延时光谱（绿色线，空气下 77 K 测得，延时 1 ms）；(c) BCZ 1 理论计算能级图[55]

为了进一步了解 BCZ 体系的双磷光发射来源，研究者进行了 TD-DFT 理论计算。以 BCZ 1 为例，通过使用区域分离的杂化理论（range-separated hybrid functional）ωB97XD/6-311G*级别下[57]进行计算，得知它的 3 组三线态轨道（T_1和简并的 T_2、T_3）能量低于 S_1［图 4-6（c）］。受到 El-Sayed 规则限制[58]，$S_1(n, \pi^*)\rightarrow T_1(\pi, \pi^*)$的自旋轨道耦合较大，有利于 ISC 过程，而 $S_1(n, \pi^*)\rightarrow T_2(n, \pi^*)$是禁阻的；但受简并的 $T_3(\pi, \pi^*)$的影响，导致 $S_1\rightarrow T_2$ 也能产生有效的 SOC。此外，T_1 和 T_2、T_3 之间的能差较大，导致内转换速率较慢，从而产生双磷光发射。这些计算结果同样适用于 BCZ 2 和 BCZ 3；至于 BCZ 4，由于它的 S_1、T_1 和 T_2 都是(π, π^*)，系间窜越是禁阻的，因此 BCZ 4 固体主要发射荧光。通过对这些分子的性能进行分析可以知道，具有羰基基团能够有效增强 SOC，促进 ISC，而且不同取代基的修饰可以改变电子能级和聚集形态，最终获得可调的反 Kasha 和 AIE 发射性能。

2019 年，张国庆课题组以聚乳酸（polylactide，PLA）取代的咔唑为给体，不同类型的羰基衍生物为受体，制备了三种具有推拉电子结构的有机高分子［图 4-7(a)］，系统地研究它们的发光性能，并尝试将其应用于细胞成像[59]。研究发现，这些化合物由于具有不同的电子受体而表现出不同的光学性能，包括双磷光和单荧光单磷光。此外，这些化合物也具有明显的 AIE 性质和反 Kasha 发射特性。由此他们建立了该体系化合物的构效关系，并提出了构建具有双磷光发射材料的半经验规则。为了研究这些化合物的光物理性质，他们将这些有机高分子制备成薄膜，并测量了这些薄膜的吸收和发射。在室温空气条件下，CZNI-PLA 薄膜在

512 nm 处发射寿命为 16.51 ns 的 CT 荧光；在真空条件下，CZNI-PLA 薄膜在 525 nm 处展示出寿命为 70.46 ms 的 $^3(\pi, \pi^*)$磷光。在 77 K 大气条件下，CZNI-PLA 仍然显示出 518 nm（20.71 ns）的 CT 荧光峰。在 77 K 大气条件下延时 10 ms 后，检测到 CZNI-PLA 还有 576 nm（218.3 ms）的磷光峰。根据这些数据可以判断 CZNI-PLA 只表现出单荧光单磷光性能。与 CZNI-PLA 不同，CZBP-PLA 和 CZAQ-PLA 展示出双磷光发射。CZBP-PLA 薄膜在室温大气条件下，在 445 nm 处展现出寿命为 145.79 μs 的无结构特征发射；而在室温真空条件下，CZBP-PLA 薄膜的发射峰的位置没有明显变化。但发射寿命达到 14.24 ms，即使延迟 10 ms 测得延迟光谱，发射峰的位置依然无明显变化。这表明 445 nm 处的发射峰为三线态发射。在 77 K 大气条件下，CZBP-PLA 在 472 nm 有稳态发射，并在 445 nm（75.33 ms）和 500 nm 存在两个肩峰。77 K 延迟光谱则显示 445 nm 和 484 nm（88.12 ms）发射峰，这些现象表明存在的 445 nm 和 484 nm 峰都为三线态发射。通过分析，445 nm 属于苯甲酮 T_2 的 $^3(n, \pi^*)$发射，而 484 nm 为 T_1 的(π, π^*)CT 发射。这与唐本忠课题组报道的现象相似[42]，因此可以看到苯甲酮体系经过一定程度修饰后仍然能保持其增强 ISC 的特性，修饰基团仅引起发光波长、量子产率和辐射寿命等属性发生变化。在 298 K 空气条件下，CZAQ-PLA 薄膜展示出 576 nm（35.92 μs）发射峰；延迟 10 ms 测得的延迟光谱中，该发射峰的波长无明显变化。在 77 K 的条件下，CZAQ-PLA 薄膜的发射光谱出现了在 591 nm 处（107.8 ms）的发射峰，相比室温条件下 CZAQ-PLA 薄膜的发射峰红移了 15 nm，且在 575 nm 处的寿命达到 112.1 ms。这些实验数据说明在 575 nm 处的发射峰来自更高阶的三线态发射，为 T_2 的(π, π^*)发射。CZAQ-PLA 薄膜在 298 K 真空条件下的不同延时光谱显示，随着延长时间增加，发射峰的波长蓝移了，这说明短波 575 nm 发射寿命更长，而 586 nm 左右的发射峰则属于另一种发射，即 T_1 的发射。

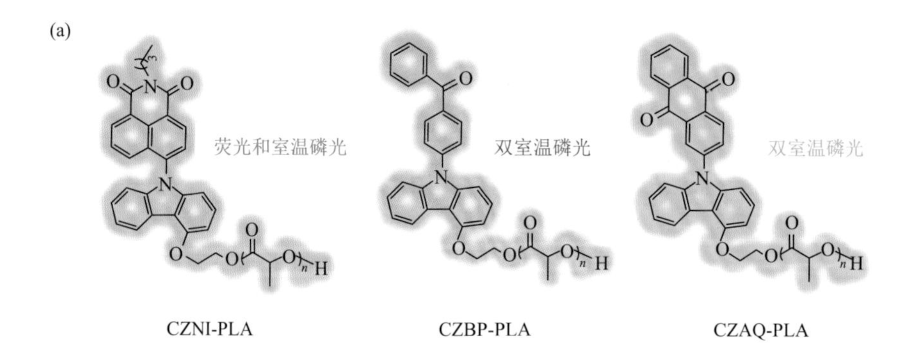

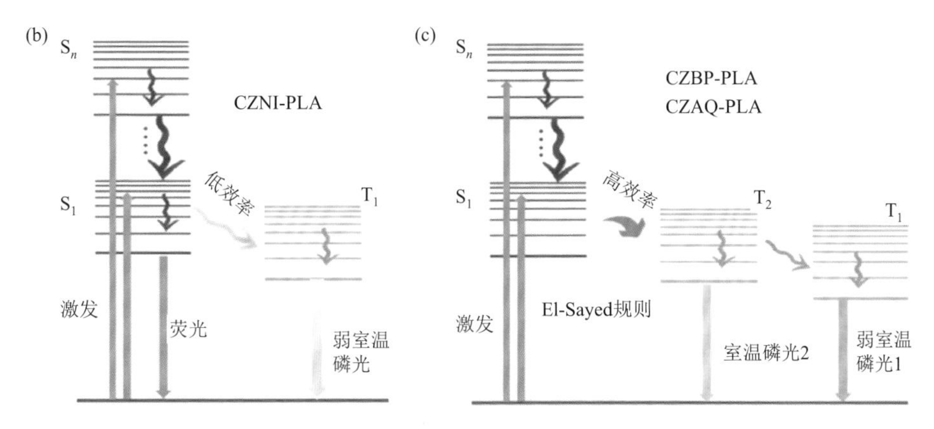

图 4-7　（a）CZNI-PLA、CZBP-PLA 和 CZAQ-PLA 的分子结构式；CZNI-PLA（b）及 CZBP-PLA 和 CZAQ-PLA（c）的光物理过程[59]

使用区域分离的杂化理论在 ωB97XD/6-311G*级别下进行计算[57]，发现 CZNI-PLA 的 S_1、T_1 和 T_2 都是(π, π^*)。根据 El-Sayed 规则[58]，这种系间窜越是禁阻过程，这与张国庆课题组之前报道的 BCZ 4 相似[55]。此外，由于 CZNI-PLA 的 ΔE_{ST} 比较大，因此只具有传统的荧光及弱的单磷光［图 4-7（b）］。对于 CZBP-PLA，S_1 为(n, π^*)，T_1 为(π, π^*)，T_2 则为(π, π^*)和(n, π^*)各占一半，因此它的 $S_1 \rightarrow T_2$ 的系间窜越过程比 CZNI-PLA 更强；又由于 T_1 与 T_2 的能差较大，因此 T_2 的内转换速率较慢，有利于 T_2 的光辐射，这解释了 CZBP-PLA 具有反 Kasha 的双磷光现象［图 4-7（c）］。同样的理解也适用于 CZAQ-PLA，然而不同的是 CZAQ-PLA 的 T_2 为(π, π^*)，T_1 为(n, π^*)，导致其 T_2 的寿命比 T_1 的寿命长[60]。从这三个分子不同的光物理行为揭示了受体对于生色团光物理性能的重大影响。调整电子轨道的跃迁属性，即改变(π, π^*)和(n, π^*)的占比可以改变系间窜越的效率；调整高阶激发态与最低激发态的能差，能够获得反 Kasha 发射，这在发光分子的结构设计方面具有重要指导意义。

2020 年，吴骊珠课题组报道了三种在固态下具有双荧光（S_2 和 S_1）双磷光（T_2 和 T_1）以及热激延迟荧光（S_2）特性的分子［图 4-8（a）］，并通过调节温度，最终在 77 K 下观察到单分子白光[61]。在室温大气条件下，SDPE-OO 晶体在紫外灯激发下在 391 nm 和 502 nm 处有两个发射峰，且这两个发射峰的强度依赖于激发波长。这两个发射带的发射光谱分别与它们的激发光谱呈现镜像关系，表明这两个发射带来源于不同的电子能级，分别来自于 S_2 和 S_1。SDPE-OS 和 SDPE-SS 晶体也呈现相似的现象，但是硫原子更明显的 π 电子分散效应，导致它们的吸收光谱和发射带进一步红移。这三个分子晶体的两个发射带间的能差（$\Delta E_{S_2-S_1}$）与它们高能发射带（S_2）的量子产率呈现良好的线性关系[62]。这一趋势与能隙定律契合，即从 S_n 到 S_1 的非辐射速率随着两个电子态的能差增大而减小，而辐射速率则增大[63, 64]。室温下的延迟光谱表明，SDPE-OO 晶体在 391 nm 存在延迟荧光（104 μs）[图 4-8（b）]；在 77 K 时它在 450 nm 和 550 nm 处存在磷光发射，分别来自于 T_2 和 T_1。SDPE-OO 晶体在不同温度下 391 nm 处发射曲线显示，延迟荧光的占比随着温度降低而减小，表明这种延迟荧光发射来源于热活化延迟荧光（TADF）。SDPE-OS 和 SDPE-SS 晶体也呈现出相似的现象。通过对这些分子的晶体结构进行分析发现，这些分子的晶体中存在许多分子内和分子间的氢键作用，这些氢键作用极大地抑制了高能态的分子振动，因此有效地减小了内转换和非辐射跃迁的速率。

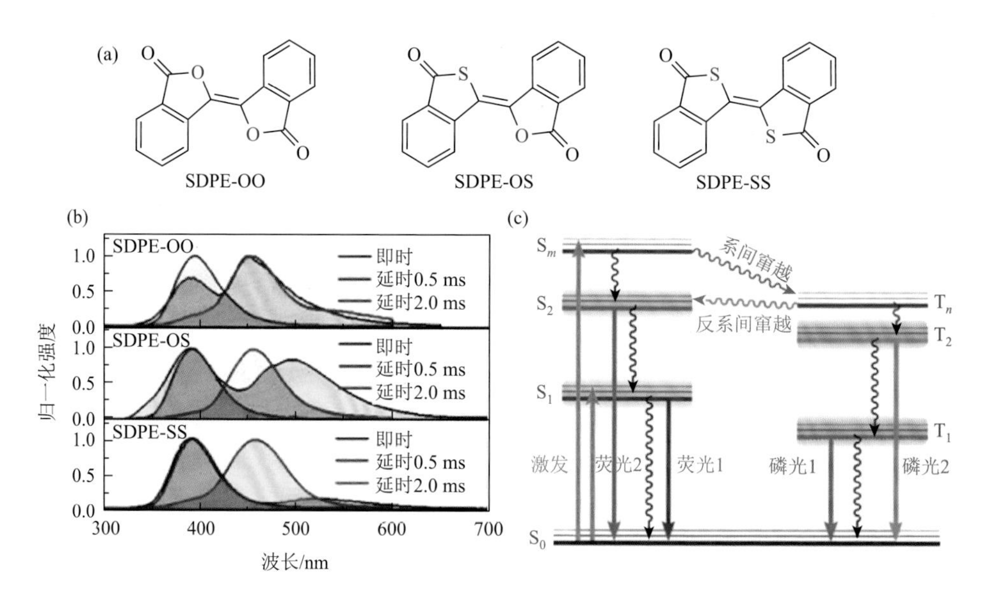

图 4-8 （a）SDPE-OO、SDPE-OS 和 SDPE-SS 的分子结构式；SDPE-OO、SDPE-OS 和 SDPE-SS 晶体在不同延时时间的延时光谱（b）和光物理过程（c）[61]

通过 TD-DFT 和分子量子力学（quantum mechanics/molecular mechanics，QM/MM）理论计算[42, 65, 66]，得知这三个分子晶体的 S_2–S_1、T_2–T_1 的能差较大，因此内转换速率较小。这三个分子的电子结构略微不同的是，SDPE-OO 的 S_2 为(π, π^*)，能量接近的 T_n 为(n, π^*)和(π, π^*)，而 SDPE-OS 和 SDPE-SS 的 S_2 为(n, π^*)，能量接近的 T_n 为(π, π^*)。根据 El-Sayed 规则[58]，S_2 与 T_n 之间具有较好的自旋轨道耦合，有利于系间窜越的过程。另外，由于它们的 S_2–T_n 能差较小，这也促进了反系间窜越的过程［图 4-8（c）］。这些因素最终导致 S_2 具有出色的延迟荧光性能。利用分子的 TADF 及磷光对温度的敏感性，可以通过调节温度来调节 TADF 和磷光在发光过程中的占比，进而调控分子的发光颜色。在 77 K 下，这些晶体表现出单分子白光的特征。综上所述，通过将不同因素合理组合，如有效的晶体内分子作用和取代基的能级变化，有助于构建高效灵活的反 Kasha 体系，这为相关的研究和应用提供了宝贵的借鉴意义。

2018 年，马於光课题组合成了一种二苯并吩嗪化合物［DPPZ，图 4-9（a）］，并发现它的单荧光双磷光特性，以及在晶态下具有单分子白光的特点[67]。光致发光光谱显示，DPPZ 晶体展示出三组峰；磨碎样品后引起氧猝灭效应，导致其中长波的两组峰强度降低，表明这两组峰为三线态发射。DPPZ 发射峰的荧光和磷光也可以被时间分辨光致发光实验证实［图 4-9（b）］。由于 T_1 的发射随温度升高而增强，在 T_n 则未观察到同样的现象［图 4-9（c）］，表明 T_1 和 T_n 的过程是相互独立的，排除了 T_1 热活化形成 T_n 态的可能性[42, 62]。

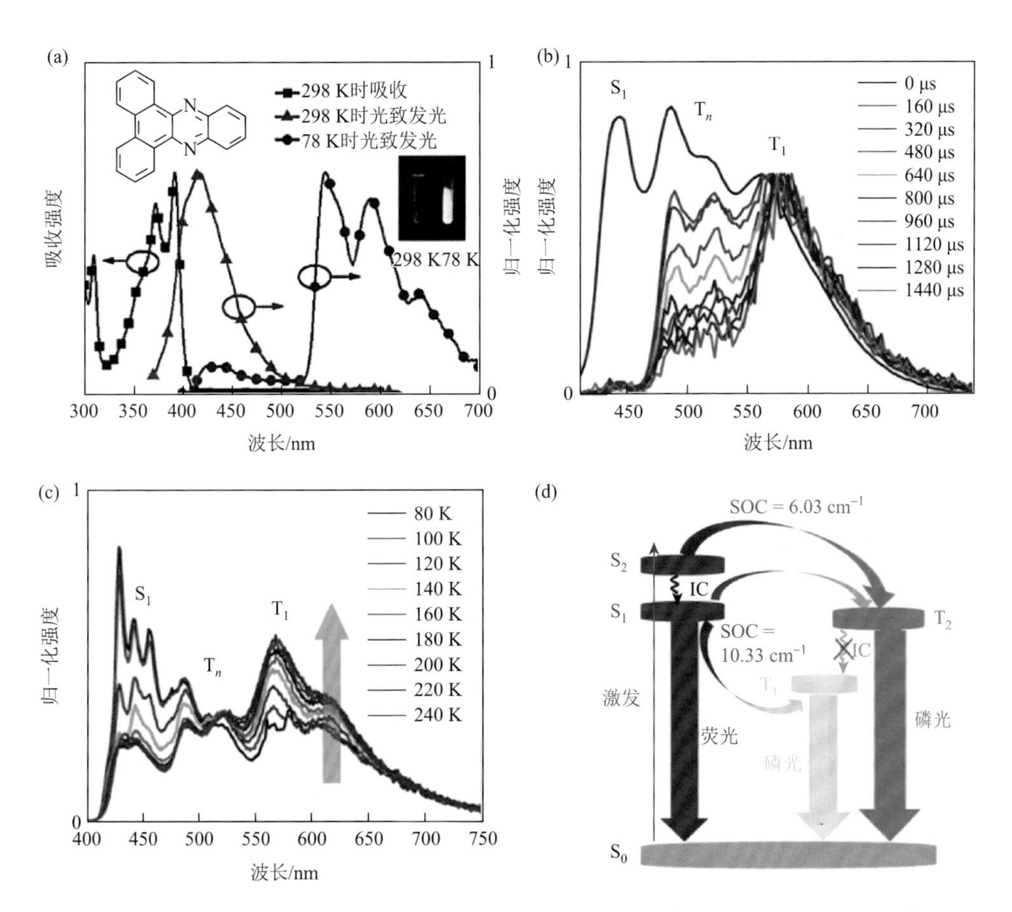

图 4-9 （a）DPPZ 的分子结构式及其四氢呋喃溶液的吸收光谱和在 298 K 和 78 K 时的发射光谱，图片为 DPPZ 的稳态发射照片；（b）DPPZ 粉末归一化的时间分辨光致发光光谱；（c）DPPZ 温度相关的光致发光光谱；（d）DPPZ 的光物理过程[67]

SOC 为自旋轨道耦合常数

他们利用 TD-DFT 计算了 DPPZ 的自然跃迁轨道，结果表明 DPPZ 的 S_1 和 T_2 为(n, π^*)，S_2 和 T_1 为(π, π^*)。根据 El-Sayed 规则[58]，$S_1 \rightarrow T_1$ 和 $S_2 \rightarrow T_2$ 是跃迁允许的过程［图 4-9（d）］，说明 T_2 激子主要是由 S_2 的系间窜越产生的，这一点同样违反了 Kasha 规则。由于 T_2 的辐射速率较大，能够与 $T_2 \rightarrow T_1$ 的内转换过程竞争，才形成了来源于 T_2 的短寿命的反 Kasha 发射。此外，除了 $S_2 \rightarrow T_2$ 和 $S_1 \rightarrow T_1$ 这两种系间窜越，$S_1 \rightarrow T_2$ 系间窜越也很活跃。尽管 $S_1 \rightarrow T_2$ 系间窜越的自旋轨道耦合常数（0.23 cm^{-1}）较小，但是 S_1 和 T_2 之间的能量差很小（0.14 eV），这有利于 $S_1 \rightarrow T_2$ 系间窜越。DPPZ 分子结构中的氮原子对其室温磷光性能具有很重要的作用，当将 DPPZ 的氮原子换为碳原子时其自旋轨道耦合就消失了。

4.2.4 氢键诱导的反 Kasha 发射

薁是由富电子的七元环和缺电子的五元环组成的具有永久偶极矩的有机分子，由于其可以产生 $S_2 \rightarrow S_0$ 跃迁，常用于构建具有反 Kasha 发射性质的经典结构[9, 10, 64, 68-71]。2018 年，朱亮亮课题组报道了基于薁的衍生物的反 Kasha 发射体系［TA，图 4-10（a）］[72]，并证实了能够通过控制分子间氢键来调控高阶发光激发态。当 TA 分散在 *N*, *N*-二甲基甲酰胺（DMF）溶剂中时，它呈现单分子分散态；在紫外光激发下 TA 的 DMF 溶液展现出在 416 nm 处的强荧光峰（$S_3 \rightarrow S_0$）和在 465 nm 处的中等强度荧光峰（$S_2 \rightarrow S_0$）。在 TA 的 DMF 溶液中加入水，导致在 416 nm 的发射猝灭而在 465 nm 发射则红移至 495 nm，溶液发光颜色从蓝色转化成绿色。核磁共振氢谱和红外光谱表明，随着水的加入，TA 与水形成了分子间氢键；且在动态光散射和透射电子显微镜表征中可以观察到自组装形成的簇状纳米分子。这表明水会导致 TA 分子与水之间形成氢键，从而使 TA 分子聚集成纳米簇。由于 TA 发射对湿度敏感，因此该材料可以被应用于湿度传感器的开发。

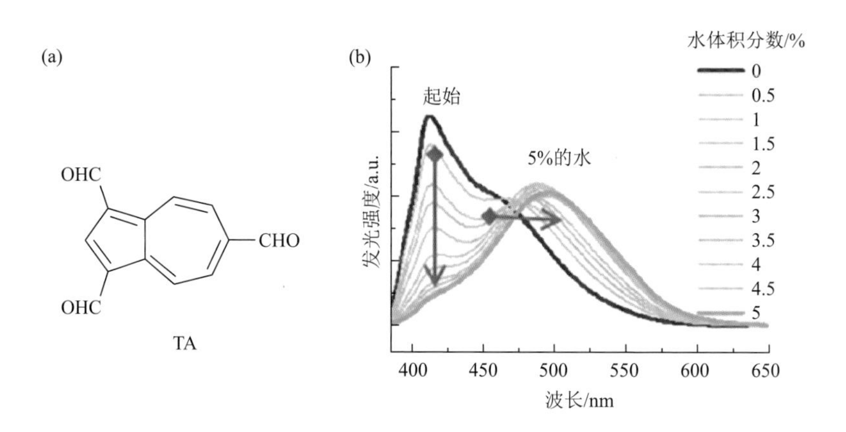

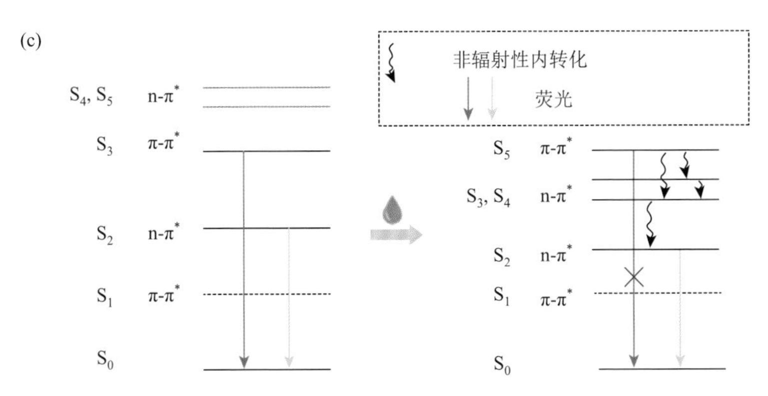

图 4-10　（a）TA 的分子结构式；（b）在不同含水量的 DMF/水混合溶剂中 TA 的光致发光光谱；（c）TA 光辐射转化的机理[72]

通过理论计算发现 TA 的 $\Delta E_{S_3-S_2}$ 能差达到 0.35 eV，说明 S_3–S_2 内转换速率较小，有利于 S_3 辐射过程。TA 的 S_4、S_5 和 S_2 属于(n, π^*)，而 S_3 为(π, π^*)。当溶液中含有水时，会导致溶液极性增强，进而使 S_4 和 S_5 能量降低，最终低于 S_3 的能量，因此猝灭了 S_3 发射。此外，溶液极性增加也会导致 S_2 能量降低，使 S_2 发射红移。为了进一步验证氢键作用对发射的影响，在 TA 溶液中加入甲醇和乙二醇，同样未发现发光转化的现象，这说明强的氢键及形成簇状聚集的共同作用能够调节 TA 的反 Kasha 发射。通过这个例子可知，在具有反 Kasha 发射的分子上进行修饰，引入不同的取代基团改变形态和激发态的排布，可作为调控分子反 Kasha 发射行为的重要手段，这为设计新特性材料提供了新的指导方法。

4.2.5　荧光共振能量转移增强的反 Kasha 发射

2019 年，朱亮亮课题组报道了具有荧光共振能量转移、反 Kasha 发射和 AIE 特性的新型分子[73]。该分子是由六个硫原子取代的苯环作为中心电子给体和具有反 Kasha 发射的氰基苯乙烯修饰的蒽作为电子受体的分子［CPD1，图 4-11（a）］。研究发现，CPD1 多波长的反 Kasha 发光可以通过荧光共振能量转移（Förster resonance energy transfer，FRET）和 AIE 强化，因而 CPD1 的量子效率比氰基苯乙烯修饰的蒽单体（CPD2）强 15 倍。另外，该分子在质子化后，可以受持续光照发生光异构化反应，伴随其荧光从黄绿色变成深绿色。在 310 nm 紫外光照射时，CPD1 和 CPD2 在氯仿溶液中表现出 360 nm（$S_3 \rightarrow S_0$）和 480 nm（$S_2 \rightarrow S_0$）的荧光［图 4-11（b）］，且 CPD1 未表现出 CPD3 的发射，这表明可能存在能量传递过程。由于 CPD3 的发射和 CPD1 的吸收有很大重叠，因此这种能量传递过程为 FRET。通过 CPD1 在 480 nm 发射的增强可以验证这一点。相比于 CPD2，CPD1

的光异构化反应速率更快，这可能是因为 CPD1 的能量传递过程损失少，提高了能量利用率。另外，CPD1 在溶液中发光较弱；随着增加混合溶剂中水的比例，CPD1 荧光强度显著增强，表明 CPD1 具有 AIE 效应。CPD1 掺杂的 PMMA 薄膜同样表现出强的反 Kasha 发射。这些实验结果充分说明使用具有不同特性的分子构建成新的分子时，新的分子不仅可以保留前驱体的特性，而且其分子内相互作用可以形成新的特性，这种方法将在新材料的开发中发挥重大作用。

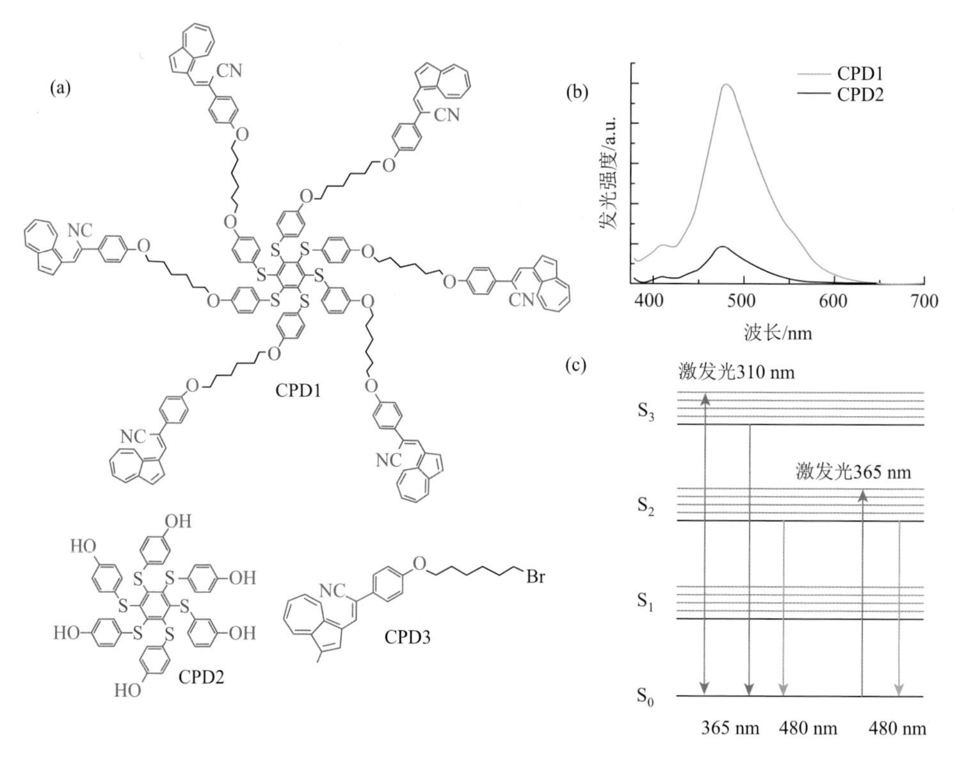

图 4-11 （a）CPD1～CPD3 的分子结构式；（b）CPD1 和 CPD2 在氯仿溶液中的光致发光光谱；（c）CPD1 的光物理过程[73]

近几年，探索具有反 Kasha 发射和 AIE 性质的新材料受到越来越广泛的关注，未来其在光学传感、生物成像和多重照明等领域具有重要应用价值。通过以上的这些例子可以了解到反 Kasha 效应的探索还处在早期阶段，研究过程中存在许多难以克服的问题，如何高效利用激发能来选择性地实现和调控反 Kasha 发射以及提高反 Kasha 发射效率仍然是一个亟待探索的课题；此外更细节的机理研究还需要大量有序的验证工作。基于前人的工作基础，后续的研究可以进行有针对性的材料设计，后续相关领域会有一系列新的发现和应用场景。

4.3 限制锥形交叉过程

AIE 材料以其在固态中高效发光的特性而备受瞩目，这种卓越的性能使其在多个领域都展现出广泛的应用前景。对于固态强发光材料，特别是对于那些受到 ACQ 难题困扰的有机电致发光材料而言，AIE 为其提供了全新的分子设计思路。为了更深入地理解和解释 AIE 发光机理，科学家们在理论和实验方面进行了大量研究工作。为了设计出更高效的 AIE 体系，必须深入了解分子的激发态失活途径。科学家们通过研究分子的基态与激发态势能面提出了一种新的理论机理：通过限制在势能面锥形交叉处的可行途径，可以增强荧光效果。因此，他们提出了一种新的理论模型，即锥形交叉点受限（restrict access to conical intersection，RACI）模型以解释 AIE 现象。

许多研究都已经表明锥形交叉点（conical intersection，CI）在光化学反应中的关键性作用[74, 75]。锥形交叉点是势能面在多维空间中的汇合点，它在光化学和光物理过程中扮演着至关重要的角色。在激发态和基态势能面之间，存在着类似锥形交叉的结构——交叉接缝；分子在受激后进入激发态，一旦激发态能量达到特定阈值，结构弛豫到特定结构，就可以通过锥形交叉点无辐射地跃迁回到基态。这个锥形交叉点也可以是光产物形成或反应物回收的通道[76, 77]。大量的研究数据表明，锥形交叉的存在是许多荧光分子发光强度微弱或没有荧光发射的主要原因。早期研究者发现，核酸碱基的激发态在光化学降解中非常稳定，但其荧光量子产率几乎为零，在初期文献中常被描述为“非荧光的”[78, 79]。此外，大量实验显示 RNA 和胸腺嘧啶也展现出类似性质[80, 81]。众所周知，苯是一种无荧光的有机分子，但是当苯环上存在取代基或官能团（如二苯乙烯、四苯乙烯、咔唑及其衍生物等）时[82]，这些衍生物就都会有一些荧光，其根本原因也在于锥形交叉。在这些分子中，激发态的分子到达一定的激发能限制通过锥形交叉点回到基态，而导致分子发光。因此，深入理解导致无辐射衰变的锥形交叉点结构，对于揭示激发态失活路径、设计更高效发光的聚集诱导发光体系至关重要。

根据 RACI 模型，在激发态势能面与基态势能面之间存在能量近似的锥形交叉点，因此在溶液中的分子在激发态（S_1）可以通过这一锥形交叉点快速衰减至基态（S_0），从而导致分子荧光发射微弱或完全不发光。而在聚集态，锥形交叉点的能量位置较高，不易被激发态分子穿越，因此这些分子只能通过发射光子的方式回到基态。这一过程为具有 AIE 特性的材料提供了发光机理的解释。RACI 模型与 RIM 模型在解释分子在溶液中的荧光猝灭和在聚集体中的高效发光两个过程上有其共通之处，均认为分子内运动的限制是聚集体荧光产生的关键。然而，RACI 模型进一步指出，在溶液中，激发态分子可以通过能量允许的锥形交叉点迅速衰减至基态，造成发光弱或不发光；而在聚集态，锥形交叉点的能量高于允许激发态分子通过的阈值，因此分子只能通过辐射形式回到基态。以四苯乙烯（tetraphenylethene，TPE）、二苯基甲基芴烯（DPDBF）、噻咯衍生物、二烷基胺蒽等典型AIE分子为例，当前主流观点认为溶液中荧光猝灭是由于激发态能量通过分子内运动耗散。对多转子类分子开展的研究表明，通过逐步限制其内部可自由旋转的苯环数量[83]，显示出荧光量子效率随之增加，从而证实了分子内旋转受限机理的存在[84-87]。然而，这种解释仍显笼统并缺乏特定性，亟须从新的角度探索以更加精确地阐述AIE现象的机理。最近的研究成果表明，锥形交叉对于这些分子激发态的失活过程有着显著的影响。

以具有典型螺旋桨状结构的TPE分子为例，该分子在稀溶液中，因与乙烯基相连的苯环能自由旋转，从而导致分子的刚性较差，荧光发射强度相应减弱。然而，在分子聚集态，分子间相互作用限制了苯环的旋转，从而增强了分子的刚性，荧光量子效率因此得到显著提升[82]。唐本忠院士领衔的研究小组以TPE衍生物［图4-12（a）］为研究对象，深入探讨了其在激发态的跃迁途径，为AIE现象的机理提供了进一步的解释[19]。图4-12（b）和（c）分别是TPE衍生物在低黏度溶液和固体或晶体中的势能曲线。在稀溶液中低黏度环境下，TPE衍生物的苯环可以自由转动或振动，其激发态（S_1）的能量通过结构弛豫实现稳定，而基态（S_0）的能量则有所升高，导致S_0与S_1之间的能隙显著缩小。当能隙减至一定程度时，相当于两个锥形漏斗的交叉点，激发态分子便可通过非辐射跃迁衰减至基态［图4-12（b）］。相对而言，在固态或晶体中［图4-12（c）］，由于分子间的空间位阻，激发态能量在达到最低点后迅速上升，分子内部运动因较大的能量势垒而受限，这限制了非辐射跃迁的途径，并开启了辐射跃迁的通道。这为科研工作者提供了新的研究方向，即通过抑制锥形交叉过程来阻止激发态的失活，从而控制非辐射跃迁，增强荧光效率。

(a)

顺反异构

光环化

放热

光照

放热

氧化剂

脱氢

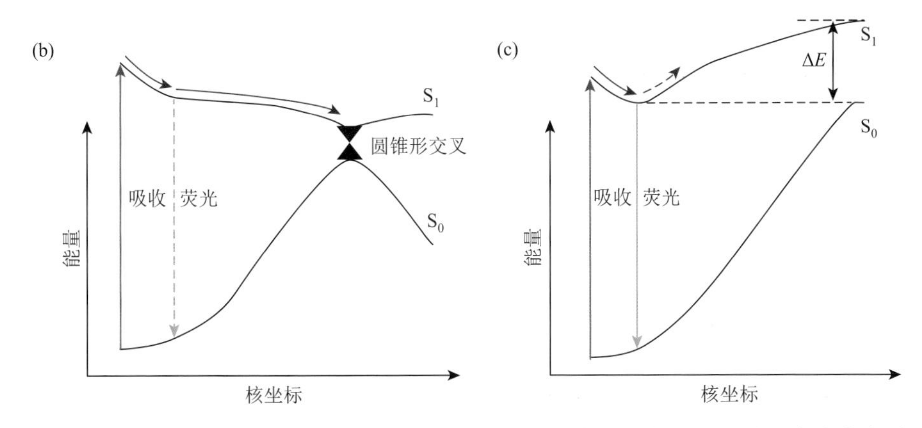

图 4-12 （a）TPE 衍生的光物理和光化学过程的简化示意图；典型 AIE 分子在溶液（b）和固态或晶体（c）中的势能曲线衰变途径

采用离散傅里叶变换空间自洽场（CASSCF）方法、二级微扰理论（CASPT2），以及结合依时密度泛函理论（TD-DFT）的从头算技术，Blancafort 团队对一系列 AIE 分子的激发态衰减过程进行了深入研究。研究者采用 RACI 阐释两种典型的聚集诱导发射体系（DPDBF 和 DMTPS，图 4-13 和图 4-14）的荧光猝灭机理[88]。实验结果显示，RACI 模型同样适用于解释 DPDBF 分子的 AIE 特性。研究揭示，在溶液中，非辐射衰减发生在基态与激发态之间的锥形交叉点，其特征为带有两个苯基取代的环外富烯双键发生了 90°的扭转。该交叉点的能量比垂直激发的能量低约 0.7 eV，这一能量差足以进行有效的能量转移。在固态中，由于空间位阻，碳碳双键的旋转受限，导致平面构型的锥形交叉点能量过高，激发后的分子能量无法达到该交叉点，从而限制了非辐射跃迁过程，使得分子能够发出荧光。此外，据报道，TPE[89, 90]和 DPDBF[85]分子在溶液中的激发态衰减都发生在皮秒时间尺度上，而非通常用费米黄金定律近似描述的纳秒至微秒时间尺度上的振动介导衰减。这一超快时间尺度上的非辐射衰减与涉及锥形交叉点的动力学相符，进一步印证了在溶液中，这些分子的衰减过程确实是通过锥形交叉进行的，从而不产生荧光发射。

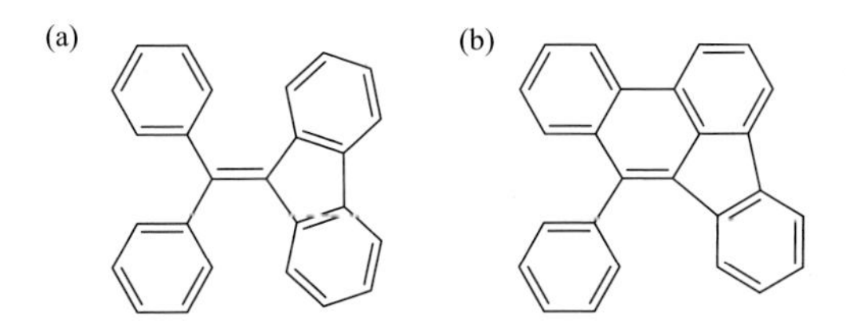

图 4-13 开环 DPDBF（a）和闭环 DPDBF（b）的分子结构式

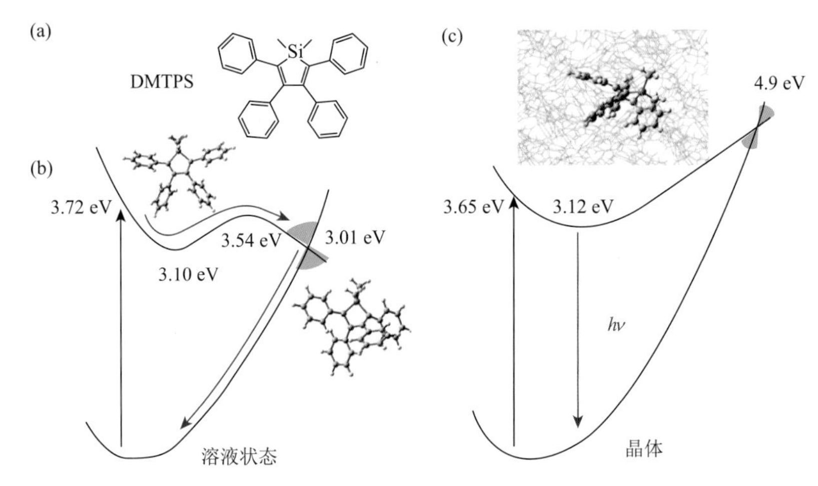

图 4-14 （a）DMTPS 的分子结构式；DMTPS 在溶液（b）和晶体（c）中可能的跃迁途径

噻咯及其衍生物以优秀的电子亲和力及高电子迁移率，在光电材料领域展现出较大的应用潜力。以 DMTPS 这类噻咯衍生物为例，其在溶液中几乎不发光，而在聚集态或固体薄膜下发光效率大幅度增强。具体来讲，DMTPS 在环己烷溶液中的荧光量子效率仅为 0.22%，而在薄膜状态下则激增至 76%，提高了超过两个数量级。通过对 DMTPS 进行光物理建模，研究发现其光物理性质与 DPDBF 相似。在溶液中，DMTPS 的基态与激发态之间存在一个能量上可达的锥形交叉，其能量比垂直激发能低约 0.7 eV，这成为 DMTPS 在溶液中仅发出微弱荧光的原因。因此，可以采用势能面 RACI 模型来解释其 AIE 现象［图 4-14（b）和（c）］。DMTPS 在溶液和聚集态中的不同衰减机理，突出了锥形交叉的关键作用。在溶液中，基态与激发态之间存在一个能量可达的锥形交叉，交叉的特征是噻咯环的扭转和苯环取代基相对于噻咯环平面的扭曲变形。这个锥形交叉就是与基态呈锥形交叉的、能量可接近的失活路径；也正是由于这个锥形交叉，溶液中的激发态分子可以以非辐射跃迁的方式回到基态[91]。从激发态最小值到锥形交叉点的能垒低于激发过程中产生的振动能量（约 0.6 eV），使得 DMTPS 在溶液中的激发态能以非辐射方式有效跃迁至基态，解释了其溶液弱荧光的实验观察。而在固态或聚集态中，由于周围环境的阻碍，环的扭曲和平面变形受限，锥形交叉处的能量提高，使得激发态分子难以以能量方式到达锥形交叉点［图 4-14（c）］，因此也难以通过非辐射跃迁回到基态，从而使得分子发光。

综合实验现象与结果，可以用图解（图 4-15）方式概述 DMTPS 在溶液与聚集态中的不同衰减机理：在溶液中，激发态与基态间的锥形交叉使得激发态能够通过非辐射跃迁归于基态，而不发光；在晶体中，分子堆积增加了到锥形交叉点的能垒，限制了非辐射跃迁路径，使得激发态通过辐射跃迁返回基态，产生荧光。这便是

DMTPS 出现 AIE 现象的解释。通过限制锥形交叉过程，有望提升此类化合物的荧光效率。

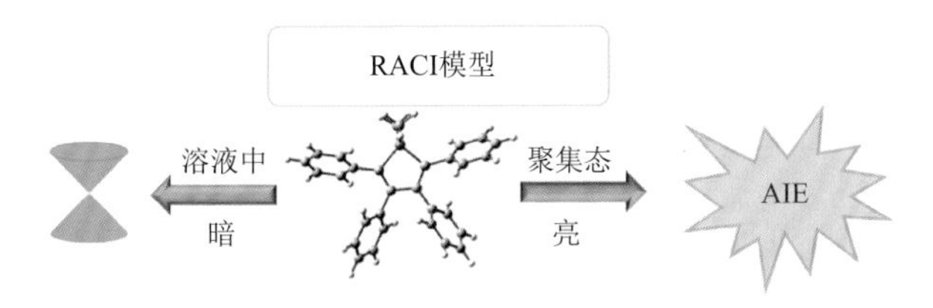

图 4-15　用 RACI 模型解释 DMTPS 的 AIE 现象

综合之前对 TPE、DPDBF 等分子的研究，发现 TPE 主要通过光环化反应和烯基扭转两种途径进行激发态失活，DPDBF 则主要依赖烯基扭转来衰减，而 DMTPS 的衰减主要通过硅环戊二烯的环变形来实现。尽管各自激发态失活的具体方式略有差异，但它们在溶液中的衰减过程均是通过锥形交叉来进行的。对 TPE、DPDBF 和 DMTPS 这三种典型的 AIE 体系非辐射衰变机理的研究表明，锥形交叉的弛豫在这些化合物的溶液态不发光中发挥着关键作用。据此可以推测，通过锥形交叉进行的衰变可能是 AIE 分子在溶液中的普遍失活机理，AIE 效应依赖于聚集态下锥形交叉过程的限制，因此只能通过荧光形式回到基态，从而提升材料固态荧光的量子效率。RACI 模型不仅可以广泛解释 AIE 现象，相较于 RIM 模型，在解释 AIE 体系溶液中低荧光效率方面可能更为适用[14]。

近年来，科学家们在许多有机分子中观察到了锥形交叉，并充分认识到其在分子不发光过程中的重要性，其中氟硼二吡咯（boron-dipyrromethene，BODIPY）染料就是一个例子。BODIPY 作为一种化学稳定的荧光染料，在多个研究领域得到广泛应用。2017 年，研究人员在研究此类染料时发现，一些 BODIPY 染料的荧光猝灭现象正是由分子内的锥形交叉引起的[92, 93]。此外，锥形交叉在噁嗪类荧光染料的荧光猝灭中也扮演着重要角色[94]。由于 2-氨基嘌呤（2AP）与腺嘌呤和鸟嘌呤结构相似，常被用作核酸碱基的荧光标记，以研究核酸的结构和动力学。研究发现，2AP 的荧光特性极易受环境的影响，通过对孤立 2AP 及其与水分子团簇的计算模拟，发现 2AP 的激发态寿命与水分子的数量和位置密切相关，其实质上受到 S_1 最小值与锥形交叉点之间内部转换能垒的控制[95]。

此外，研究者还探索了稠环芳烃分子中具有最小能量的锥形交叉（minimum energy conical intersection，MECI）现象，并揭示了稠环芳烃的尺寸与其荧光量子产率之间的关系[96]。实验结果表明，MECI 的能垒与相应的荧光量子产率呈正相关。通过对大量 MECI 结构的分析，可以得出荧光发射的辐射跃迁与锥形交叉附近的非辐射衰变是相互竞争的关系，并且稠环芳烃的尺寸越大，其荧光发射就越强，最小的环芳烃——苯，是不发光的，这也间接证实了以上结论。如图 4-16 所示，由于锥形交叉的存在，S_1 态可以顺畅地通过交叉口回到基态，这一跃迁过程速度极快，可达皮秒级别；而当锥形交叉过程受到限制时，激发态能量不足以通过交叉的途径，此时辐射衰变成为主导，从而引发荧光发射。

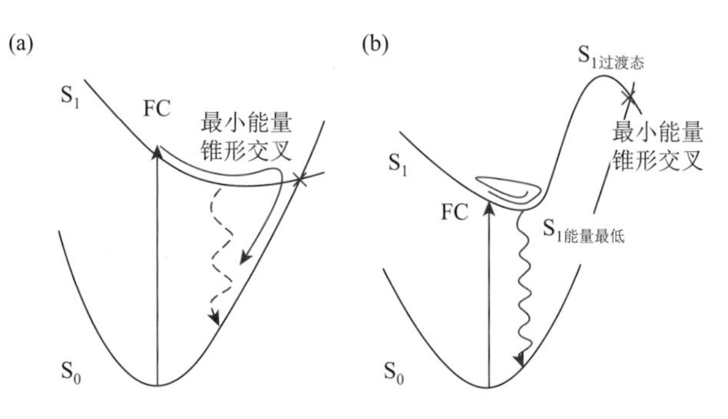

图 4-16　两种光反应的势能面示意图

（a）经由锥形交叉区域（红色箭头）的超快速非辐射跃迁占主导的情况；（b）经由荧光过程（由蓝色波浪箭头突出显示）占主导的情况，FC 是 Franck-Condon 的缩写

以 9, 10-*N*, *N*-二烷基蒽（BPA）为例，详细阐述一类没有明显芳香转子结构的 BPA 分子的 AIE 现象的发现、理解和发展过程[97]。BPA 是一种独特的 AIE 分子，既不含有可进行异构化的双键，也没有表现出 π 体系的轴向旋转或平面化特性。通过区域异构化，可以有效改变基于 BPA 分子骨架的 AIE 及 ACQ 特性（图 4-17）。1, 4-BPA 和 9, 10-BPA 表现出显著的 AIE 特性，而其他异构体则倾向于表现 ACQ 特性。BPA 分子仅由一个蒽环和两个烷基取代的胺基组成。在 BPA 结构中，由于氢原子和周围原子的空间效应，连接氮原子和蒽环的单键难以自由旋转。通常，这种结构简单且刚性的 D-π-A 分子应显示 ACQ 特性而非 AIE 特性。但实际观察到的 AIE 行为与此相悖，激发了对其背后机理的进一步探索。

在深入探讨光物理性质之前，首先总结 1, 4-BPA 和 9, 10-BPA 作为 AIE 分子的几个关键特性。从图 4-18（a）中明显观察到，1, 4-BPA 和 9, 10-BPA 在 THF/水溶剂体系中形成聚集体时，它们的荧光强度随之增强。特别是当水的体积分数增至 90%时，这两种异构体形成的纳米级聚集体（直径大约 100 nm）显示出极高的荧光量子产率（Φ_{fl}），其值与多晶固体相媲美。这些纳米聚集体不仅量子产率高，光谱位置和形态也表现出相似的特征。进一步地，9, 10-BPA 的荧光特性能够揭示一些更为基础的物理现象。以 9, 10-BPA 的衍生物——9, 10-双-(*N*, *N*-二甲氨基)蒽为例，其荧光对周围介质的黏度 η 显示出高度敏感性［图 4-18（b）］。为了量化荧光强度 $I(\lambda_{\mathrm{fl}})$对环境黏度的敏感度，采用 Förster-Hoffmann 方程[98]，即 $\lg I(\lambda_{\mathrm{fl}}) = x\lg\eta + C$，其中 $I(\lambda_{\mathrm{fl}})$为荧光强度，η 为介质黏度，x 和 C 为常数，获得良好的线性相关性。

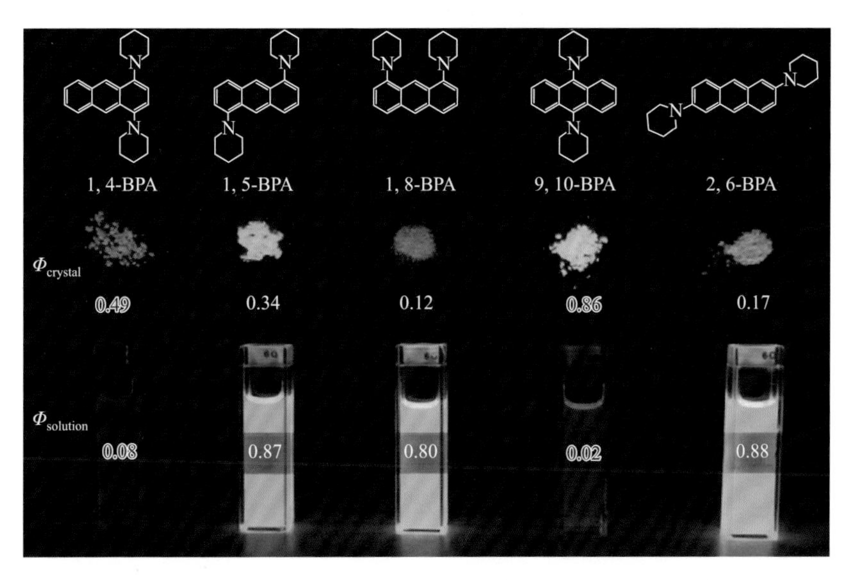

图 4-17 区域结构异构化的 BPA 分子结构式、荧光量子效率和荧光照片

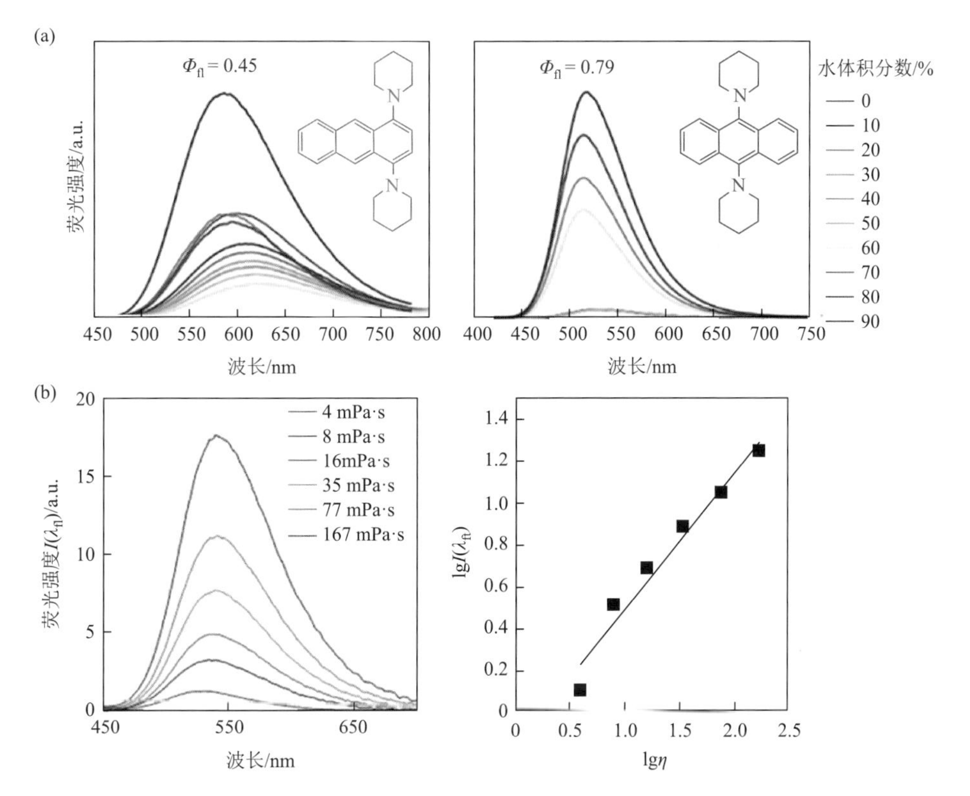

图 4-18 1, 4-BPA 和 9, 10-BPA 的 AIE 发光曲线（a）和荧光强度-黏度曲线（b）

为了研究 BPA 分子的 AIE 机理，首先需要确认 BPA 的荧光特性是否可基于 RIR/RIV 机理进行探讨。若符合该机理，那么 BPA 的荧光量子产率（Φ_{fl}）也会像其他 AIE 分子一样，受到内转换效率的影响。非辐射跃迁速率的变化可以用来解释 BPA 在聚集态下荧光强度增加的现象。如表 4-1 所示，聚集作用显著抑制了 9, 10-异构体的非辐射跃迁速率（k_{nr}），无论是在溶液中还是在固态中，该异构体的辐射跃迁速率（k_r）都保持在 $5\times10^7\ s^{-1}$ 的水平。9, 10-异构体在溶液中的非辐射跃迁速率（k_{nr}）较高，暗示了 9, 10-位的取代基促进了在固态中受限的快速非辐射跃迁过程。除了内部转换，系间窜越也是一种潜在的非辐射跃迁过程。然而，由于在 77 K 的低温下未观察到 BPA 的磷光，可以排除 ISC 过程的参与。综上所述，BPA 分子之所以表现出 AIE 特性，主要是由于在固态中内部转换受到抑制。

表 4-1　BPA 异构体的荧光衰减辐射和非辐射速率

化合物	THF 溶液		胶体悬浮液	
	$k_r/(10^6\ s^{-1})$	$k_{nr}/(10^6\ s^{-1})$	$k_r/(10^6\ s^{-1})$	$k_{nr}/(10^6\ s^{-1})$
1, 4-异构体	25	76	24	30
9, 10-异构体	50	250	53	109
1, 5-异构体	67	20	49	360
1, 8-异构体	48	20	31	170
2, 6-异构体	54	7.2	43	250

内部转换过程在 BPA 分子展现 AIE 特性中扮演了关键角色。BPA 与众多 AIE 发光体系不同，它们不含有可发生异构化的双键，也不具备自由旋转的 π 体系。尽管 BPA 分子结构中存在两个与芳环相连的 C—N 单键，但蒽环邻位的氢原子阻碍了这些单键的自由旋转，因此围绕芳环和氮原子间单键的旋转几乎不会减小从激发态 S_1 到基态 S_0 的能隙。为了深入理解 AIE 机理，采用了从头算方法来进行研究。这一方法基于假设 AIE 分子通过锥形交叉点（CI）消耗其光激发能量。如果激发态 S_1 与基态 S_0 之间的锥形交叉点能量足够低，以至于在溶液中能达到所需的构象变化，那么该分子在溶液中通常会发生快速的内转换。然而，在固态中，由于无法进行较大的构象变化以达到锥形交叉点，BPA 分子因而能在固态中实现 AIE 荧光效应。因此，有两个关键问题需要得到解答：①在 S_1/S_0 之间是否存在足够低且可达到的锥形交叉点？②如果存在这样的锥形交叉点，9, 10-二烷基氨基取代的结构是如何在 S_1/S_0 之间实现锥形交叉的？

采用 CASSCF(10e/8o)/6-31G(d)方法和基组对 9, 10-BPA 进行理论计算。计算结果显示，S_1/S_0 中最低能量的锥形交叉点位于低于垂直激发的 Franck-Condon 态[99]。此外，在最小能量锥形交叉（MECI）点处，该结构呈现出具有显著面外变形的二烷基氨基蒽环，如图 4-19 所示。在固态中，这种大幅度的振动受到了显著限制，这很好地解释了 9, 10-BPA 的 AIE 特性。然而，这一发现似乎挑战了多环芳烃作为刚性平面化合物的传统观念。究竟是什么原因使得 9, 10-BPA 的取代能够“软化”蒽环在激发态的刚性平面呢？理论计算揭示，在苯这类刚性平面芳香化合物中也出现了类似的现象。当苯被高能量光子激发到 S_2 能级时，呈现出 Dewar-benzene 结构，并能通过 S_2/S_1 的锥形交叉点及 S_1/S_0 的交叉缝快速进行内转换[100]。同理，BPA 在 S_1/S_0 的 MECI 也表现出类似于 Dewar-benzene 结构的特征。此外，9, 10-取代位置引入的强电子给体基团能够进一步稳定 Dewar-benzene 型的 MECI 结构。通过对 BPA 在 S_1/S_0 的 MECI 进行自然跃迁轨道分析，验证了这一假设的合理性。这些发现不仅揭示了 BPA 分子结构的独特性，也为理解其 AIE 行为提供了新的视角。

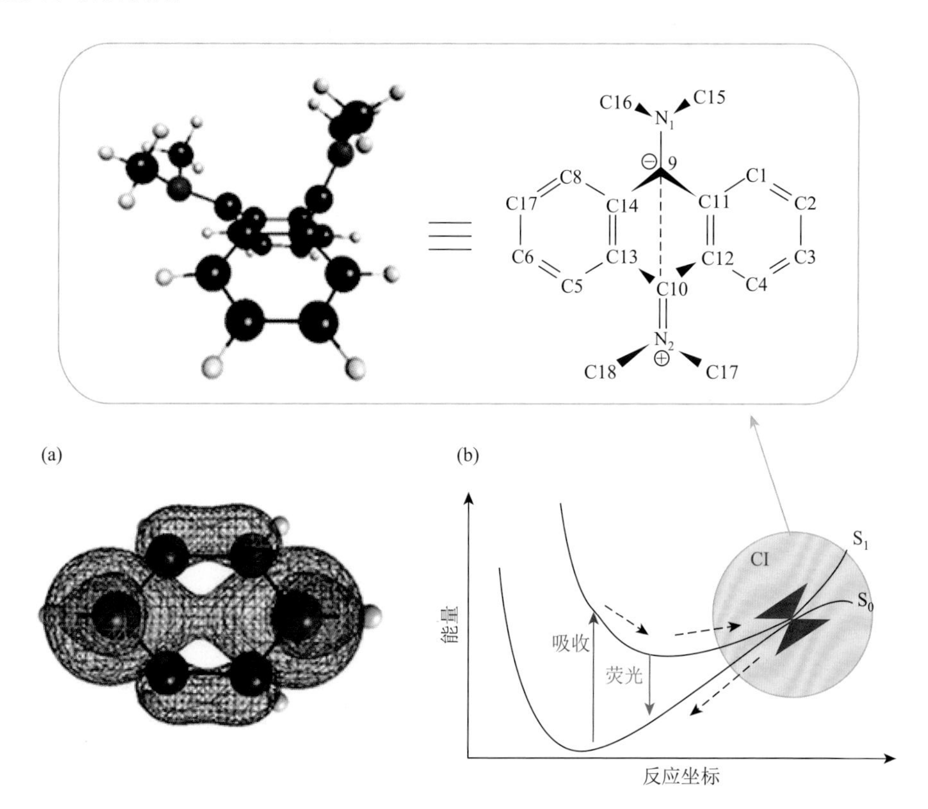

图 4-19　9, 10-BPA 的锥形交叉激发态结构示意图

这种 AIE 体系分子的设计策略主要包括两个步骤。首先，需要深入理解经典多环芳烃的 MECI 结构，尤其是那些具有显著面外形变的多环芳烃。这些多环芳烃的电子状态可能与 Dewar-benzene 结构相似。例如，苯、萘、菲、蒽和芘的 MECI

结构[101]。其次，该策略中的关键是在 MECI 芳环形变最显著的位置引入二烷基氨基，以稳定这种激发态结构。同时，通过空间位阻限制扭曲的芳基和氮之间单键的旋转，从而使分子在溶液中更容易达到这种 MECI 状态。这种设计思路不仅有助于增强分子的 AIE 特性,还可以为开发新型多环芳烃发光材料提供重要的指导。

综上所述，通过锥形交叉点的跃迁可能是许多 AIE 分子在溶液中失活的主要机理，因此通过限制这种锥形交叉过程，可以使激发态电子主要通过辐射跃迁回到基态。构建 RACI 模型并加以利用，能有效地减少激发态的非辐射跃迁，从而显著提升分子的荧光量子效率。RACI 模型能够合理且普遍地解释大多数 AIE 材料的发光机理。深入理解 AIE 现象的产生机理，不仅有助于深化对光功能材料光物理过程的认识,还为设计和合成新型高效固态荧光材料提供了坚实的理论基础,并为开发更为有效的系统提供了参考思路。

4.4 结论和展望

AIE 现象的本质是荧光量子产率对周围环境的敏感反应。在稀溶液中，AIE 分子容易发生非辐射衰减，而在聚集态中，这种非辐射衰减得到显著抑制。这种现象的核心在于分子周围环境对非辐射衰减过程的调控作用。通过深入理解势能面上非辐射衰减的路径，可以揭示 AIE 的工作原理。

在 Born-Oppenheimer 近似下，体系的能量随核坐标变化，构成了势能面。势能面上的极小值点对应分子的平衡结构，鞍点则代表过渡态。光物理和光化学反应涉及多个势能面之间的跃迁。分子从基态吸收能量跃迁到激发态时，尽管核结构未变，但电子状态发生了变化，这种现象称为垂直激发。处于高能单重激发态（S_n）的分子将迅速通过内部转换弛豫至最低单重激发态（S_1）。S_1 相较于更高的激发态或通过系间窜越达到的最低三线态（T_1）具有更长的寿命。系间窜越和内部转换都涉及不同能态之间的非辐射跃迁。这两种非辐射跃迁通常在两个自旋态势能面的交叉点附近发生。如果两个自旋态具有相同的自旋方向，则这样的交叉点被称为锥形交叉点（CI）（图 4-20）。

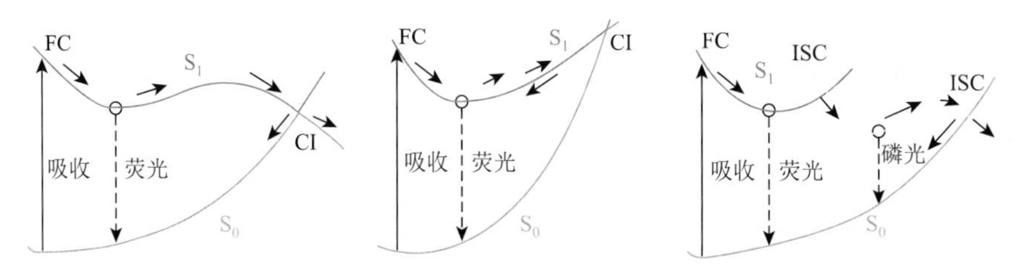

图 4-20 激发态与基态势能面之间的锥形交叉点示意图

AIE 现象本质上是分子荧光量子产率对周围环境变化的反应，其量子产率的公式为

$$\phi_{\mathrm{fl}} = \frac{k_{\mathrm{r}}}{k_{\mathrm{r}} + k_{\mathrm{nr}}}$$

式中，k_{r}（辐射衰减速率）通常由分子的跃迁电偶极矩决定，不受环境影响。因此，荧光量子产率的显著变化主要源于非辐射衰减速率 k_{nr}。当 CI 处伴随较大的分子畸变时，聚集态下分子间的空间位阻对非辐射衰减过程的影响会超过稀溶液中的效果。据此，提高荧光量子产率，通过分子聚集是实现 AIE 现象的关键策略。因此，确定分子势能面上的 CI，特别是最小能量锥形交叉点（MECI）的位置，对于理解分子参与非辐射衰减的方式至关重要。分子 CI 结构通常由局部形变引起，因此非辐射衰减途径的类型可以根据其局部变形的程度进行分类。CI 的类型包括电环化、双键扭曲和开环等。已有研究报道显示，基于双键扭曲和电环化的非辐射衰减途径存在于众多典型的 AIE 分子中。

根据以上策略，可以提出实现 AIE 效应需要满足的三个条件：

（1）CI 在溶液中应具有较低的能量，以确保溶液中的荧光量子产率较低。

（2）CI 应表现出明显的位移，以确保其对分子周围环境的高度敏感性。

（3）分子间轨道重叠应足够小以避免能量传递导致的 ACQ 现象。

尽管用光谱方法确定 CI 结构依然具有挑战性，但一些理论研究已成功阐释了 AIE 的基础机理。据此机理，可以在已知 CI 结构的分子骨架上进行 AIE 设计，或者以非荧光分子为起点，通过在关键位置引入大基团产生新的 AIE 分子。例如，香豆素在开环结构下有低能量 CI，通过改变结构来增强其向 CI 的趋势，可以使香豆素衍生物表现出 AIE 特性。同样，通过 $4n+2$ 电环反应中的旋转变化，也能使分子具备 AIE 特性。

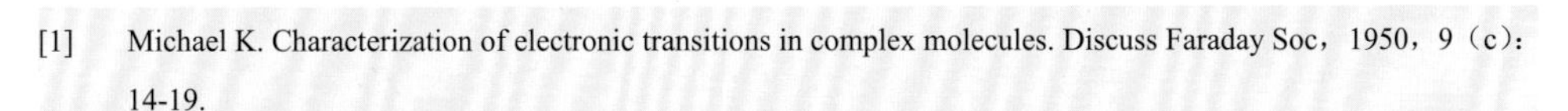

[1] Michael K. Characterization of electronic transitions in complex molecules. Discuss Faraday Soc，1950，9（c）：14-19.

[2] Kasha M，McGlynn S P. Molecular electronic spectroscopy. Annu Rev Phys Chem，1956，7（1）：403-424.

[3] Demchenko A P，Tomin V I，Chou P T. Breaking the Kasha rule for more efficient photochemistry. Chem Rev，2017，117（21）：13353-13381.

[4] Förster T T，Kasper K. Ein konzentrationsumschlag der fluoreszenz. Zeitschrift für Phys Chemie，1954，1（5）：275-277.

[5] Birks J B. Photophysics of aromatic molecules. Berichte der Bunsengesellschaft für Phys Chemie，1970，74（12）：1294-1295.

[6] Bakalova R，Zhelev Z，Aoki I，et al. Silica-shelled single quantum dot micelles as imaging probes with dual or multimodality. Anal Chem，2006，78（16）：5925-5932.

[7] Zhelev Z，Ohba H，Bakalova R. Single quantum dot-micelles coated with silica shell as potentially non-cytotoxic fluorescent cell tracers. J Am Chem Soc，2006，128（19）：6324-6325.

[8] Mei J，Leung N L C，Kwok R T K，et al. Aggregation-induced emission：together we shine，united we soar！Chem Rev，2015，115（21）：11718-11940.

[9] Zhou Y，Zhuang Y，Li X，et al. Selective dual-channel imaging on cyanostyryl-modified azulene systems with unimolecularly tunable visible-near infrared luminescence. Chem Eur J，2017，23（32）：7642-7647.

[10] Zhou Y，Zou Q，Qiu J，et al. Rational design of a green-light-mediated unimolecular platform for fast switchable acidic sensing. J Phys Chem Lett，2018，9（3）：550-556.

[11] Luo J，Xie Z，Xie Z，et al. Aggregation-induced emission of 1-methyl-1, 2, 3, 4, 5-pentaphenylsilole. Chem Commun，2001，18：1740-1741.

[12] Qin A，Tang B Z. Aggregation-induced emission：fundamentals and applications. Wiley Online Library，2013-09-12. DOI：10.1002/9781118735183.

[13] Tu Y，Liu J，Zhang H，et al. Restriction of access to the dark state：a new mechanistic model for heteroatom-containing AIE systems. Angew Chem Int Ed，2019，58（42）：14911-14914.

[14] Xie N，Yuan W，Liu Y，et al. Restriction of intramolecular motions：the general mechanism behind aggregation-induced emission. Chem Eur J，2014，20（47）：15349-15353.

[15] Zhao E，Lai P，Xu Y，et al. Fluorescent materials with aggregation-induced emission characteristics for array-based sensing assay. Front Chem，2020，8：566.

[16] Cai X，Liu B. Aggregation-induced emission：recent advances in materials and biomedical applications. Angew Chem Int Ed，2020，59（25）：9868-9886.

[17] Kang M，Zhang Z，Tang B Z，et al. Aggregation-enhanced theranostics：AIE sparkles in biomedical field. Aggregate，2020，1（1）：80-106.

[18] Ding D，Liu B，Tang B Z，Bioprobes based on AIE fluorogens. Acc Chem Res，2013，46（11）：2441-2453.

[19] Chen Y，Liu B，Tang B Z，et al. Aggregation-induced emission：fundamental understanding and future developments. Mater Horizons，2019，6（3）：428-433.

[20] Gao H，Zhang X，Chen C，et al. Unity makes strength：how aggregation-induced emission luminogens advance the biomedical field. Adv Biosyst，2018，2（9）：1-27.

[21] Gu X，Kwok R T K，Tang B Z，et al. AIEgens for biological process monitoring and disease theranostics. Biomaterials，2017，146：115-135.

[22] Qian J，Tang B Z. AIE luminogens for bioimaging and theranostics：from organelles to animals. Chem，2017，3（1）：56-91.

[23] Zhu C，Kwok R T K，Lam J W Y，et al. Aggregation-induced emission：a trailblazing journey to the field of biomedicine. ACS Appl Bio Mater，2018，1（6）：1768-1786.

[24] Hu F，Xu S，Liu B. Photosensitizers with aggregation-induced emission：materials and biomedical applications. Advanced Materials，2018，30（45）：1801350.

[25] Gao M，Tang B Z. AIE-based cancer theranostics. Coordin Chem Rev，2020，4（2）：213076.

[26] Hong Y，Lam J W Y，Tang B Z. Aggregation-induced emission. Chem Soc Rev，2011，40（11）：5361-5388.

[27] Basak S，Nandi N，Bhattacharyya K，et al. Fluorescence from an H-aggregated naphthalenediimide based peptide：photophysical and computational investigation of this rare phenomenon. Phys Chem Chem Phys，2015，17（45）：30398-30403.

[28] Rösch U，Yao S，Wortmann R，et al. Fluorescent H-aggregates of merocyanine dyes. Angew Chem Int Ed，2006，45（42）：7026-7030.

[29] Kumar M，George S J. Spectroscopic probing of the dynamic self-assembly of an amphiphilic naphthalene diimide exhibiting reversible vapochromism. Chem Eur J，2011，17（40）：11102-11106.

[30] Saleesh K N S，Varghese S，Suresh C H，et al. Correlation between solid-state photophysical properties and molecular packing in a series of indane-1, 3-dione containing butadiene derivatives. J Phys Chem C，2009，113（27）：11927-11935.

[31] Kumar M，George S J. Green fluorescent organic nanoparticles by self-assembly induced enhanced emission of a naphthalene diimide bolaamphiphile. Nanoscale，2011，3（5）：2130-2133.

[32] Jissy A K，Datta A. Can arsenates replace phosphates in natural biochemical processes? A computational study. J Phys Chem B，2013，117（28）：8340-8346.

[33] Jissy A K，Datta A. What stabilizes the Li_nP_n inorganic double helices? . J Phys Chem Lett，2013，4（6）：1018-1022.

[34] Qian H，Cousins M E，Horak E H，et al. Suppression of Kasha's rule as a mechanism for fluorescent molecular rotors and aggregation-induced emission. Nat Chem，2017，9（1）：83-87.

[35] Mei J，Hong Y，Tang B Z，et al. Aggregation-induced emission：the whole is more brilliant than the parts. Adv Mater，2014，26（31）：5429-5479.

[36] Guo J，Fan J，Lin L，et al. Mechanical insights into aggregation-induced delayed fluorescence materials with anti-Kasha behavior. Adv Sci，2019，6（3）：1801629.

[37] Leitl M J，Krylova V A，Djurovich P I，et al. Phosphorescence versus thermally activated delayed fluorescence controlling singlet-triplet splitting in brightly emitting and sublimable Cu（Ⅰ）compounds. J Am Chem Soc，2014，136（45）：16032-16038.

[38] Park I S，Matsuo K，Aizawa N，et al. High-performance dibenzoheteraborin-based thermally activated delayed fluorescence emitters：molecular architectonics for concurrently achieving narrowband emission and efficient triplet-singlet spin conversion. Adv Funct Mater，2018，28（34）：1-12.

[39] Chen X K，Zhang S F，Fan J X，et al. Nature of highly efficient thermally activated delayed fluorescence in organic light-emitting diode emitters：nonadiabatic effect between excited states. J Phys Chem C，2015，119（18）：9728-9733.

[40] Marian C M. Mechanism of the triplet-to-singlet upconversion in the assistant dopant ACRXTN. J Phys Chem C，2016，120（7）：3715-3721.

[41] Etherington M K，Gibson J，Higginbotham H F，et al. Revealing the spin-vibronic coupling mechanism of thermally activated delayed fluorescence. Nat Commun，2016，7：1-7.

[42] He Z，Zhao W，Tang B Z，et al. White light emission from a single organic molecule with dual phosphorescence at room temperature. Nat Commun，2017，8（1）：1-7.

[43] Chu S Y，Goodman L. A simple theoretical model for dual phosphorescence. Chem Phys Lett，1975，32（1）：24-27.

[44] Rodríguez P M F，Nickel B，Grellmann K H，et al. Chemical physics letters dual phosphorescence from 2-(2′-hydroxyphenyl)benzoxazole due to keto-enol tautomerism in the metastable triplet state. Chem Phys Lett，1988，146（5）：387-392.

[45] Chaudhuri D，Sigmund E，Meyer A，et al. Metal-free OLED triplet emitters by side-stepping Kasha's rule. Angew

Chem Int Ed，2013，52（50）：13449-13452.

[46] Wagner P J，May M J，Haug A，et al. Phosphorescence of phenyl alkyl ketones. J Am Chem Soc，1970，92（17）：5269-5270.

[47] Wagner P J，Kemppainen A E，Schott H N. Effects of ring substituents on the type Ⅱ photoreactions of phenyl ketones. How interactions between nearby excited triplets affect chemical reactivity. J Am Chem Soc，1973，95（17）：5604-5614.

[48] Itoh T. Successive occurrence of the $T_1(\pi, \pi^*)$ and $T_2(n, \pi^*)$ phosphorescence and the $S_1(n, \pi^*)$ fluorescence observed for p-cyanobenzaldehyde in a solid matrix. J Lumin，2004，109（3/4）：221-225.

[49] Paul L，Moitra T，Ruud K，et al. Strong duschinsky mixing induced breakdown of Kasha's rule in an organic phosphor. J Phys Chem Lett，2019，10（3）：369-374.

[50] Föller J，Kleinschmidt M，Marian C M. Phosphorescence or thermally activated delayed fluorescence? Intersystem crossing and radiative rate constants of a three-coordinate copper（Ⅰ）complex determined by quantum-chemical methods. Inorg Chem，2016，55（15）：7508-7516.

[51] Etinski M，Tatchen J，Marian C M. Time-dependent approaches for the calculation of intersystem crossing rates. J Chem Phys，2011，134（15）：154105.

[52] Moitra T，Alam M M，Chakrabarti S. Intersystem crossing rate dependent dual emission and phosphorescence from cyclometalated platinum complexes：a second order cumulant expansion based approach. Phys Chem Chem Phys，2018，20（36）：23244-23251.

[53] Younker J M，Dobbs K D. Correlating experimental photophysical properties of iridium（Ⅲ）complexes to spin-rbit coupled TDDFT predictions. J Phys Chem C，2013，117（48）：25714-25723.

[54] Brédas J L，Beljonne D，Coropceanu V，et al. Charge-transfer and energy-transfer processes in π-conjugated oligomers and polymers：a molecular picture. Chem Rev，2004，104（11）：4971-5003.

[55] Wang T，Su X，Zhang X，et al. Aggregation-induced dual-phosphorescence from organic molecules for nondoped light-emitting diodes. Adv Mater，2019，31（51）：1-7.

[56] Sun X，Wang X，Li X，et al. Polymerization-enhanced intersystem crossing：new strategy to achieve long-lived excitons. Macromol Rapid Commun，2015，36（3）：298-303.

[57] Chai J D，Head G M. Long-range corrected hybrid density functionals with damped atom-atom dispersion corrections. Phys Chem Chem Phys，2008，10（44）：6615-6620.

[58] Sayed M A. The triplet state：its radiative and nonradiative properties. Acc Chem Res，1968，1（1）：8-16.

[59] Wang T，Su X，Zhang X，et al. A combinatory approach towards the design of organic polymer luminescent materials. J Mater Chem C，2019，7（32）：9917-9925.

[60] Zhao W，He Z，Lam J W Y，et al. Rational molecular design for achieving persistent and efficient pure organic room-temperature phosphorescence. Chem，2016，1（4）：592-602.

[61] Wu Y H，Xiao H，Chen B，et al. Multiple-state emissions from neat，single-component molecular solids：suppression of Kasha's rule. Angew Chem Int Ed，2020，59（25）：10173-10178.

[62] Itoh T. Fluorescence and phosphorescence from higher excited states of organic molecules. Chem Rev，2012，112（8）：4541-4568.

[63] Griesser H J，Wild U P. The energy gap dependence of the radiationless transition rates in azulene and its derivatives. Chem Phys，1980，52（1/2）：117-131.

[64] Murata S，Iwanaga C，Toda T，et al. Fluorescence yields of azulene derivatives. Chem Phys Lett，1972，13（2）：

101-104.

[65] Zhang Y，Yang H，Ma H，et al. Excitation wavelength dependent fluorescence of an ESIPT triazole derivative for amine sensing and anti-counterfeiting applications. Angew Chem Int Ed，2019，58（26）：8773-8778.

[66] Ma H，Peng Q，An Z，et al. Efficient and long-lived room-temperature organic phosphorescence：theoretical descriptors for molecular designs. J Am Chem Soc，2019，141（2）：1010-1015.

[67] Zhou C，Zhang S，Gao Y，et al. Ternary emission of fluorescence and dual phosphorescence at room temperature：a single-molecule white light emitter based on pure organic aza-aromatic material. Adv Funct Mater，2018，28（32）：1-6.

[68] Murai M，Ku S Y，Treat N D，et al. Modulating structure and properties in organic chromophores：influence of azulene as a building block. Chem Sci，2014，5（10）：3753-3760.

[69] Xin H，Gao X. Application of azulene in constructing organic optoelectronic materials：new tricks for an old dog. Chempluschem，2017，82（7）：945-956.

[70] Griesser H J，Wild U P. The Fluorescence lifetimes of carbonyl derivatives of azulene showing dual emission. J Photochem，1980，13（4）：309-318.

[71] Makinoshima T，Fujitsuka M，Sasaki M，et al. Competition between intramolecular electron-transfer and energy-transfer processes in photoexcited azulene-C_{60} dyad. J Phys Chem A，2004，108（3）：368-375.

[72] Zhou Y，Baryshnikov G，Li X，et al. Anti-Kasha’s rule emissive switching induced by intermolecular H-bonding. Chem Mater，2018，30（21）：8008-8016.

[73] Gong Y，Zhou Y，Yue B，et al. Multiwavelength anti-Kasha’s rule emission on self-assembly of azulene-functionalized persulfurated arene. J Phys Chem C，2019，123（36）：22511-22518.

[74] Bernardi F，Olivucci M，Robb M A. Potential energy surface crossings in organic photochemistry. Chem Soc Rev，1996，25（5）：321-328.

[75] Levine B G，Martínez T J. Isomerization through conical intersections. Annu Rev Phys Chem，2007，58：613-634.

[76] Domcke W，Yarkony D R，Kcppel H. Conical Intersections：electronic structure，dynamics & spectroscopy. Adv Ser Phys Chem，2004，15：41-127.

[77] Blancafort L. Photochemistry and photophysics at extended seams of conical intersection. ChemPhysChem，2014，15（15）：3166-3181.

[78] Cohen B，Hare P M，Kohler B. Ultrafast excited-state dynamics in nucleic acids. Chem Rev，2004，104（4）：1977-2020.

[79] Merchán M，González L R，Climent T，et al. Unified model for the ultrafast decay of pyrimidine nucleobases. J Phys Chem B，2006，110（51）：26471-26476.

[80] Asturiol D，Lasorne B，Robb M A，et al. Photophysics of the π, π and n, π states of thymine：MS-CASPT2 minimum-energy paths and casscf on-the-fly dynamics. J Phys Chem A，2009，113（38）：10211-10218.

[81] Barbatti M，Aquino J A，Szymczak J J，et al. Relaxation mechanisms of UV-photoexcited DNA and RNA nucleobases. Proc Natl Acad Sci USA，2010，107（50）：21453-21458.

[82] Dong Y，Lam J W Y，Qin A，et al. Aggregation-induced emissions of tetraphenylethene derivatives and their utilities as chemical vapor sensors and in organic light-emitting diodes. Appl Phys Lett，2007，91（1）：1-4.

[83] Shi J，Chang N，Li C，et al. Locking the phenyl rings of tetraphenylethene step by step：understanding the mechanism of aggregation-induced emission. Chem Commun，2012，48（86）：10675-10677.

[84] Parrott E P J，Tan N Y，Hu R，et al. Direct evidence to support the restriction of intramolecular rotation hypothesis

for the mechanism of aggregation-induced emission：temperature resolved terahertz spectra of tetraphenylethene. Mater Horizons，2014，1（2）：251-258.

[85] Gao X，Peng Q，Niu Y，et al. Theoretical insight into the aggregation induced emission phenomena of diphenyldibenzofulvene：a nonadiabatic molecular dynamics study. Phys Chem Chem Phys，2012，14（41）：14207-14216.

[86] Zhao Z，He B，Tang B Z. Aggregation-induced emission of siloles. Chem Sci，2015，6（10）：5347-5365.

[87] Chen J，Xie Z，Lam J W Y，et al. Silole-containing polyacetylenes. Synthesis，thermal stability，light emission，nanodimensional aggregation，and restricted intramolecular rotation. Macromolecules，2003，36（4）：1108-1117.

[88] Peng X L，Ruiz S，Li Z S，et al. Restricted access to a conical intersection to explain aggregation induced emission in dimethyl tetraphenylsilole. J Mater Chem C，2016，4（14）：2802-2810.

[89] Huppert D，Rand S D，Rentzepis P M. Picosecond kinetics of p-dimethylaminobenzonitrile. J Chem Phys，1981，75（12）：5714-5719.

[90] Lenderink E，Duppen K，Wiersma D A. Femtosecond twisting and coherent vibrational motion in the excited state of tetraphenylethylene. J Phys Chem，1995，99（22）：8972-8977.

[91] Tran T，Prlj A，Lin K H，et al. Mechanisms of fluorescence quenching in prototypical aggregation-induced emission systems：excited state dynamics with TD-DFTB. Phys Chem Chem Phys，2019，21（18）：9026-9035.

[92] Prlj A，Fabrizio A，Corminboeuf C. Rationalizing fluorescence quenching in meso-bodipy dyes. Phys Chem Chem Phys，2016，18（48）：32668-32672.

[93] Prlj A，Vannay L，Corminboeuf C. Fluorescence quenching in BODIPY dyes：the role of intramolecular interactions and charge transfer. Helv Chim Acta，2017，100（6）：1-9.

[94] Brazar J，Bizimana L A，Gellen T，et al. Experimental detection of branching at a conical intersection in a highly fluorescent molecule. J Phys Chem Lett，2016，7（1）：14-19.

[95] Barbatti M，Lischka H. Why water makes 2-aminopurine fluorescent?. Phys Chem Chem Phys，2015，17（23）：15452-15459.

[96] Harabuchi Y，Taketsugu T，Maeda S. Exploration of minimum energy conical intersection structures of small polycyclic aromatic hydrocarbons：toward an understanding of the size dependence of fluorescence quantum yields. Phys Chem Chem Phys，2015，17（35）：22561-22565.

[97] Sasaki S，Igawa K，Konishi J. The effect of regioisomerism on the solid-state fluorescence of bis(piperidyl) anthracenes：structurally simple but bright aie luminogens. J Mater Chem C，2015，3（23）：5940 -5950.

[98] Förster T，Hoffmann G. Die viskositätsabhängigkeit der fluoreszenzquantenausbeuten einiger farbstoffsysteme. Z Phys Chem（Muenchen Ger），1971，75：63-76.

[99] Sasaki S，Suzuki S，Sameera W M C，et al. Highly twisted *N*, *N*-dialkylamines as a design strategy to tune simple aromatic hydrocarbons as steric environment-sensitive fluorophores. J Am Chem Soc，2016，138（26）：8194-8206.

[100] Palmer I J，Ragazos N，Bernardi F，et al. An MC-SCF study of the S_1 and S_2 photochemical reactions of benzene. J Am Chem Soc，1993，115（2）：673-682.

[101] Harabuchi Y，Taketsugu T，Maeda S. Exploration of minimum energy conical intersection structures of small polycyclic aromatic hydrocarbons：toward an understanding of the size dependence of fluorescence quantum yields. Phys Chem Chem Phys，2015，17（35）：22561-22565.

第5章 新型聚集诱导发光体系的机理简介

5.1 引言

聚集诱导发光（AIE）机理的确立，在阐释和预测新型 AIE 材料的性能方面展现了强大的能力，从而推动了相关材料的快速发展。过去二十多年里，AIE 因独特的发光性质在材料科学、分析化学和生命科学等多个领域吸引了众多科研人员的浓厚兴趣。这促使人们探索了一系列具有独特结构、功能及优异性能的新型体系，极大地丰富了有机光电材料研究的创新视角。在本章中，选取了四个具有代表性的新型 AIE 体系，并对其核心工作机理进行了概述：空间共轭体系及其作用原理、簇聚诱导发光及其发光机理、刺激响应型 AIE 体系的调控机理和纯有机室温磷光体系及其发光机理。我们希望这些内容能为未来新体系的研究提供启示和研究方向。

5.2 空间共轭机理

空间共轭是 π 电子离域最重要的性质之一，其特点是使得芳香环能通过面对面的重叠实现非共价的环间相互作用。这种共轭方式与传统的键连共轭不同。在空间共轭中，π 电子能在通过 σ 键形成的框架中共同离域。这种非共价结构和 π 电子的空间离域赋予了分子更大的灵活性和潜在的多样性。空间共轭的这些特性，在光电子[1-3]和生物科学[4]领域的潜在应用前景引起了广泛关注，激发了众多研究人员持续数十年来对其机理、结构和性质开展深入探究，并致力于通过分子结构工程优化其应用效果。

1949 年，关于[2.2]对环芳烷（[2.2]pCp）的首次报道标志着空间共轭研究的开端[5]。[2.2]pCp 的独特结构促使 π 电子在两个紧密平行排列的苯环间离域，两个堆叠苯环之间的中心距离约为 3.1 Å［图 5-1（a）]，形成了典型的空间共轭结构[6, 7]。

这种结构不仅赋予了[2.2]pCp 独特的光学和电子特性，而且基于实验和理论计算的研究也为我们提供了关于[2.2]pCp 及其衍生物的丰富信息。理论结果显示，[2.2]pCp 的最高占据分子轨道（HOMO）和最低未占分子轨道（LUMO）之间的能隙（3.72 eV）比苯（5.15 eV）小约 1.4 eV，这表明[2.2]pCp 由于强的空间共轭作用而具有比苯更有效的 π 共轭结构[8]。研究发现，通过表征 π-π 相互作用并对空间电荷转移进行量化，[2.2]pCp 中光致发光过程的猝灭比[4.4]对环乙烷（[4.4]pCp）更为显著，后者的环间距达到 4.0 Å[9]。在[2.2]pCp 中，电子的离域速度要快得多，这得益于更优的空间共轭效果。因此，当[2.2]pCp 作为骨架应用于聚合物以构建单分子线时，光激发的能量从给体到受体发生有效转移，能量转移效率超过 99.9%，速率常数约为 $10^{12}\ s^{-1}$[10, 11]。[2.2]pCp 及其衍生物还具有显著的光物理特性。在低聚物中，如以[2.2]pCp 为核的 *pg*-CP$(PV_2)_2$ 和 *pg*-CP$(PV_3)_2$[12]，以及带有空间共轭[2.2]pCp 主链的聚合物，如 *pg*-poly(PE_3)[13]［图 5-1（a）］中，观察到由于与分离的类似物相比能级较低而导致的紫外-可见吸收光谱中存在肩峰。它们的发光光谱通常显示出一个宽的、无结构的、在很大程度上红移的特征峰，这与这些化合物的激发态一致。这些化合物经历了快速的能量转移，并弛豫形成了低能量的平面的电子态。在二聚体 *pg*-poly(PV_3)［图 5-1（b）］中，已被证明具有沿着堆叠[2.2]pCp 骨架的能量转移过程[14]，导致比未堆叠模型更大的斯托克斯位移。由于单体的构象不同，这种能量传递可能会受到空间共轭的限制。除了在梯状堆叠结构中经由空间路径的能量传递外，还发现能量转移可以在通过空间相互作用连接的线形结构中实现［图 5-1（b）］[15]。*pp*-poly(F-CP-TDZ)具有给体和受体 π 共轭体系，在单个聚合物主链中通过空间共轭[2.2]pCp 连接。光谱分析表明，分子内能量通过 Förster 能量转移从给体转移到受体，得益于给体的发光光谱与受体的吸收光谱的重叠。

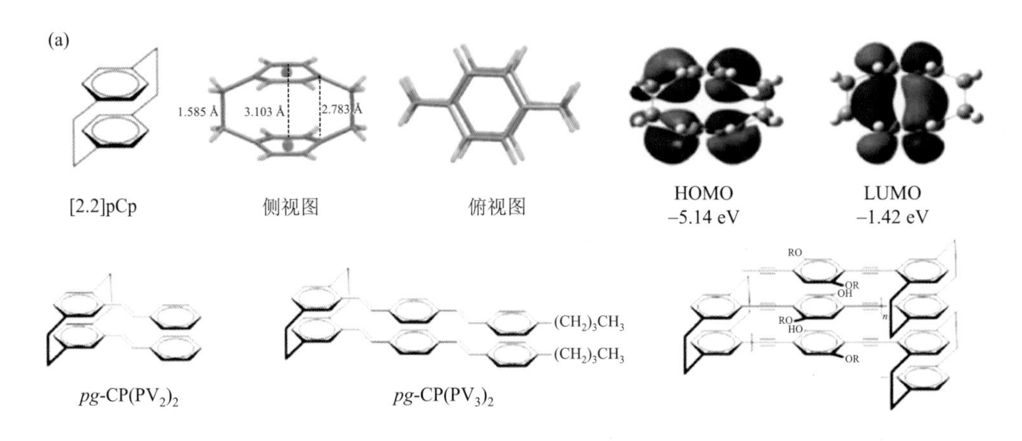

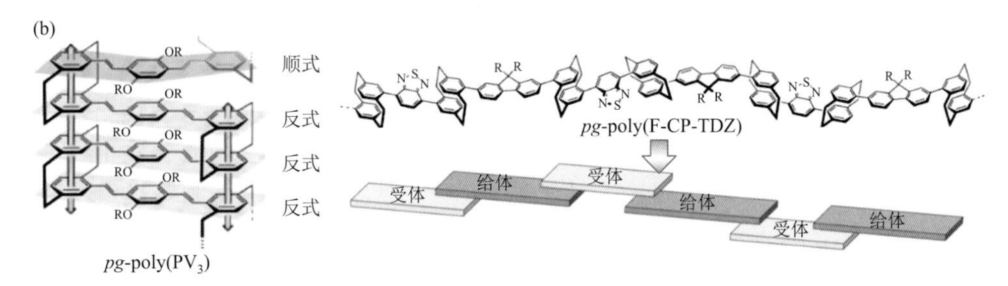

图 5-1 （a）[2.2]pCp 的化学结构、晶体结构、HOMO 和 LUMO 分布，以及[2.2]pCp 衍生物的化学结构；（b）叠层聚合物中发光层的顺式和反式构象，*pg*-poly(PV_3)和 *pg*-poly(F-CP-TDZ)的化学结构，以及聚合物内电荷转移的示意图[5-8, 12-15]

空间共轭分子以其独特的发光和电荷传输特性，在构建多维能量和电荷转移能力的功能材料中展现了广泛的应用潜力。然而，这些分子的几何和电子结构对空间共轭效果的敏感性高[16]，要达到理想的面对面几何构型通常需要克服空间位阻，确保环间距离小于 3.5 Å[17]。基于这一理论，许多具有特定光电性质的分子得以设计，如咔唑六苯基苯[18]、1, 8-萘：4, 5-双（二羧酰亚胺）二聚体[19]、邻苯六聚体[20]、1, 8-三芳胺萘[21]、对环苯类似物[22]等。对这些分子的深入研究不仅推进了空间共轭理论的发展，还展示了它们在电子材料和器件领域的广泛应用潜力。

5.2.1 空间共轭型聚集诱导发光体系

AIE 发光体（AIEgens）特指那些在溶液中不发光或发光微弱，而在聚集态下发光强烈的分子[23]。这类发光材料因高固态发光量子产率（PLQY），在光电器件和生物成像领域的应用极为关键。通常，当 AIEgens 聚集时，自由的分子内运动（如旋转和振动）受到空间约束和弱分子间相互作用的限制，因此非辐射衰变通道可能被阻断[24]。相反，激发态的辐射衰减将占主导地位，这使得 AIEgens 能够有效地发光。通常，通过共价键在构建块之间形成电子离域，通过键连共轭框架形成了 AIEgens 的结构基础。但 AIEgens 通常需要高度扭曲的构象，其中芳香环可以在空间上相互作用，并且形成有效的空间共轭相互作用。

螺旋桨状的 TPE 是一种经典的通过键连的共轭 AIEgens[25]。然而，1, 1, 2, 2-四苯乙烷（*s*-TPE）[26]虽缺乏典型 π 共轭结构，但也表现出 AIE 性质［图 5-2（a）］，这一点颇为不同寻常。在纯四氢呋喃（THF）溶液中，它在不可见光区域（297 nm）显示出与单个苯环发射有关的弱发射峰。然而，在 THF/水混合溶剂（水体积分数为 90%）中，观察到了较强的长波发射峰（460 nm），伴随着在 297 nm 处发射强度的显著降低，这是由形成 *s*-TPE 聚集体导致的。尽管它的共轭较弱，但在 280 nm 激发下能够发射 467 nm 的强可见光，固态 PLQY 高达 69%，这一现象相对罕见。如

图 5-2（a）所示，*s*-TPE 中的四个苯环通过 C—C 单键连接，因此它们在稀溶液中自由旋转，导致激发态的非辐射失活。在聚集态下，这些苯环的旋转受到限制，苯环可以形成固定且堆叠良好的构象，其中 π 电子云重叠并导致空间离域效应。在这种情况下，*s*-TPE 的带隙明显变窄，从而导致发射红移。也就是说，在聚集状态下，*s*-TPE 的空间共轭得到促进，并对其 AIE 性质和较强的长波发射做出了显著贡献。

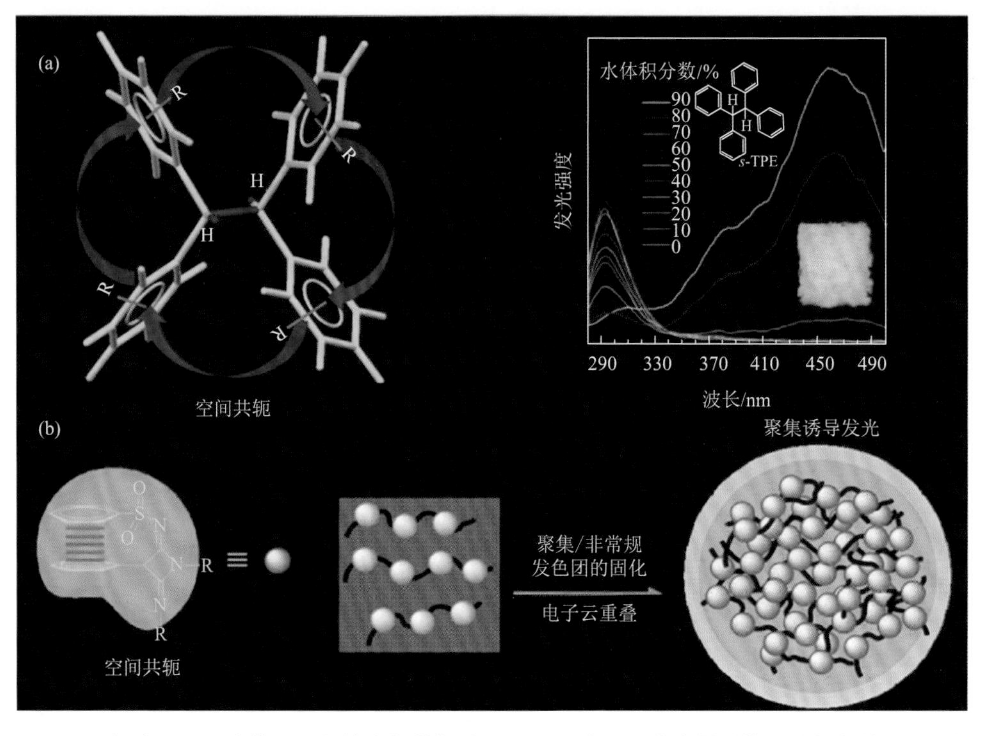

图 5-2 （a）*s*-TPE 中苯环之间的空间共轭以及 *s*-TPE 在不同水含量（体积分数）的 THF/水混合溶剂中的发光光谱，插图：在 365 nm 紫外线照射下拍摄的 *s*-TPE 固体的化学结构式和荧光照片；（b）非常规簇发光物的示意图[26]

其他 AIE 体系中也观察到类似的空间共轭引起的 AIE 现象。例如，外消旋 C6 未取代的四氢嘧啶（THP）[27]是一种非传统的键联发光体，在结晶状态下 PLQY 高达 93%，与其在溶液状态下不发光形成鲜明对比。晶体中紧密排列的富电子芳环与杂原子间形成的有效空间共轭，解释了 THP 的 AIE 效应和强固态发光。伴随着这些有趣的发现，人们提出了一个新的聚类鲁米诺[28, 29]的概念，并引起了广泛关注。如图 5-2（b）所示，单个分子内的强穿透空间共轭和多个孤对电子相互作用能够形成穿透空间共轭的发光材料。聚合物中链的缠结和链内/链间相互作用用进一步增强了杂原子与芳香环之间的电子云重叠，有利于形成分子簇和刚性分子构象，最终导致发光增强。因此，团簇发光体可被视为一种新型的非传统发光团，适用于光电子器件和生物技术中的发光材料。这些成就为我们揭示了关于穿透空间共轭和 AIE 的新见解，但对其潜在机理的解析仍然是初步的，需要进一步研究。

5.2.2 空间共轭型热活化延迟荧光材料

热活化延迟荧光（TADF）材料因理论上可以实现 100%的内量子效率而受到广泛关注[30]。与成本更高的磷光材料相比，TADF 材料在电致发光效率上可与之匹敌，且成本更为低廉。对于 TADF 材料，实现小的单线态-三线态能量差（ΔE_{ST}）至关重要，这有助于三线态（T_1）到单线态（S_1）能量上的转换，并通过反系间窜越过程和足够的跃迁偶极矩实现高 PLQY[31-33]。然而，大多数 TADF 发光体在电子给体和受体之间具有高度扭曲的构象，以有效分离 HOMO 和 LUMO，从而实现小的 ΔE_{ST}。但在这一过程中，跃迁偶极矩可能会降低，导致振子强度变弱和 PLQY 下降。因此，在设计 TADF 发光体时，需要在 ΔE_{ST} 和跃迁偶极矩之间找到平衡点，以获得最优的 PLQY。

近期，研究人员提出了一种扭曲的电子受体和给体芳基主链连接模型，旨在解决在给体和受体之间通过空间共轭激活反系间窜越过程时，可能导致的 PLQY 大幅损失问题。具有大扭转角的近垂直连接可以最大限度地减少 HOMO 在电子给体上和 LUMO 在电子受体上的重叠，从而产生较小的 ΔE_{ST}，而给体和受体的紧密平行排列确保了强的空间共轭，从而改善电子耦合以增强 PLQY。因此，这些建立在贯穿空间共轭骨架上的 TADF 分子可以实现近 100%的内量子效率。图 5-3（a）展示了一种典型的通过空间共轭的 TADF 发光体（*cis*-Bz-PCP-TPA）[34]，该发光体基于具有堆叠的给体-受体基团的[2.2]pCP 骨架，并且在 311 nm 处可检测到强吸收带。*cis* Bz-PCP-TPA 在 480 nm 处具有小的 ΔE_{ST}（0.13 eV），以及明显的蓝色延迟荧光和 1.8 μs 的寿命，从而证明了其 TADF 特性。

另有两种基于空间共轭骨架的 TADF 发光体，分别是 B-oTC[35]和 XPT[36]，它们具有更好的电致发光性能。在这两个分子中，给体基团与受体基团几乎平行，形成一个短距离（2.8～3.4 Å）的给体-受体相互作用［图 5-3（b）］。同时，它们通过键和空间两种路径进行电荷转移，实现了小的 ΔE_{ST} 值和大的跃迁偶极矩，赋予了这两种发光体 TADF 特性和高 PLQY。在薄膜状态下，它们展现了微秒量级的延迟寿命和高 PLQY（B-oTC 和 XPT 分别为 94%和 65%）。此外，研究人员还发现，空间共轭的给体-受体结构可以进一步限制聚集态下的分子内振动和旋转，从而增强发射，这可以被认为是聚集诱导延迟荧光（AIDF）。当这两种发光体应用于有机发光二极管（OLED）作为发光层时，展示了出色的电致发光性能。例如，运用 XPT 作为发射掺杂剂的 OLED，最大外量子效率（EQE）为 10%，发射绿光（584 nm），

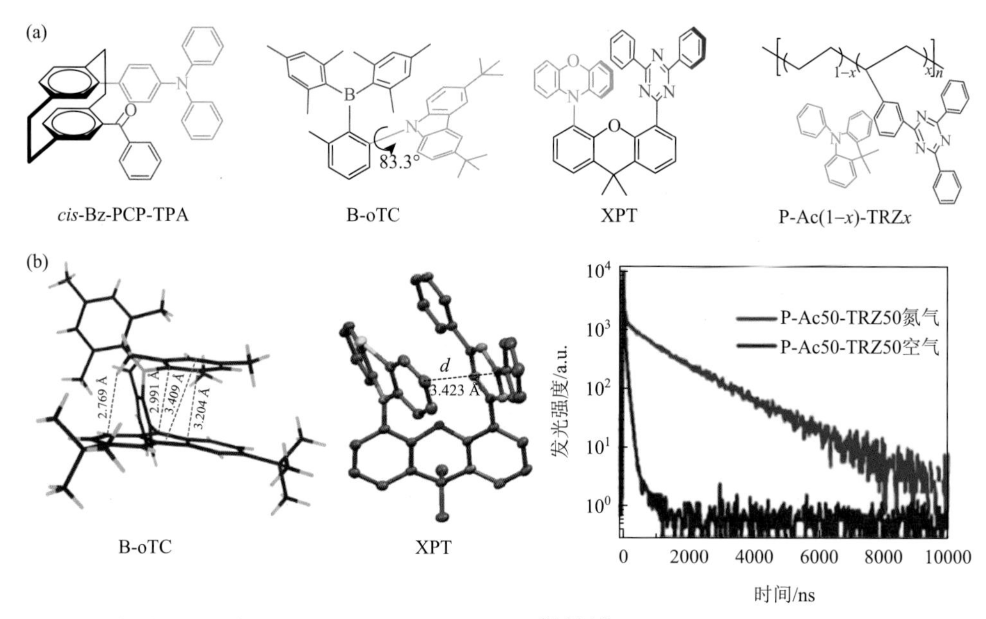

图 5-3 （a）空间共轭型 TADF 发光体的化学结构[34-36, 44]；（b）B-oTC 和 XPT 的晶体结构，以及 298 K 下，P-Ac50-TRZ50 在甲苯溶液中，分别在氮气和空气中的寿命衰减曲线[44]

这超过了荧光 OLED 的理论极限。而采用 B-oTC 作为发光层的非掺杂 OLED 可以发射蓝光，EQE 为 19.1%。这些结果证明了利用 AIDF 材料在非掺杂 OLED 中实现高性能是可行的，这种方法在许多其他 AIDF 系统中也已经取得了显著进展[37-43]。

与上述允许空间共轭和键共轭共存的 π 共轭主链分子不同，一种新型聚合物 P-Ac(1–x)-TRZx[44]，由饱和烃主链及芳香族电子给体和受体组成［图 5-3（a）］，仅依赖空间共轭展示了蓝色 TADF 特性。一方面，该聚合物通过避免饱和烃主链和芳香族电子给体与受体之间的强电子耦合，从而实现了蓝色发射和小的 ΔE_{ST} 值。另一方面，给体和受体之间有效的空间共轭有利于电荷传输和发光。因此，聚合物 P-Ac50-TRZ50 显示出典型的 TADF 特征，氮气环境下的甲苯溶液中延迟荧光寿命长达 1173.0 ns［图 5-3（b）］，发射蓝光（498 nm），且在膜中 PLQY 高达 60%。基于 P-Ac95-TRZ05 的溶液处理的 OLED 能够有效地运作，在 472 nm 处发射强蓝光，EQE 高达 12.1%，低效率衰减为 4.9%（1000 cd/m^2）。这一高 EQE 主要归因于通过空间电荷传输形成的三线态和单线态激子的荧光。因此，扩展基于空间共轭的分子设计的研究，可能是提高蓝色 TADF 发光体性能的关键。

5.2.3 空间共轭型能量传递和电荷转移体系

能量和电荷转移在彼此邻近的电子给体与受体之间频繁发生[45]。来自混合价态的空间内价电荷转移（IVCT）现象已在金属-有机骨架如$[Zn_2(BPPTzTz)_2(tdc)_2]_n$

中被观察到［图 5-4（a）］[46]，实验和理论均证实了两个紧密排列的 BPPTzTz 配体存在 3.80 Å 的短距离相互作用。分子轨道分析揭示了由定位于 BPPTzTz 单元的单占据分子轨道到相邻配体的 LUMO + 1 或同一配体的 LUMO + 2 的两种能量转移过程，这两者都呈现出显著的 IVCT 特征［图 5-4（b）］。根据 $BPPTzTz^{\bullet-}$和 $BPPTzTz^{0}$之间的 IVCT，一个配体的还原激发了另一配体中的共振效应，减少了堆叠偏移并增强了给体-受体轨道的重叠，从而促进了 IVCT 过程。IVCT 转换的强度也高度依赖于配体间的距离，特别是，随着配体间距离的缩短，IVCT 行为得到加强。这种独特的空间混合价相互作用可引起远程共价相互作用的形成［图 5-4（c）］，这对其导电性起着至关重要的作用[47-49]。

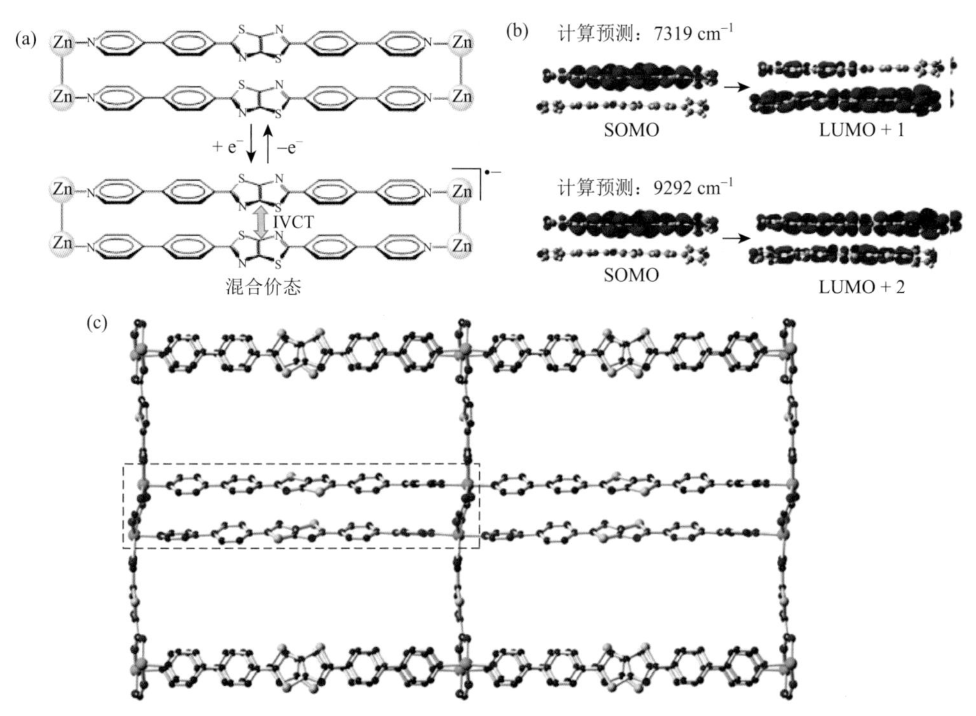

图 5-4 （a）BPPTzTz 配体共面对的化学结构显示出还原为混合价态，这有助于形成空间的 IVCT 相互作用；（b）从$[Zn_2(BPPTzTz)_2(tdc)_2]_n$晶体结构中提取的共面混合价态二聚体$(BPPTzTz^{0}/BPPTzTz^{\bullet-})_2$近红外区跃迁的分子轨道；（c）$[Zn_2(BPPTzTz)_2(tdc)_2]_n$的晶体结构显示了由红色矩形标记的 BPPTzTz 配体的共面排列[46]

SOMO：单电子占据轨道，表示自由基分子的前线轨道，对应于闭壳分子的 HOMO

同样，Gong 等[50]报道了一种多色团四价阳离子环烷 $DAPPBox^{4+}$，展现出高效的分子内能量和电子转移。这种不对称、刚性和盒状的环烷由一个 $ExBIPY^{2+}$单元和一个 $DAPP^{2+}$单元通过两个对二甲苯连接而成［图 5-5（a）］。晶体学分析和光谱学测量已经证实 $DAPPBox^{4+}$中存在两种空间相互作用[51]。第一种是 $ExBIPY^{2+}$和 $DAPP^{2+}$之间的分子内空间共轭，另一种是两个紧密排列的 $ExBIPY^{2+}$单元之间的分子间空间共轭。验证了其存在空间相互作用，$DAPPBox^{4+}$的吸收峰值显著红移［图 5-5（b）］[52, 53]。在 339 nm 激发下的 $DAPPBox^{4+}$［图 5-5（c）］，从 517 nm 的绿色发射主导的发射光谱中可以预期环烷内的有效能量传输。380 nm 的 $ExBIPY^{2+}$发射减弱，510 nm 的 $DAPP^{2+}$发射增强，表明来自 $ExBIPY^{2+}$到 $DAPP^{2+}$的定量能量转移。$DAPPBox^{4+}$的发射光谱不是来自不同亚基的多个发射带的简单集合，而是与 $DAPP^{2+}$单元相关的无结构宽带，这证实了存在空间能量传输。从 $DAPP^{2+}$到 $ExBIPY^{2+}$的超快分子内电荷转移产生 $DAPP^{3+\bullet}$-$ExBIPY^{+\bullet}$自由基离子对，在 1.5 ps 内得到验证，并在 1150 nm 处有吸收［图 5-5（d）］。这些发现强调了空间共轭对分子内和分子间电荷转移的积极作用。由于其组成的不对称性，这种环烷被认为在太阳能转换和有机电子学中具有巨大潜力。

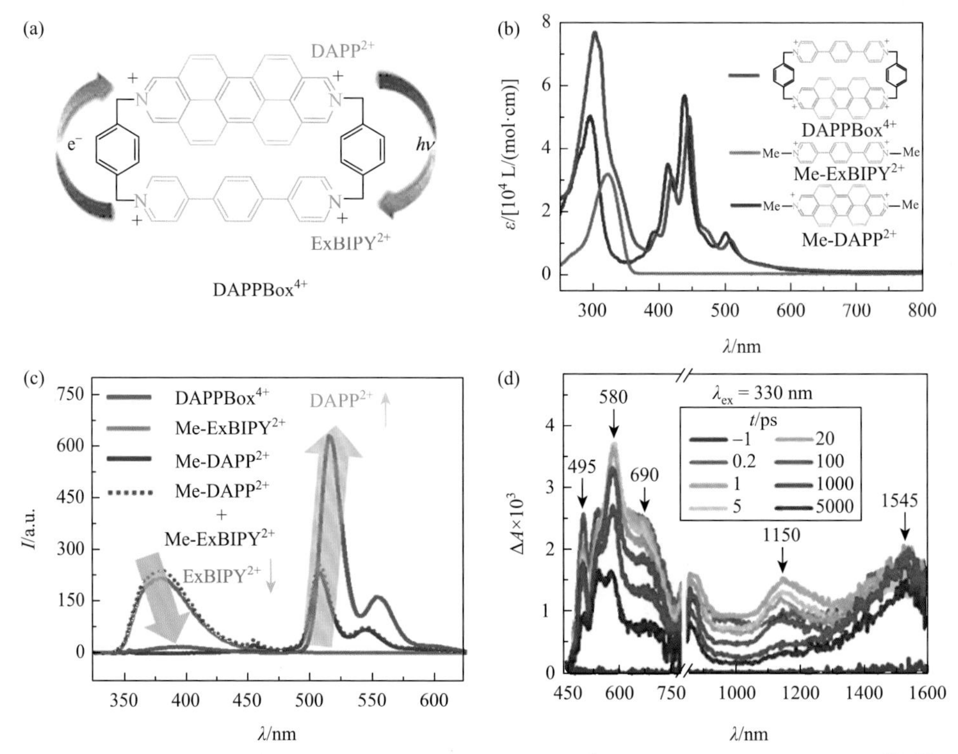

图 5-5 （a）$DAPPBox^{4+}$的化学结构式，显示 $DAPPBox^{4+}$的能量转移和电荷转移过程[50, 51]；（b）$DAPPBox^{4+}$、$Me\text{-}ExBIPY^{2+}$和 $Me\text{-}DAPP^{2+}$在 MeCN 中的室温吸收光谱[52, 53]；（c）在 339 nm 激发时，$DAPPBox^{4+}$、$Me\text{-}ExBIPY^{2+}$、$Me\text{-}DAPP^{2+}$及 $Me\text{-}ExBIPY^{2+}$与 $Me\text{-}DAPP^{2+}$在 MeCN（1.6 μmol/L）中的物理混合物的发射光谱；（d）室温下，$DAPPBox^{4+}$在 MeCN 中在 330 nm 处激发的可见光和近红外飞秒光谱

5.2.4　新型空间共轭体系

空间共轭分子由于独特的电荷转移性质，在光物理学中展现出如聚集诱导发光和热活化延迟荧光等独特特性，同时还具备出色的电荷迁移能力和电子传递特性，对高效光电器件的制造至关重要。因此，空间共轭分子的结构、性能和应用领域都得到了广泛研究。然而，经过全面研究并建立良好空间共轭的体系却罕见。到目前为止，只有[2.2]pCp 体系的研究相对成熟，并广泛用于构建空间共轭材料。近期，一系列新型的含 TPE 核心的折叠分子被系统研究，揭示了它们的空间共轭相互作用和光电功能。基于晶体学分析，已确认折叠体 *Z-o*-BPTPE 为顺式异构体。它的苯环 Φ_1 和 Φ_2 以接近平行的方式堆叠，平面重叠度约为 50%，环之间距离为 3.147 Å 和 3.166 Å（图 5-6）[54-56]，这表明沿堆积苯环的电子耦合是有效的。与传统的[2.2]pCp 相比，*Z-o*-BPTPE 在光致发光和电荷传输方面表现更出色。因为它有四个紧密堆积的苯环可以产生非共价相互作用，所以 *Z-o*-BPTPE 比[2.2]pCp 具有更好的空间共轭性能，后者只有两个参与空间共轭的苯环。此外，*Z-o*-BPTPE 通过乙烯基连接的两个苯片段可以实现空间共轭和键共轭，而[2.2]pCp 则仅有空间共轭。基于这种结构原型，开发了一系列性能有趣的折叠体。

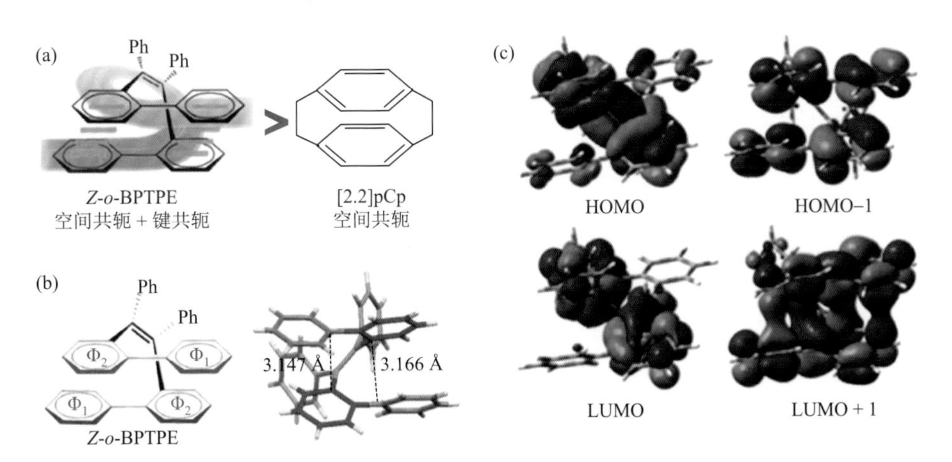

图 5-6　（a）示意图显示了与[2.2]pCp 相比，*Z-o*-BPTPE 中共轭更好；（b）*Z-o*-BPTPE 的分子结构和晶体结构，Φ_1 和 Φ_2 之间的距离最短；（c）计算 *Z-o*-BPTPE 的分子轨道，从 HOMO−1 到 LUMO + 1[54-56]

以 TPE 为核心的折叠体研究发展了一类带有两个空间共轭寡聚亚苯基链的构造［图 5-7（a）］[57]。晶体学结果证实了它们的折叠结构和顺式构象，其中两个线形的，且通过键共轭的寡聚亚苯基链以滑移的方式紧密排列，并以大致平行的方式彼此面对面堆积。两条链之间最短的距离在3.16～3.46 Å之间，链间区域观察到前线分子轨道的较多电子云分布，表明高效的空间共轭。吸收光谱显示，*Z-o*-BPTPE在约240 nm和300 nm处有两个主要的吸收峰［图5-7（b）］。随着折叠链的增加，长波吸收峰在 *Z-o*-BBPTPE 和 *f*-3Ph 的吸收光谱中变得不太明显。这些峰甚至在*f*-4Ph、*f*-5Ph和*f*-TPE-PVP中消失，对应的是短波长吸收峰相应地增强并红移。当寡聚亚苯基链被延长时，高能量的吸收带变得更强且红移，而低能量的吸收带相对减弱。结合实验和理论结果推断，增强的空间共轭主要贡献于与高能量 S_0—S_n 跃迁相关的短波长吸收，而TPE单元中的弱键共轭导致 S_0—S_1 跃迁的小的长波长吸收。

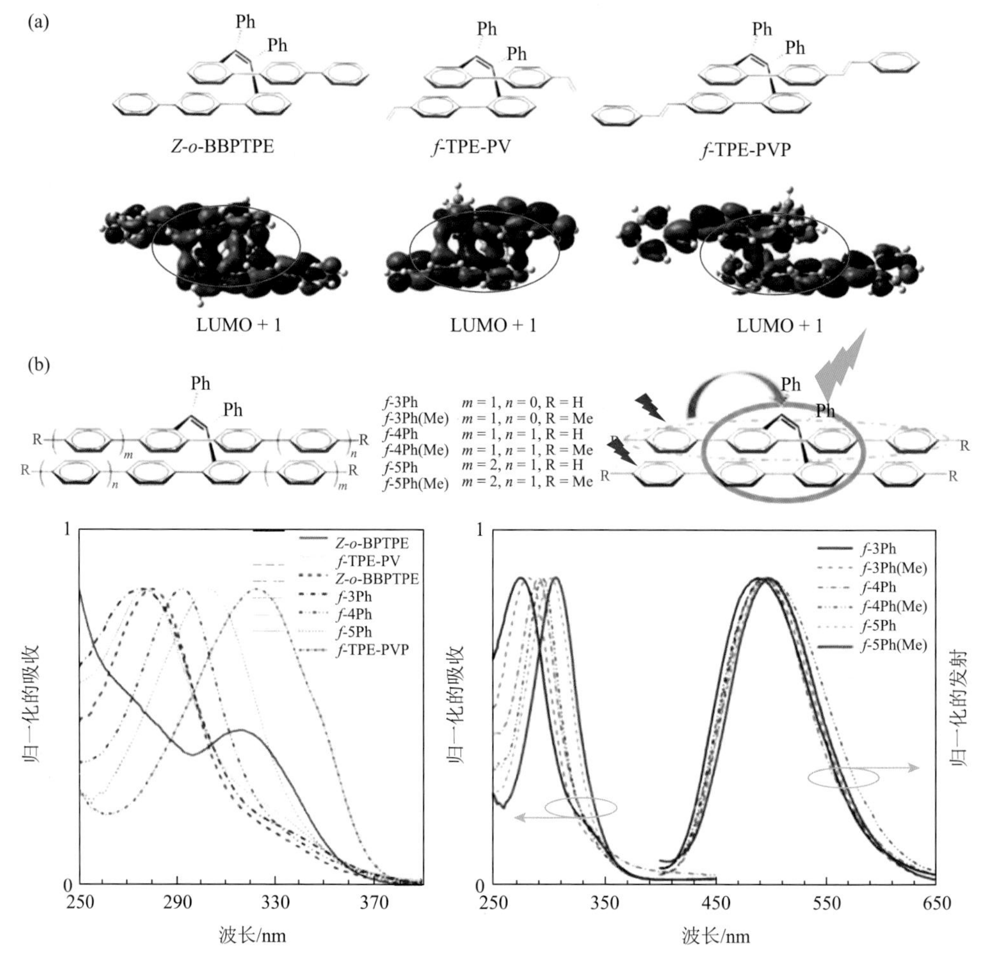

图5-7 （a）*Z-o*-BBPTPE、*f*-TPE-PV和*f*-TPE-PVP的LUMO + 1轨道的分子结构和电子云分布；（b）折叠物的分子结构和能量转移的示意图，*Z-o*-BPTPE、*f*-3Ph、*f*-4Ph、*f*-5Ph、*Z-o*-BBPTPE、*f*-TPE-PV和*f*-TPE-PVP的实验吸收光谱，以及*f*-3Ph、*f*-3Ph（Me）、*f*-4Ph、*f*-4Ph（Me）、*f*-5Ph和*f*-5Ph（Me）的实验吸收光谱与发射光谱[57, 58]

关于 *f*-3Ph、*f*-4Ph 和 *f*-5Ph［图 5-7（b）］[58]，吸收峰值随折叠链增加而红移，这与它们对应的低聚苯的趋势一致。这表明，折叠体的吸收主要源自寡聚亚苯基链而非整个折叠分子。与链长敏感的吸收特性形成对比的是，这些折叠体在溶液中的光致发光峰仅略微变化，在 489～498 nm 之间，与 *Z-o*-BPTPE（493 nm）非常接近，但远长于线形寡聚亚苯，如三联苯（340 nm）和四联苯（368 nm）。这个结果表明发光源于中心折叠部分（*Z-o*-BPTPE 基团），而非整个分子或寡聚亚苯。因此，合理地推断这些折叠结构内发生了分子内能量转移，即寡聚亚苯吸收的能量转移到中心折叠部分以进行光发射。这些折叠结构的斯托克斯位移非常大（190～214 nm），这归因于分子内能量转移过程，考虑到分子结构中不存在典型的电子给体-受体相互作用。进一步地，其他基于 TPE 的折叠结构展示了通过不同的分支链、电子特性和杂环取代基调节的几何堆积结构和光学性质，这些变化未对折叠结构的形成产生显著影响，同时表现出高效的空间共轭和聚集增强发射（AEE）[59-62]。鉴于这些观察结果，通过调节折叠分子的几何结构和电子结构以控制空间共轭的程度，似乎有助于操纵光物理特性和拓宽其潜在功能。

通过将咔唑或联苯胺基团融入 *Z-o*-BBPTPE 分子结构中，研究者成功合成了两种新型的折叠体（*Z-o*-BCaPTPE 和 *Z-o*-BTPATPE）［图 5-8（a）］[63]。这些折叠体因规则的空间共轭结构而使分子构型更为刚性，并展示了聚集增强发射的特性。具有有效的空间共轭的折叠结构为 *Z-o*-BCaPTPE 和 *Z-o*-BTPATPE 提供了独特的双极电荷传输能力。在外加 60 V/μm 电场下，飞行时间瞬态光电流技术揭示了 *Z-o*-BCaPTPE 具有类似的空穴迁移率和电子迁移率［分别为 4.9×10^{-4} $cm^2/(V·s)$ 和 4.3×10^{-4} $cm^2/(V·s)$］［图 5-8（b）和（c）］。而 *Z-o*-BTPATPE 也表现出类似的双极电荷传输特性，在 60 V/μm 电场下，空穴和电子的迁移率分别为 3.7×10^{-4} $cm^2/(V·s)$ 和 3.3×10^{-4} $cm^2/(V·s)$。目前普遍的看法是，这些由给电子基团组成的折叠体应更有利于空穴传输，其电子迁移率本应远低于空穴迁移率。然而，空间共轭折叠结构通过在空间上离域负电荷来稳定注入的电子，这一机理解释了所观察到的非常规现象。这种现象还需要通过具有高空穴迁移率的线形异构体来进一步验证。

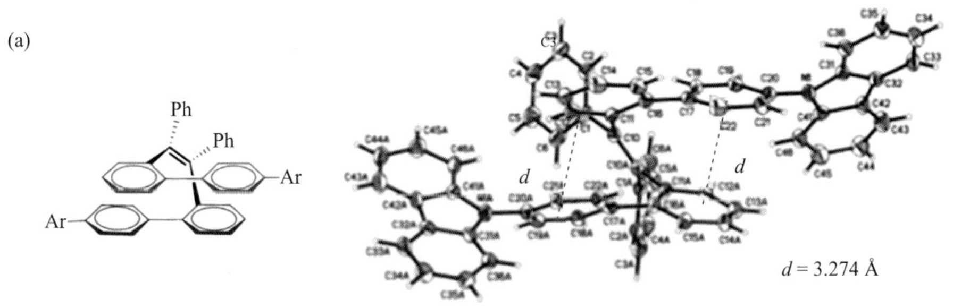

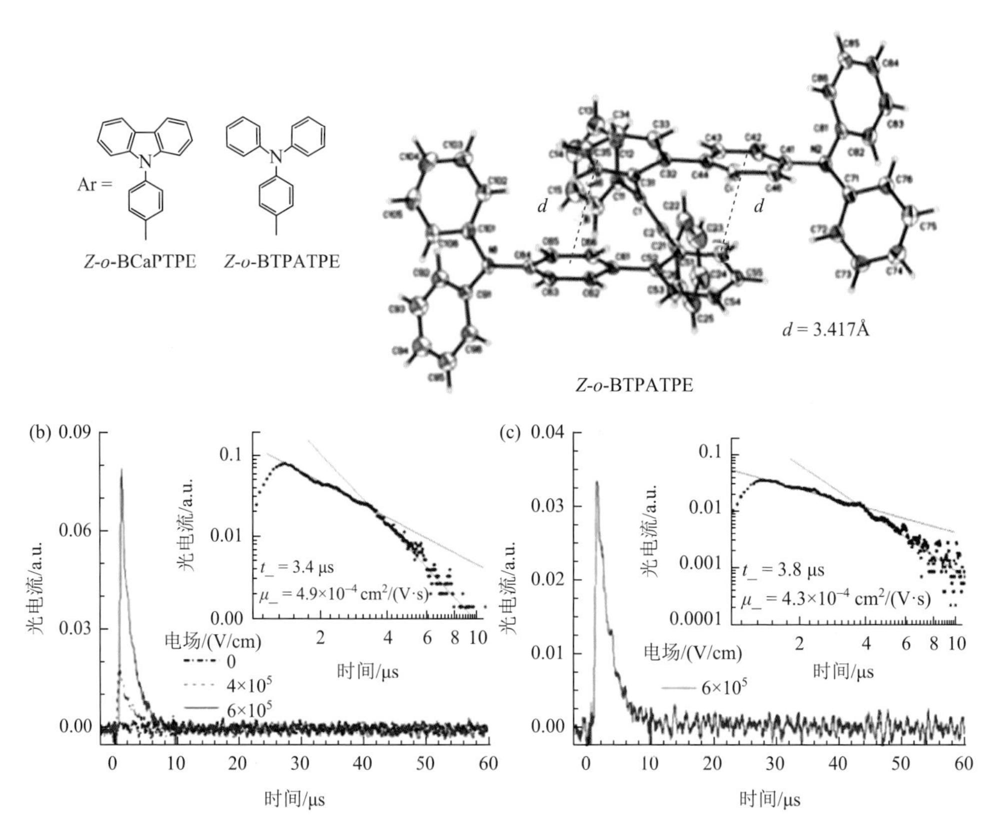

图 5-8 （a）*Z-o*-BCaPTPE 和 *Z-o*-BTPATPE 的化学结构和晶体结构；复合材料薄膜的空穴传输（b）和电子传输（c）的瞬态光电流，插图为光电流随时间变化的对数图[63]

这些复合材料具有有趣的双极电荷传输能力和 AEE 特性，使它们成为光电器件中实现多种功能的理想候选材料。为了验证它们的潜在应用价值，制备了三类基于折叠层的 OLED 器件。第一类器件同时使用折叠结构作为发光层和空穴传输层，第二类器件同时采用折叠结构作为光发射层和电子传输层，第三类器件中的折叠结构仅用作发光层。这三类器件在 488～492 nm 处都显示出天蓝色的电致发光，性能相当，表明它们可以作为 OLED 中的多功能材料。值得一提的是，这些分子并不含有传统的电子传输基团，而是依靠空间共轭结构来实现其多功能性。这些研究成果进一步印证了空间共轭在赋予分子独特的电活性方面的重要性。此外，这些基于空间共轭的折叠体有望成为光电器件材料的新选择，它们不仅结合了出色的发光效率、高热稳定性及良好的双极电荷传输能力，还有望通过优化来满足不同的应用需求。

单分子级电子器件对于突破硅基电子器件的内在限制具有重要意义[64]。作为分子电子学中不可或缺的组成部分，单分子导线通过空间[65]或键连[66]途径与电极相连接，进行电荷传输和电子相互作用[67]。尽管通过空间共轭的单分子导线相较于通过键共轭的单分子导线开发较晚且更为罕见，但对于各类空间共轭体系的探索不断加速改进（如[2.2]pCp 衍生物和包围堆叠芳环的自组装笼[68]），展现了通过空间方式进行电子传输的巨大潜力。在大多数情况下，单分子导线呈现单一通道电导，即通过键或空间通道实现电导。

2015 年，Zhao 等[68]提出了一种集成键共轭和空间共轭于一体的多通道电导单分子导线的新设计策略。将吡啶基团接到 *Z-o*-BPTPE 核的两端，以有效连接 Au 电极，研究了作为单分子导线候选者的 *f*-TPE-PPy 和 *f*-TPE-PEPy［图 5-9（a）］。光谱和理论计算证实了它们结合了通过空间共轭结构和扭曲的键共轭主链。采用基于扫描隧道显微镜断裂结（STM-BJ）技术，测量了 *f*-TPE-PPy 和 *f*-TPE-PEPy 及两种线形对应物（*l*-TPE-PPy 和 *l*-TPE-PEPy）的电导率以进行比较。实验结果显示，*f*-TPP-PPy 的电导率为 1.40 nS，与 *l*-TPP-PPy 的电导率（1.50 nS）接近。对于 *f*-TPE-PEPy（0.50 nS）和 *l*-TPE-PEPy（0.55 nS）也观察到类似的现象。然而，由于 Au 具有更好的跨键共轭和更接近费米能级的 HOMO 能级，*l*-TPE-PPy 和 *l*-TPE-PEPy 的电导率应比 *f*-TPE-PPy 和 *f*-TPE-PEPy 的电导率高 1～2 个数量级。一个可能的解释是，*f*-TPE-PPy 和 *f*-TPE-PEPy 的空间共轭可以作为额外的电导通道，从而补偿由较差的键共轭而造成的电导损失。这种通过键和空间通道的多通道电导模型［图 5-9（b）］在概念上开创了新的路径，有望提升线形单分子导线的电导率。

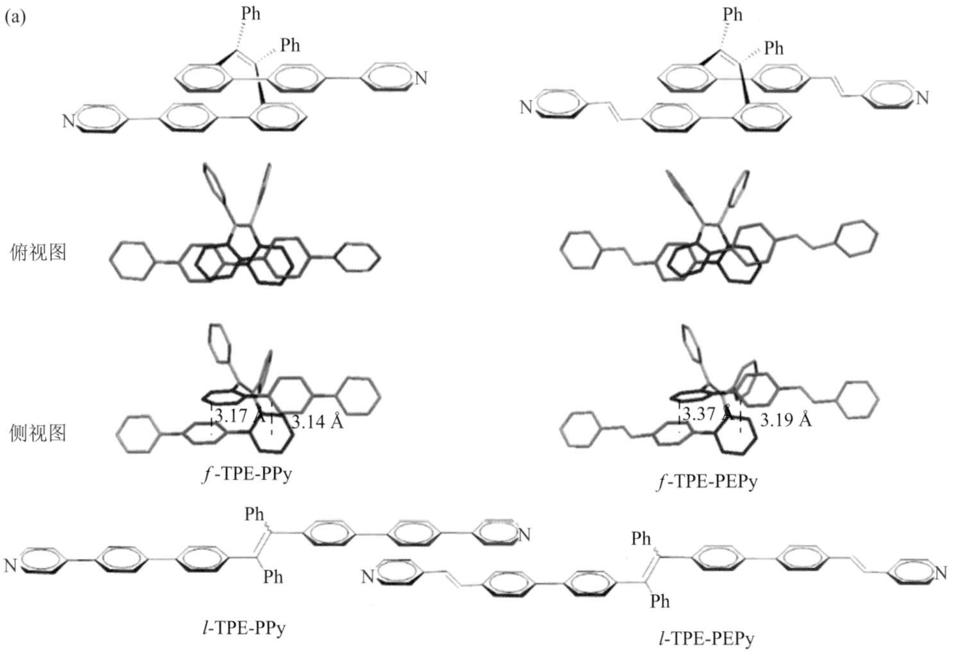

(a)

俯视图

侧视图

3.17 Å　3.14 Å　3.37 Å　3.19 Å

f-TPE-PPy　　*f*-TPE-PEPy

l-TPE-PPy　　*l*-TPE-PEPy

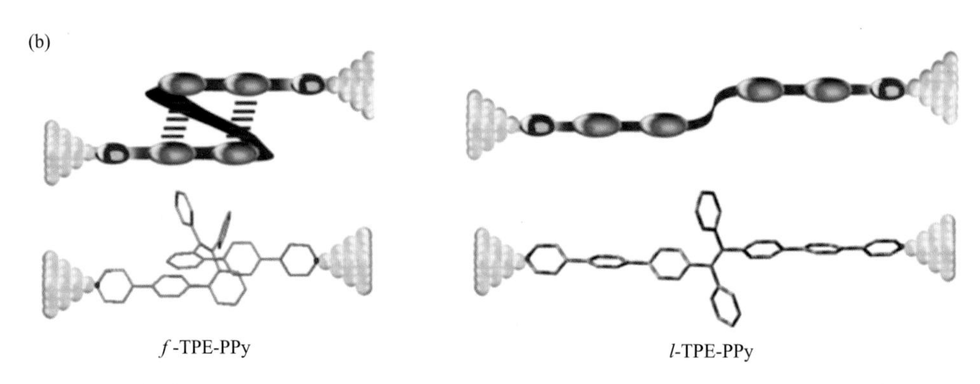

图 5-9　（a）*f*-TPE-PPy 和 *f*-TPE-PEPy 的化学结构和晶体结构的俯视图和侧视图，以及 *l*-TPE-PPy 和 *l*-TPE-PEPy 的化学结构；（b）固定在 *f*-TPE-PPy 和 *l*-TPE-PPy 金电极上的电路示意图

与传统的线形分子相比，由于通过空间共轭通道的电导贡献较小，折叠的单分子导线仅能提供有限的电导。在此基础上，开发了一系列整合了空间共轭的六苯（HPB）核心和键共轭的对低聚苯基骨架的新型单分子导线[69]。将两个4-(甲硫基)苯基作为末端锚定物接到 HPB 上，使分子线能够有效地与金电极相互作用。并且在 HPB(OM)-SM 和 $HPB(OM)_3$-SM 中的四个外围苯基中引入甲氧基，以调节通过空间的共轭度。晶体结构显示，HPB 中的外围苯基是面对面排列的，相邻苯基之间的距离为 2.87～2.95 Å，表明存在强烈的电子耦合相互作用。扭转角由 HPB-SM（59°）增加到 HPB(OM)-SM（67°），再增加到 $HPB(OM)_3$-SM（87°），表明分子主链的键共轭逐渐减小。另外，随着分子中甲氧基的增加，通过空间共轭的程度得到增强，因为甲氧基的引入扩大了 π 电子云，促进了电子耦合作用。STM-BJ 数据显示，HPB-SM、HPB(OM)-SM 和 $HPB(OM)_3$-SM 的电导值分别为 3.88 nS、7.75 nS 和 12.28 nS，优于基于对低聚亚苯基的线形参考分子 PP-SM（2.45 nS）。考虑到较弱的通过键共轭但较强的通过空间共轭，基于 HPB 的分子线中的通过空间偶联能够极大地抵消弱化通过键偶联的电导损失。因此，构建了 $HPB(OM)_3$-SM 在单分子结中的多通道电导的新模型，该模型相较于 PP-SM 的传统单通道电导显示了更多的功能性和优异性。这种多通道电导的设计策略展现了分子电子学发展中的一种有前景的、全新的思路。

5.3 簇聚诱导发光机理

近年来，很多不含典型的发光基团但具有本征发光的化合物受到了广泛的研究和关注。这些非典型发光化合物包括天然产物、生物分子、高分子聚合物，小分子化合物及人工合成化合物等。它们的结构多样，通常含有 N、O、S、P 等杂原子，包括胺基（N—H）、酰胺基（NHCO）、磷酸酯基团、氨酯基（NHCOO）、硫醚（—S—）、亚砜基（S═O）、砜基（O═S═O）、氰基（C≡N）、双键（C═C）和羟基（—OH）、醚（—O—）等，以及这些单元组合而成的新基团，如酸酐、酰亚胺、磺酸基等[70]。与典型发光化合物相比，非典型化合物展现出良好的结构调控性、合成便捷性、优异的水溶性和较低的生物毒性，这使它们在环保型绿色发光材料和生物医学应用领域具有巨大的潜力。然而，由于结构中的非传统生色团种类繁多、发光性质复杂，人们对其发光机理的理解尚未统一，已提出的机理包括氧化作用、羰基聚集、拓扑结构与端基影响、氢键形成和电子离域能力等。

越来越多的研究表明，大米、淀粉、纤维素和蛋白质等天然产物及生物分子在稀溶液中不发光，但在固态或晶态下却能发光，显示出聚集诱导发光特性。由于此类材料在单分散状态下无可见光发射，而只有在簇集状态下，在空间共轭（through-space conjugation，TSC）和分子内运动受限（RIM）的作用下才产生反常的可见光发射，于是将这类发光现象定义为簇发光（clusteroluminescence）。基于这一类化合物的结构和不同状态下的发光性质，提出了富电子基团簇聚形成实际发光生色团的机理：簇中电子云相互重叠共享，使电子离域、共轭扩展，从而在构象适当刚硬化的条件下受激发光。这一富电子单元间通过簇聚形成空间电子相互作用，使离域扩展，分子有效共轭增加，从而易于受激发射的机理被进一步命名为“簇聚诱导发光”（clustering-triggered emission，CTE）[71]。

5.3.1 非共轭团簇荧光剂分子类型

许多天然产物（如酶和蛋白质）可以发射可见光，关于这些天然产物中的发光聚合物的应用已经得到广泛研究。2004 年，Guptasarma 等[72]观察到乙内酰脲酶和截短的激烈火球菌蛋白发射出蓝光。之后，Rinaldi 课题组观察到淀粉样蛋白原聚(ValGlyGlyLeuGly)纤维可以发射绿色荧光[73]。这种发光聚合物的发射强度与水分子的保留率相关，这表明水分子与蛋白质的结合在荧光发射机理中起重要作用。除蛋白质外，其他生物聚合物如淀粉、纤维素和海藻酸钠也可以表现出团簇发光。值得注意的是，这些化合物也可以发射室温磷光（RTP），而且其磷光是来自非晶态而不是晶态。纯有机 RTP 的结晶状态已经被广泛研究，但涉及非晶态固体的 RTP 相对较少，因此研究这种类型的团簇发光剂在 RTP 的研究中很有必要。

对于天然的荧光聚合物，由于结构复杂、官能团较多，其发光机理一直难以解释。尽管人工合成聚合物具有重复单元，但是考虑到聚合物的非均匀性质及纯化有限性，利用光物理手段研究荧光物质的发光机理需要确切的化学结构和高纯度的材料，因此，小分子荧光材料可以克服这两方面的挑战。此外，与小分子不同的是，非共轭荧光聚合物由于固有的特性，如分子量、多分散性、构型、结构、排序和构象及丰富的聚集状态，通常表现出许多独特的特性和功能。因此，为了更清晰地研究非共轭团簇荧光分子的发光机理及光物理机理，根据已报道的非共轭荧光聚合物和小分子荧光剂的结构，可将它们归纳为含苯环和不含苯环两类。

1. 含苯环的非共轭团簇荧光剂

早在 1963 年，Bovey 等[74]就报道了苯乙烯的均聚物和共聚物在溶液中发射荧光，并提出了聚苯乙烯（PS）的激基复合物是发光的原因。同时，聚（苯乙烯-甲基丙烯酸甲酯）的最大发射波长与无规聚苯乙烯一样，都是随苯乙烯含量的降低而降低。这些结果表明，相邻孤立苯环的分子内/分子间相互作用对发射荧光的红移起到了关键作用。但是由于荧光发射机理不清晰，这项研究在很长一段时间被忽略。2015 年，唐本忠课题组在 1, 1, 2, 2-四苯乙烷（*s*-TPE）中再次观察到了这种现象，*s*-TPE 的四个苯环之间不存在价键共轭［图 5-10（a）］[75-78]。*s*-TPE 的四氢呋喃（THF）溶液在 290 nm 处有发射峰，对应于孤立苯环的电子跃迁。当含水量（f_w，体积分数）为 70%时，在 460 nm 附近出现了一个新峰，同时 290 nm 处的峰发射强度降低。进一步增加 f_w 使长波长发射变得更强，表明 *s*-TPE 的聚集体在 $f_w \geq 70\%$时形成。*s*-TPE 粉末发射亮青色荧光，在 460 nm 的发射是典型的簇聚诱导发光（CTE）。X 射线晶体学分析及相关理论计算表明，*s*-TPE 中的四个苯环之间存在空间共轭。

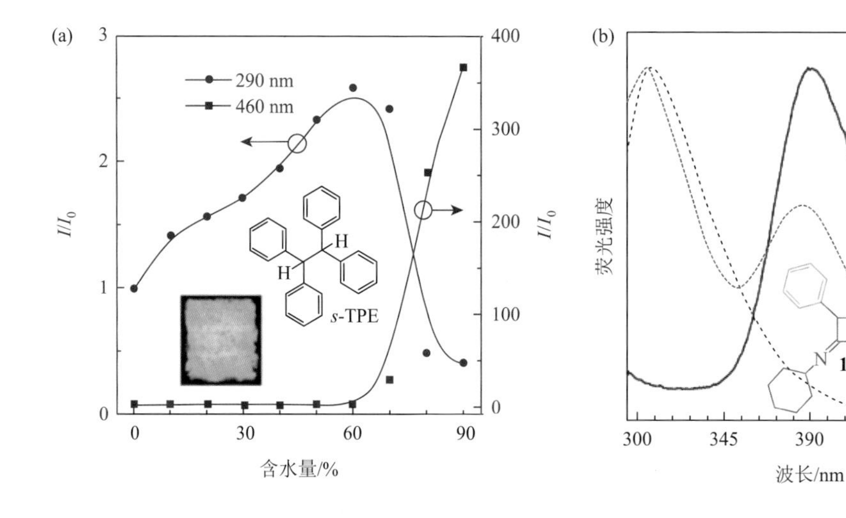

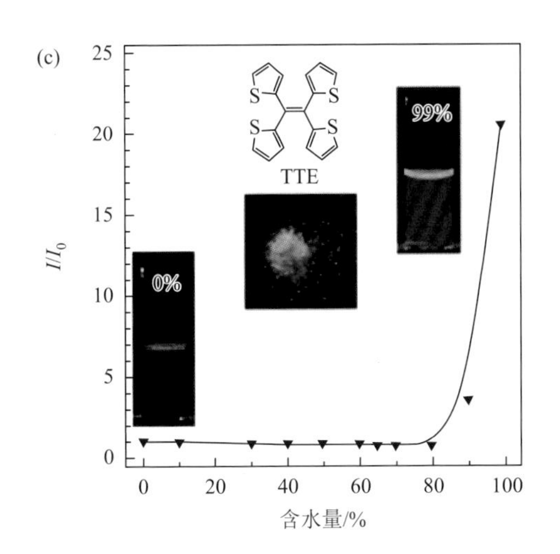

图 5-10 （a）红色曲线：在 290 nm 发射波长下 *s*-TPE 随含水量（THF/H_2O）升高的荧光强度；蓝色曲线：在 460 nm 发射波长下 *s*-TPE 随含水量（THF/H_2O）升高的荧光强度[75-78]；（b）化合物 1 在不同聚集形态下的荧光强度-波长曲线[79]；（c）TTE 在 410 nm 发射波长下随含水量（THF/H_2O）升高的荧光强度[80]

其他含苯基的团簇发光剂，如化合物 **1**［图 5-10（b）］和四噻吩基乙烯（TTE）［图 5-10（c）］，在其聚集态下也具有红光发射。如图 5-10（b）所示，化合物 **1** 的两个芳环被一个带有 sp^3-C 的中央四元环隔开，因此中断了芳环之间的共轭[79]。化合物 **1** 的 THF 溶液的 PL 光谱只显示在 300 nm 附近孤立芳环的发射峰，与其非共轭电子结构一致。但是，在含水量 f_w = 80%时的聚集状态下及固态，PL 光谱会出现一个位于 400 nm 处的新峰，而 300 nm 处的峰完全消失，这表明较长波长的发射源于分子内空间共轭（TSC）。在 TTE 中也存在同样的现象［图 5-10（c）］。它的溶液态发射主要是由周围的噻吩和中心双键之间的价键共轭作用主导的[80]。然而，从 TTE 聚集态和粉末中观察到的蓝光发射是由于分子间/分子内的 S···S 键的相互作用。除了 TTE 以外，广为研究的 AIE 分子四苯乙烯（TPE）也在 470 nm 处观察到意外的荧光发射。经过对这一现象的研究，唐本忠团队证实 TPE 中 470 nm 处的发射是由于分子内四个苯环的 TSC 而不是价键共轭。TPE 的发射与 *s*-TPE 相似，在固态时可观察到相应的 PL 光谱[81]。早前报道的 TPE 的溶液态 PL 光谱始终在 400 nm 附近的微弱峰被错误地归因于杂质[79, 82]，现在被认为是由 TSC 造成的。此外，光催化环化反应中间体的价键共轭作用导致较短的波长发射[83, 84]也被证实。

除了上述的小分子外，还有一些含苯环的非共轭荧光聚合物。2012 年，中国科学技术大学洪春雁教授课题组用 *N*-异丙基丙烯酰胺单体通过一种含苯环的可逆加成断裂链转移（reversible addition-fragmentation chain transfer，RAFT）引发剂聚合合成了一系列蓝色发光聚合物。他们提出并证实苯环单元与相邻的末端基

团羰基空间共轭 π-π 相互作用是荧光产生的原因[85]。随着聚合度从 2 增加到 4，苯环与羰基之间的距离从 3.25 Å 缩短到 3.20 Å，引起空间共轭 π-π 相互作用从而产生荧光。在该体系中，RAFT 引发剂和丙烯酸酯单体本身不发光，通常这类聚合物由于结构中缺乏生色团而不会发光。但是在聚（三硫代碳酸酯）（PTTC）引发的 RAFT 聚合反应 6 h 后，聚合物发射微弱的蓝光，在 12 h 后观察到了强蓝光（图 5-11），且发光强度随聚合时间延长而增加。

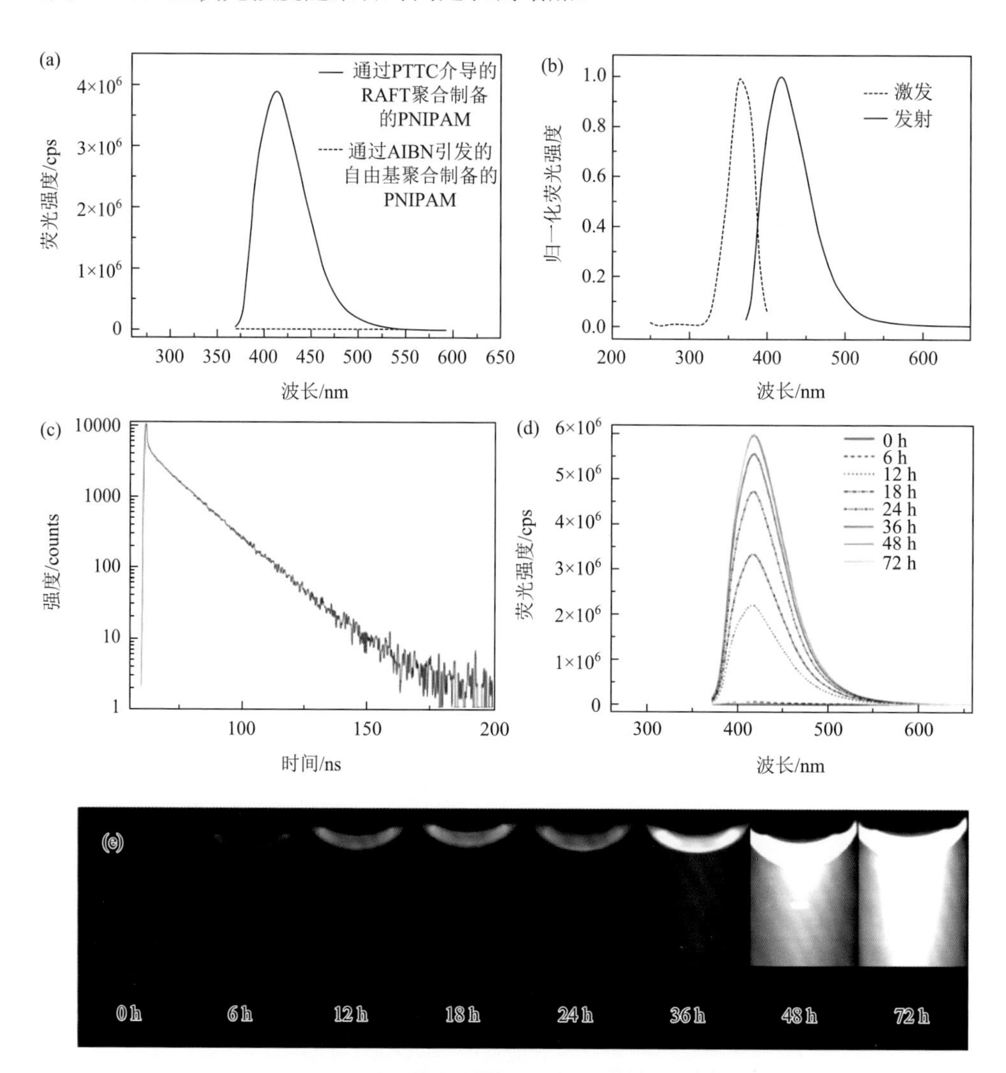

图 5-11 （a）由 PTTC 引发的 RAFT 聚合制备的 PNIPAM 的发射光谱和常规的 AIBN 引发的自由基聚合制备的 PNIPAM 的发射光谱；（b）PTTC 引发的 RAFT 聚合制备的 PNIPAM 的发射光谱和激发光谱；（c）PNIPAM 的时间分辨荧光光谱；（d）在不同聚合时间下 PNIPAM 的发射光谱；（e）PNIPAM 在毛细管中不同聚合时间的荧光图像[85]

含苯环的非共轭荧光聚合物中，苯环之间的空间共轭 π-π 相互作用及杂原子与苯环之间的 n/π-π 相互作用引起轨道分裂和能隙减小是簇聚发光的主要原因。此外，一定程度的聚合度或聚集态是促进空间共轭相互作用的必要条件。因此，可以通过调整聚合物的结构，改变聚合物的聚合度及拓扑结构来调节非典型团簇荧光剂的发光。

2. 不含苯环的非共轭团簇荧光剂

空间电子之间的相互作用，如 O⋯O、N⋯N、N⋯C═O、O⋯C═O 和 C═O⋯C═O，是推动簇形成和荧光发射的关键动力。在各类氨基酸中，简单的官能团如 C═O、C—O、C—N 等都展示出固有的荧光，这一现象起因于分子间和分子内的空间共轭作用。因此，许多常见的含有 N、O、S、P 等杂原子的非共轭小分子也可能具有团簇发光。如图 5-12（a）所示，化合物 **2** 是一种简单的脂肪族肟，其中 C═N—O 部分是唯一的价键共轭单元[86]。然而，化合物 **2** 的乙醇溶液在 450 nm 有亮蓝色发射，发射强度为随着浓度增加而增强。同时，化合物 **2** 的激发光谱（虚线）与 PL 光谱（实线）几乎对称。如图 5-12（b）所示，化合物 **3** 和化合物 **4** 也具有簇聚诱导发光特性[87]。由于额外的双键增强了价键共轭，化合物 **3** 产生比化合物 **4** 更红、更强的团簇发光。在化合物 **2**～化合物 **4** 中都存在双键，即 C═C、C═O 或 C═N 键，这些基团在产生簇聚诱导发光中起着重要作用。

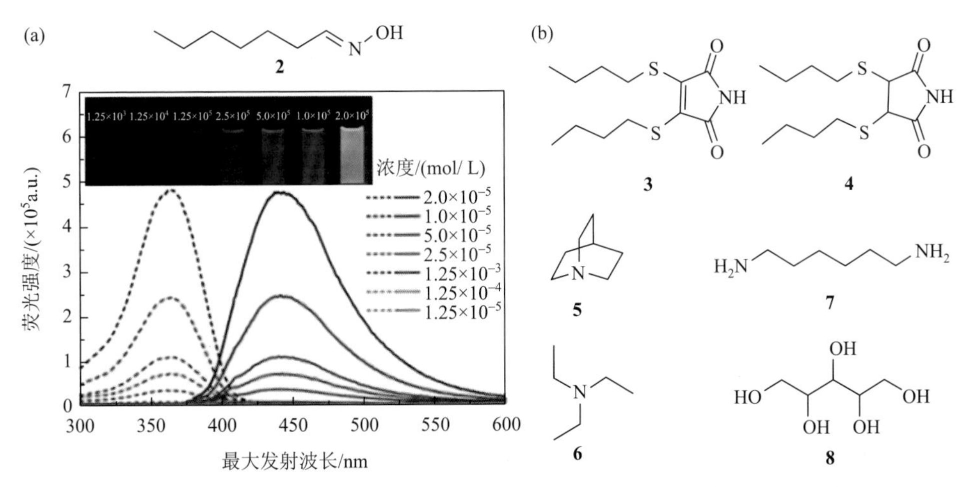

图 5-12　（a）化合物 2 的化学结构及发射光谱[86]；（b）具有本征发光的小分子脂肪族胺化合物 3～7 及木糖醇 8 的化学结构[87-91]

值得注意的是，早在 1970 年，Halpern[88]就在叔胺衍生物 **5**［图 5-12（b）］中意外发现了荧光发射，在 250 nm 的激发波长下观察到最大发射波长为 310 nm 的宽峰。他们认为，分子中弱的 V→N 跃迁（其中 N 为基态，V 为 n

轨道上被激发到 σ*轨道的一个电子）是产生本征荧光的原因。到了 2009 年，Chu 和 Imae 发现聚合物 PAMAM 在三乙胺 **6** 中发射蓝色荧光[89]。他们认为蓝色荧光是由于 O_2 和三乙胺形成激基复合物的结果。除了三乙胺之外，在脂肪族伯胺 **7** 中也可以观察到蓝色荧光[90]。己二胺 **7** 中的氢键相互作用诱导了自身缔合和空间电子效应从而引发蓝色发射。除了这些基于氮的体系，基于氧的纯 n 电子体系可以发射固有荧光。例如，在木糖醇 **8** 中观察到最大发射波长 360 nm 的荧光和磷光[91]。

氢键相互作用是实现簇聚诱导发光的一种重要机理。聚丙烯酰胺和聚（羟基氨基甲酸酯）就是两种典型的氢键诱导形成的羰基团簇聚集导致荧光发射的聚合物。例如，具有酰胺侧基的聚（*N*-异丙基丙烯酰胺）（PNIPAM）和聚（*N*-叔丁基丙烯酰胺）（PNtBA）可以发射较强的蓝色荧光，其荧光量子产率分别为 7%和 24%[92]。酰胺是蛋白质中的常见结构，可以形成强氢键。通过实验证明，强氢键导致的酰胺与酰胺之间的相互作用是发光的原因［图 5-13（a)］。张兴宏等[93]发现聚（羟基聚氨酯）（PHU）在固体和溶液中都发射强烈的蓝色荧光且具有激发波长依赖性，而小分子羟基氨基甲酸酯化合物几乎没有发光。结果表明，PHU 的荧光强度受玻璃化转变温度、分子量、不良溶剂和温度的影响。荧光灯强度随溶液中分子量的增加呈指数级增加，表明聚合反应可以大大增强羰基相互作用。当 PHU 侧链上的羟基被保护后，荧光强度降低，证明氢键缩短了羰基之间的距离，并诱导了氧原子和羰基之间 n-π*跃迁［图 5-13（b)］。之后，袁望章研究组进一步证实，即使是不含羟基的非芳香族聚氨酯也可以发射荧光[94]。

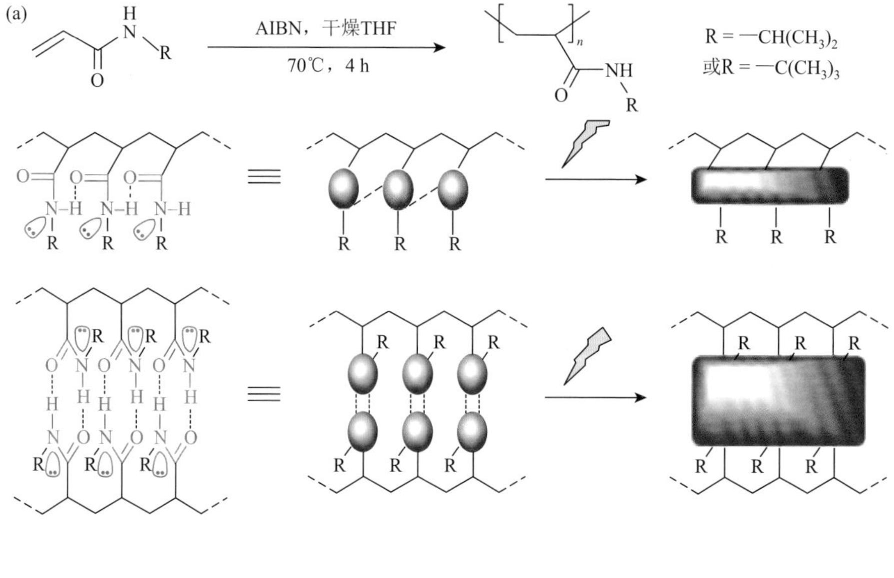

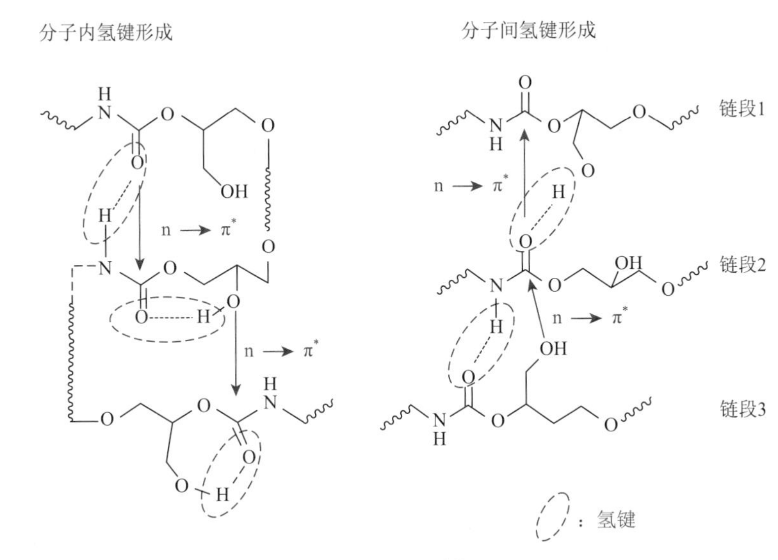

图 5-13　（a）PNIPAM 和 PNtBA 合成反应及发光机理[92]；（b）PHU 的化学结构和发光机理[93]

海藻酸钠（SA）是一种天然阴离子多糖，具有荧光和室温磷光（RTP）特性。如图 5-14 所示，大量的分子内/分子间氢键使 SA 链聚集在一起形成簇，形成“簇聚生色团”[95]。在稀溶液中，由于 SA 链阴离子之间互相排斥，因此几乎不发光。在聚集状态时，聚合物链彼此接近，使氧原子和羰基聚集形成簇。簇的形成使 n 电子和 π 电子之间距离缩短产生了 O⋯O、C═O⋯C═O、H⋯O⋯C═O 的电子

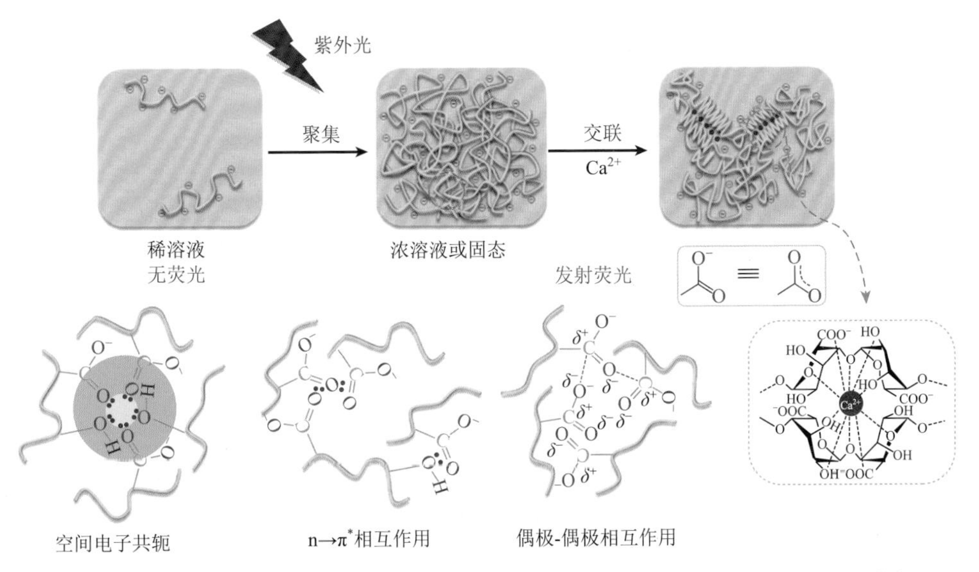

图 5-14　SA 的簇聚诱导发光过程，以及 SA 簇中可能存在的各种电子相互作用[95]

相互作用，从而增强了空间电子共轭，同时增强构象的刚性。分子内氢键和分子间氢键的形成一方面使分子构象刚硬化，另一方面促进相邻的 n 电子和 π^* 轨道之间的空间共轭作用形成，最后这些簇聚生色团受光激发产生荧光。由于固态促进系间窜越（ISC）和增强构象刚性，在 SA 链中除了荧光发射外，还观察到磷光。此外，观察到聚氨基酸[96, 97]、尼龙[98]、合成多糖[99]和聚脲[100]也通过形成氢键产生簇聚诱导发光。在这些非共轭荧光聚合物系统中，氢键的形成可以有效促进团簇的形成和增加构象刚性，这也是实现团簇发光的另一种关键机理。

只含有 n 电子的聚合物也可以通过聚合反应产生荧光。例如，聚乙烯乙二醇（PEG）的—CH_2—O—CH_2—链在紫外光照射下发射蓝色荧光[101]。进一步研究发现，氧原子的电子云重叠形成的氧簇是造成发光的原因［图 5-15（a）］[102]。此外，脂肪族超支化聚醚[103]［图 5-15（b）］和低聚硅氧烷[104]［图 5-15（c）］的发光也与浓度相关，表明簇聚诱导发光并不仅限于带有 π 电子的聚合物，仅含有 n 电子的聚合物也能实现团簇发光。

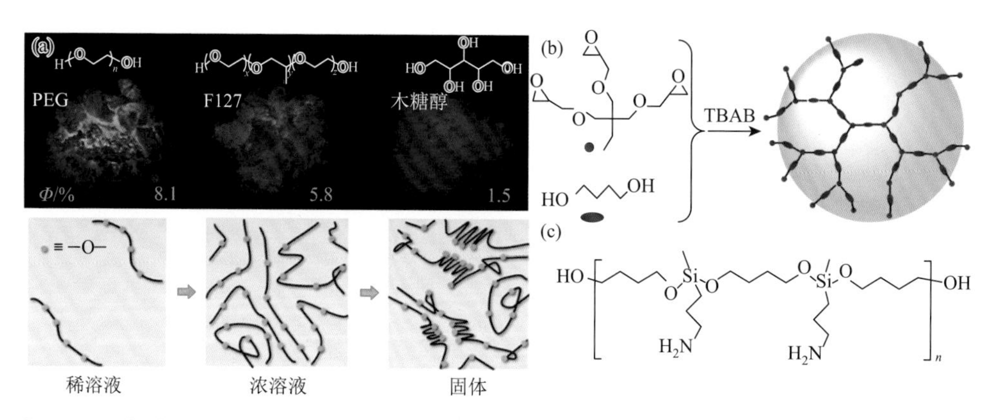

图 5-15　（a）上一行为 PEG、PEO-PPO-PEO 三嵌段共聚物和木糖醇的化学结构，以及它们在 312 nm 紫外线下的固体粉末照片，下一行为簇聚诱导发光形成示意图[102]；（b）脂肪族超支化聚醚的合成路线及其性质的示意图[103]；（c）低聚硅氧烷的化学结构[104]

非共轭发光聚合物发出荧光的条件是富电子基团的聚集与运动受限，导致簇和电子离域的形成。化学上，簇的传统定义为键合的原子或分子的整体，其大小介于分子和本体固体之间[105]。而在光物理领域，簇是指聚集体或聚合物中官能团的组装。它是非共轭荧光聚合物 NCLP 中离域 n 电子或者 π 电子聚集的基本发射单元，也是一种具有多分散性特性的荧光发射的最小单元。与 AIE 分子相比，这些非共轭聚合物的发光是由于分子内运动限制得到增强。对于簇的研究，许多问题尚未研究透彻。例如，不发光单体在聚合反应过程中如何形成发光簇，以及簇的结构、簇的尺寸大小和聚合物聚集体中簇分布情况。

5.3.2　金属团簇发光化合物

除了纯有机团簇发光化合物以外，金属簇发光化合物也有报道。2012 年，新加坡国立大学谢建平课题组使用 $HAuCl_4$ 和还原的 L-谷胱甘肽（GSH 中提取）合成了具有 AIE 效应的低聚一价 Au(Ⅰ)-硫醇盐配合物[106]。GSH 包含羧基、胺基、酰胺基和硫醇基。如图 5-16（a）所示，Au(Ⅰ)-硫醇盐配合物在水溶液中不发光，但加入乙醇会聚集然后发射明亮的荧光，其颜色逐渐从红色变为橙色。Au(Ⅰ)-硫醇盐配合物的光物理性质与线形和树枝状聚合物的簇生色团类似，也表现出簇聚诱导发光（CTE）效应。Au(0)@Au(Ⅰ)-硫醇盐纳米簇（NCs）是通过不同的反应条件，由合成 Au(Ⅰ)-硫醇盐配合物相同的反应物获得。Au-硫醇盐纳米簇无论是在溶液中还是固态都发射强烈的橙色荧光，表明它们在溶液状态下就可能已经聚集了。Konishi 等[107]确定了一种金纳米管{$[Au_8(dppp)_4L_2]X_2$}的荧光-磷光转换过程。这些 Au_8 纳米簇在溶液状态的最大发射波长为 600 nm，在固态下检测到位于 700 nm 处的磷光，如图 5-16（b）所示。其他金属的纳米簇，如银纳米簇和铜纳米簇也显示出聚集诱导的荧光增强现象[108-114]，已用于下转换白色发光设备的制作。这些研究为金属团簇发光材料的开发与应用提供了新视角和更多可能性。

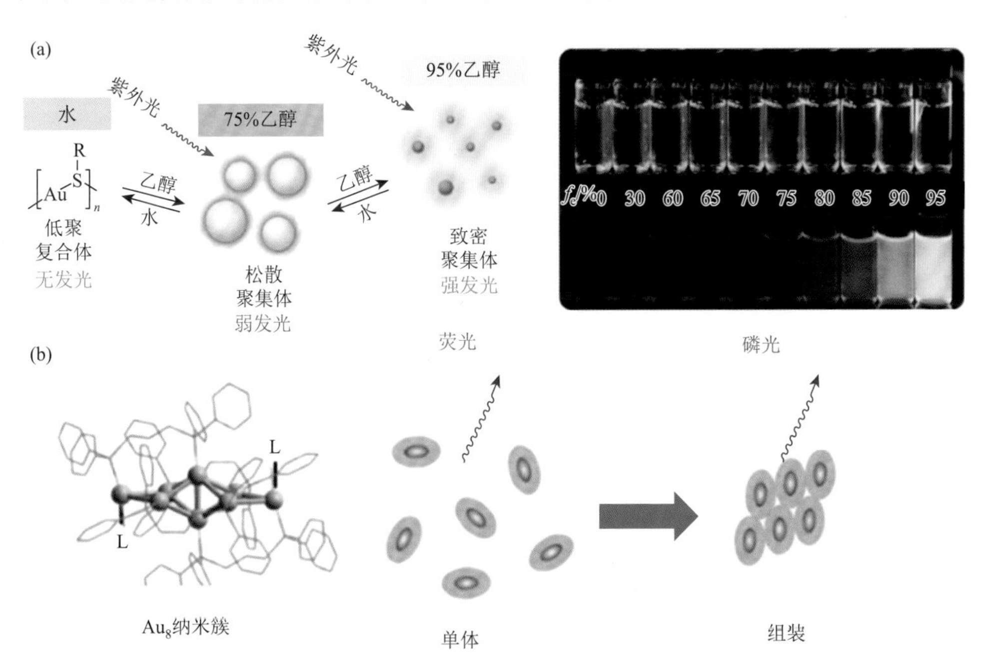

图 5-16　（a）Au(Ⅰ)-硫醇盐配合物的溶液诱导 AIE 特性示意图，以及乙醇/水混合溶剂中 Au(Ⅰ)-硫醇盐配合在可见光（上排）和紫外线（下排）的发光图像[106]；（b）Au_8 纳米簇由单体在聚集状态自组装发射荧光和磷光的示意图[107]

5.3.3 簇聚诱导发光机理的相关研究

从有机团簇发光化合物的研究中，归纳出影响有机团簇发光化合物的发光强度基本特征有：①浓度；②聚合度；③分子量；④激发波长。如图 5-17（a）所示，第四代（G4）PAMAM 树状聚合物与第二代（G2）聚合物相比表现出红移及增强发射[115]。这是因为较低代的 PAMAM 树状聚合物具有“开放”构型，而较高代的聚合物结构拥挤，这从侧面支持了分子构象刚硬化在团簇化合物的发光机理中起到重要作用。通过改变聚合物分子量研究团簇发光化合物的发光强度也是类似。较长聚合物链的强力纠缠抑制了酸酐和吡咯烷酮基团的聚集并阻碍了大尺寸簇的形成。因此，随着聚合物分子量的减小，酸酐和吡咯烷酮基团的聚集将会增强从而增加簇的尺寸。如图 5-17（b）所示，表明 PMVP 的 DMSO 溶液的 PL 光谱随着分子量的减小发生了红移（从 440 nm 到 540 nm）并且与荧光增强[116]。2015 年，朱新远等[117]报道了用不同波长的光激发线形和超支化的 PAMAM 的多色荧光发射［图 5-17（c）］。他们假设不同的发射曲线是由这些聚合物中不同种类的簇引起的。朱新远等[117]进一步模拟 PAMAM 的电子云分布来证明空间共轭的存在［图 5-17（e）］，不同尺寸的簇在不同共轭程度下的空间共轭作用，是激发波长依赖效应的来源。

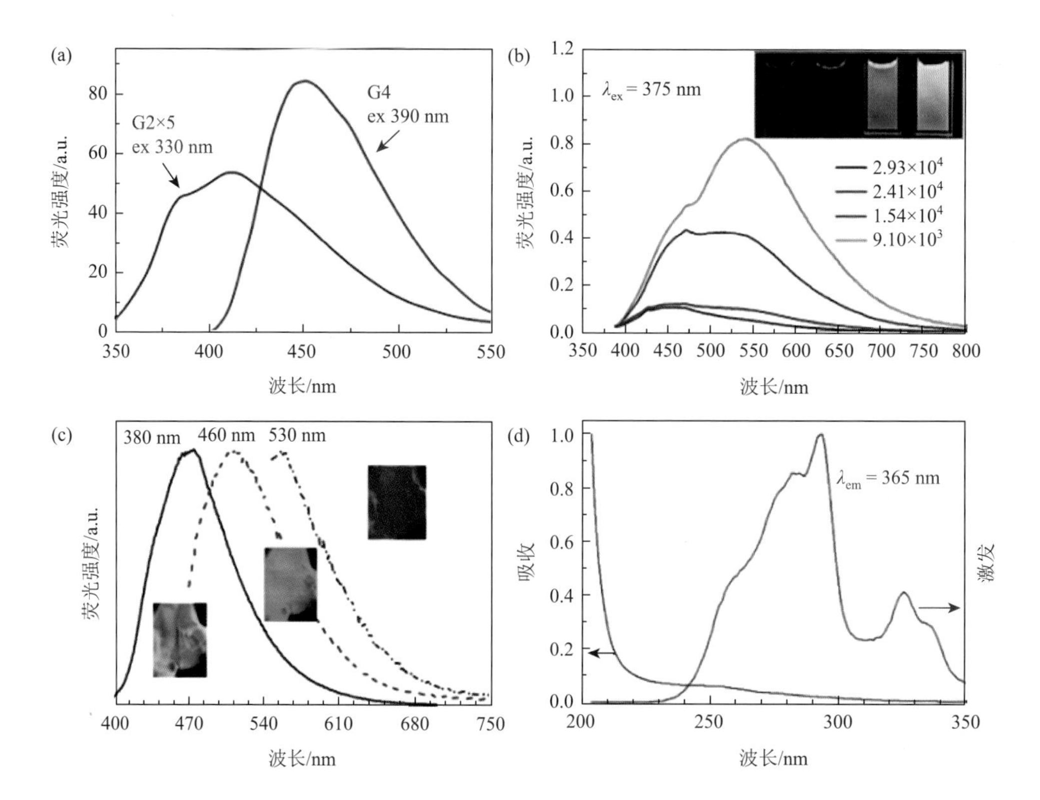

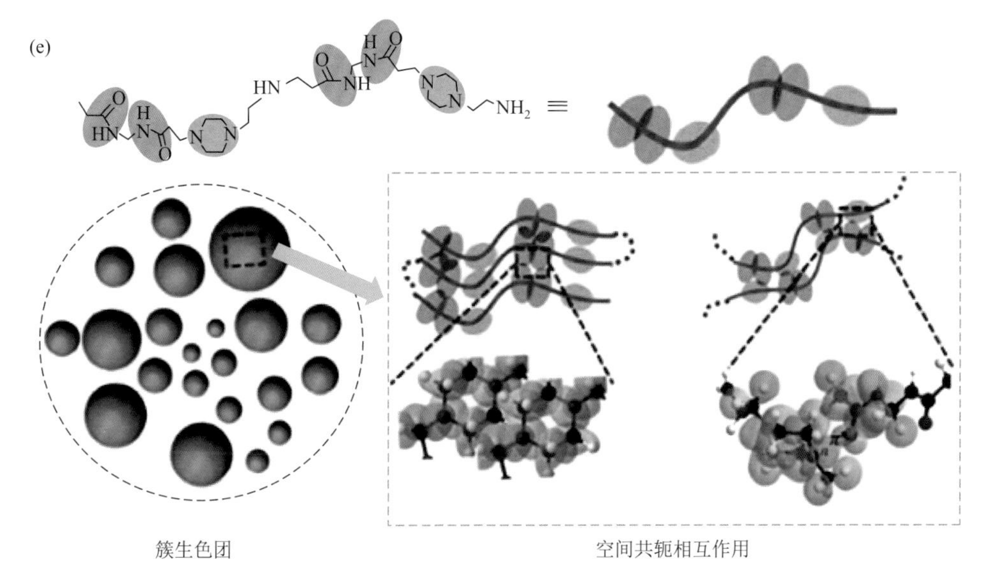

图 5-17 （a）pH = 2 的水溶液中 G2 和 G4 氨基端基的 PAMAM 的 PL 光谱[115]；（b）不同分子量的 PMVP 在 DMSO 溶液（浓度为 10^{-3} g/mL）中的 PL 光谱[116]；（c）不同激发波长下拍摄的线形 PAMAM 的 PL 光谱和固体薄膜的相应照片[117]；（d）PEG 3350 在水溶液中的吸收和激发光谱[119]；（e）PAMAM 的簇生色团形成空间共轭相互作用示意图[117]

一般，聚合度较高的树枝状聚合物及分子量更大的高分子可以产生尺寸更大的簇。罗尔德 • 霍夫曼（Roald Hoffmann）在 1971 年研究了空间共轭相互作用和键合轨道相互作用[118]，并指出基态禁阻与 TSC 诱导的转换关系。这就是 TSC 物种在吸收光谱中因为强度极低而不易被发现的原因。但是，荧光分光光度检测器的灵敏度要比吸收光谱高 2～4 个数量级，因此 TSC 信号在激发光谱中可检测到。吸收光谱和激发光谱之间的差异可能是由于另一种可能的机理：基态中没有 TSC，但较长波长的入射光将使分子部分极化而不是激发（类似于光镊效应），然后极化的分子彼此靠近，诱导形成 TSC[119]。

最近，唐本忠教授的研究团队在深入研究后发现，大多数团簇发光化合物的激发光谱相对于吸收光谱会发生红移[119]。如图 5-17(d)所示，聚乙二醇（PEG 3350）在 300 nm 以上的吸收非常弱，然而在 330 nm 的激发下却能够发射明显的荧光。为了弄清楚这一现象，研究人员对低聚（马来酸酐）（OMAh）和聚[(马来酸酐)-*alt*-(2, 4, 4-三甲基-1-戊烯)]（PMP）的发光进行了研究（图 5-18）[120]。实验结果表明，PMP 在溶液和固态下几乎不发射荧光。相反，在 365 nm 的紫外光照射下，分子量约为 1000 的 OMAh 在溶液和粉末状态下分别发射出蓝色和黄色的荧光。理论计算表明，相较于 PMP，OMAh 相邻的两个琥珀酸酐基团之间较短的距离增强了低聚物的聚合物链的结构刚性以及链间/链内相互作用，同时还存在 C═O 基团碳中心的正极化与 C═O 及—O—基团负极化之间的偶极相互作用。最终，O═C···O═C 之间的距离缩短至 2.84 Å。这种静电相互作用可以引起空间共轭电子离域[117]。值得注意的是，n-π^*相互作用可能诱导形成较窄的带隙，其中 n 电子来自氧原子，π^*来自 C═O 双键[121, 122]。这种静电相互作用和 n-π^*相互作用统称为空间共轭（TSC）。在 PMP 中，2, 4, 4-三甲基-1-戊烯分支将相邻的琥珀酸酐基团分开，从而抑制了它们的空间共轭。PMP 的优化构型显示，O═C 与 O═C 之间的距离大于 5 Å，因此无法形成空间共轭，这也是 PMP 在溶液态和聚集态下不发光的原因。

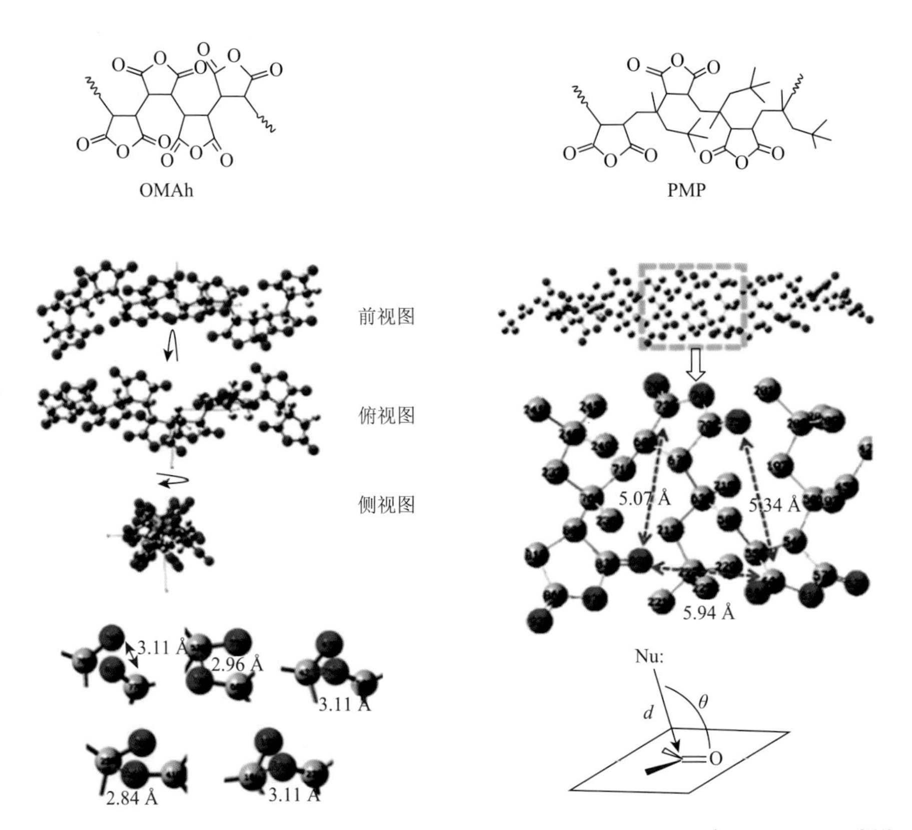

图 5-18　OMAh 和 PMP 的优化构型，OMAh 中羰基相互作用和 n-π^*相互作用模型[120]

McGonigal 等[123]对四个苯环分子的几何优化表明，Ph_7C_7H 在激发态容易构象重组形成 TSC［图 5-19（a）和（b）］。随着 DMF 溶液中水的增加，团簇发光化合物开始聚集，发射能量类似于在晶体样品中观察到的松弛的苯基二聚体状态，随后诱导 TSC 形成从而发射荧光。然而仅在 Ph_5C_5H 中观察到了较弱的 TSC，在 Ph_3C_3H 或 Ph_6C_6 的激发态结构中没有观察到这种跨环相互作用。因此 McGonigal

等提出，在稀释的高黏度溶液中，团簇荧光剂是彼此分离的，在聚集状态时芳环的分子运动受到限制，导致形成 TSC 从而诱导荧光发射。尽管簇中的分子内运动受到限制，但是紧密的分子间堆积可以导致分子间 TSC，从而产生 CTE 和 AIE 效应。例如，*s*-TPE-TM 和 *s*-TPE 体系也同样可以这样解释［图 5-19（c）和（d）］[75]。在 *s*-TPE 中，基态（GS）的 HOMO-LUMO 能隙为 5.918 eV，与苯类似。但是，其在激发态中的构象经过重新排列将两个相邻的苯环置于面对面的分子内二聚体中，形成强 TSC，使能隙减小至 3.439 eV。由于 *s*-TPE-TM 中 12 个位阻较大的甲基阻碍了部分 TSC，因此激发后能隙从基态的 5.602 eV 减小至激发态的 4.964 eV。

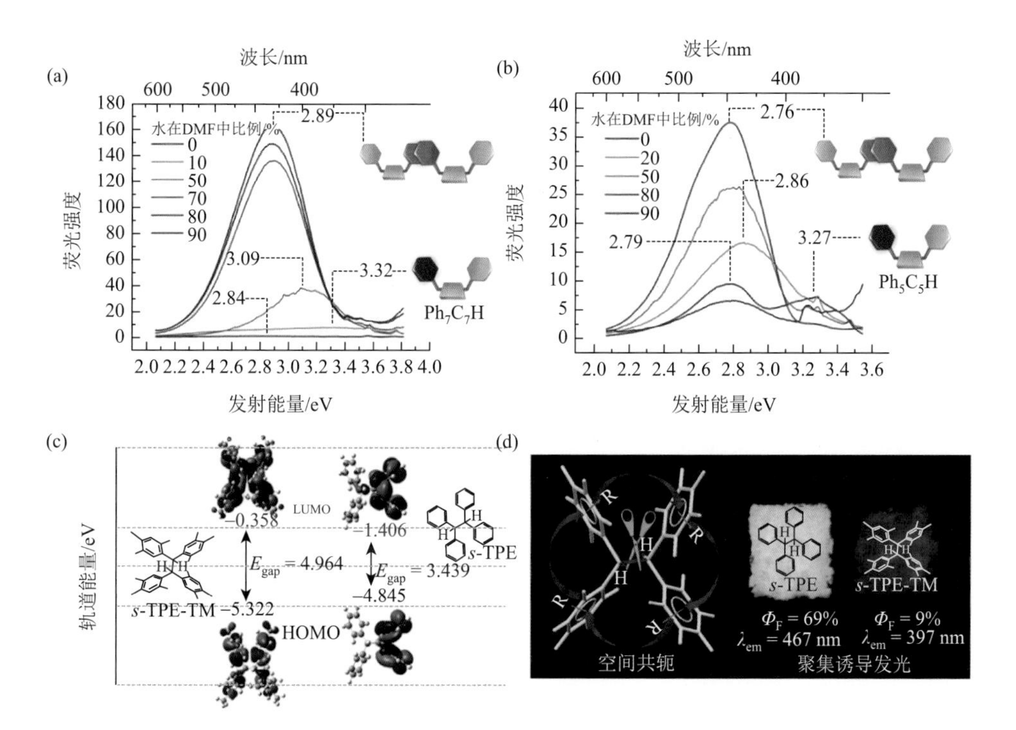

图 5-19　H_2O/DMF 混合溶剂中 Ph_7C_7H（a）和 Ph_5C_5H（b）悬浮液的稳态光致发光光谱，（b）中高于 3.20 eV 的小尖峰对应于溶剂的拉曼散射[113]；（c）激发态下 *s*-TPE-TM 和 *s*-TPE 的能级电子云分布图；（d）*s*-TPE 和 *s*-TPE-TM 的发光量子效率和 AIE 效应及空间共轭相互作用示意图[75]

金属簇发光化合物的发光机理与纯有机团簇发光剂有所不同。2017 年，徐建华等[124]报道了金属银纳米簇（Ag NCs）的发光。如图 5-20（a）所示，Ag 与聚[(甲基乙烯基醚)-*alt*-(马来酸)]（PMVEM）配体的水溶液可以发出微弱的荧光。经过机理研究发现，PMVEM-Ag 复合物的荧光来源于 PMVEM 中 n-π^*相互作用诱导的 TSC，而与其中的金属银无关。将 PMVEM 配体更改为聚甲基丙烯酸（PMAA）

配体，银纳米簇的溶液不发光，这可能是由与近端羰基相连的甲基的空间位阻增大导致的。进一步加入 DMSO 这一不良溶剂后，银纳米簇逐渐形成并开始发射磷光，这可能是由于 DMSO 破坏了 PMVEM 的氢键相互作用。而在聚集状态，银核被屏蔽的羧酸酯配体所包裹。研究还指出，刚性的银纳米簇增强了相邻羰基间的 π-π^*跃迁，进而导致磷光发射。然而目前还不清楚配体-金属电荷转移（LMCT）、金属-配体电荷转移（MLCT）或表面等离振子共振是否也促进了磷光的产生。

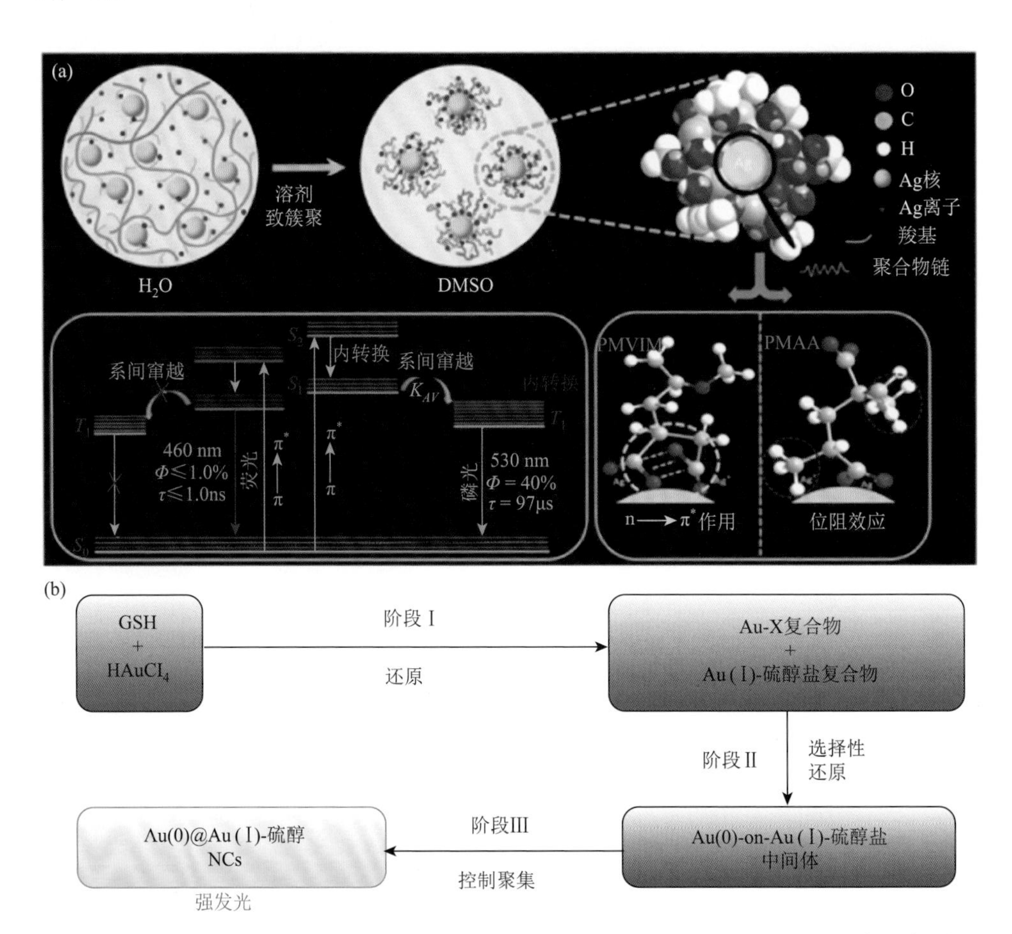

图 5-20 （a）溶剂诱导 Ag NCs 形成过程示意图，Ag NCs 水溶液与 DMSO 溶液中的能级结构[124]；（b）Au(0)@Au(Ⅰ)-硫醇盐 NCs 的合成示意图[116]

新加坡国立大学谢建平课题组报道的金纳米簇（Au NCs）与银纳米簇使用了相同的谷胱甘肽（GSH）配体，因此它们的发光机理可能相似[125-127]。他们设计了一种通过调节硫醇盐与金的比例来制备发光金纳米管的方法[图 5-20（b）][116]。

常规金硫醇盐纳米簇的硫醇盐/金比较低导致金属核较大而表面的 Au(Ⅰ)-硫醇盐层较薄。通过增加硫醇盐/金比，低聚 Au(Ⅰ)-硫醇盐表面与金属核的比率也有所改善，并且金属核的尺寸小于常规的金-硫醇盐纳米簇。最后，实现了 Au(0)@Au(Ⅰ)-硫醇纳米簇的发光。这一发现表明，与金属核相比，金硫醇盐纳米簇的表面结构对荧光发射的贡献更为显著，为金属纳米簇的荧光调控提供了新的视角和研究方向。

综上所述，我们可以对簇聚诱导发光的机理有更为深入的理解。如图 5-21 所示，从孤立状态到交联，再到形成簇的过程中，激发态 S_n/T_n 与基态 S_0 之间的能隙（E）随着发光的红移而减小[128-130]。同时，团簇发光化合物的能隙随着尺寸的增加而减小（金属团簇除外，其荧光发射随分子量 M_w 的增加而蓝移）。值得注意的是，团簇发光化合物中最小的单元可以是 n 或 π 电子。团簇发光化合物中的“生色团”是基于空间共轭（TSC）构建的，包括 n-σ*、n-π*、π-π*、氢键和其他弱相互作用[131-133]。分子间/分子内的 TSC 作用使激发态与基态之间能隙减小，从而导致了团簇发光。除了疏水作用和结构纠缠外，偶极或瞬态偶极产生的分子间/分子内静电相互作用是产生团簇发光的另一驱动力。因此，簇聚诱导发光机理可分为两个部分：一是簇的形成；二是 TSC 诱导的团簇发光。此外，团簇发光化合物生色团间的电子相互作用也有助于增强分子构象的刚性，进而促进发光。簇聚诱导发光机理的提出不仅统一了不含共轭生色团的天然产物和非典型体系的发光原因，也揭示了其中的光物理过程，为设计和开发新型非典型发光化合物提供了思路。

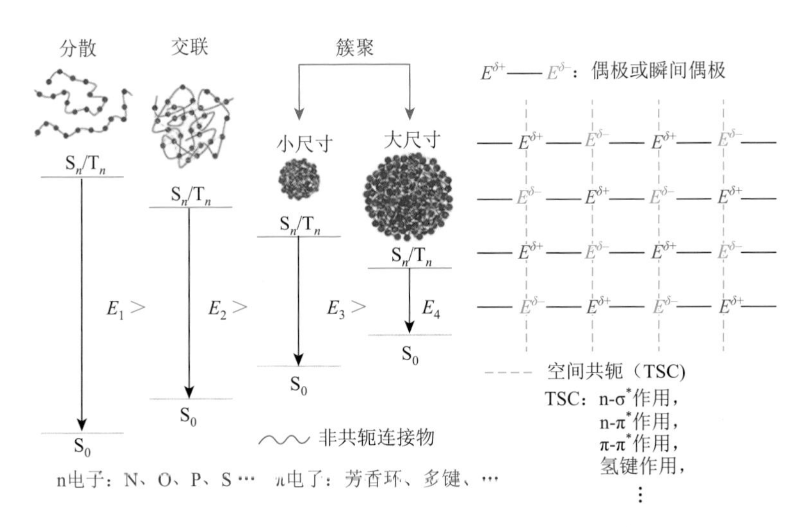

图 5-21　簇的形成过程及簇聚诱导发光机理示意图

5.4 刺激响应型 AIE 体系的调控机理

固态分子的发光行为主要由分子排列、构象及分子间相互作用共同决定。分子排列方式和构象的改变都将影响 HOMO-LUMO 的能级变化并进一步改变发光行为。因此，控制分子的堆积方式以实现在不同固态发光行为之间的高效和可逆切换，在基础研究和实际应用领域都有着极其重要的价值。然而，目前关于依赖于分子堆积方式变化以实现不同发光行为的固态研究还相对较少，这可能是由以下两个主要问题所致：首先，设计出具有多种堆积方式的材料仍具有挑战性；其次，由于聚集诱导荧光猝灭效应，有机发光材料在固态时常常显示出较低的发光效率，这使得在固态下实现基于分子堆积方式变化的不同发光行为变得更加困难[134]。

2001 年，“聚集诱导发光”概念的提出为固态刺激响应发光材料带来了新的发展机遇。AIE 分子通常呈现扭曲构象，相比传统平面构型的发光分子，拥有更加松散的堆积方式。因此，一些 AIE 分子在经受机械力、加热、光照等形式的外部刺激后，能在不同的分子形态之间转换，从而表现出两种不同的发光状态（如发光强度或波长的变化）[135-137]。迄今，已经开发出许多刺激响应 AIE 分子，并且已经推断出几种可能的机理，如激基缔合物的形成、相结构转变、J 聚集或 H 聚集及分子内共面等。本节将深入探讨几种常见的刺激响应 AIE 体系的调节机理，为相关领域提供理论基础和应用指导。

5.4.1 分子间相互作用对刺激响应 AIE 体系的影响

1. 聚集形式的转变

含氰基的对称二苯基乙烯衍生物在固态通常展现出显著的荧光增强现象，这一现象被称为聚集诱导增强发光（AIEE）。其中，含氰基的对称二苯基乙烯衍生物 DBDCS（图 5-22）的单晶在紫外光照射下能够发出绿光，这归因于 DBDCS 晶体采用 G 相排列[138]。但是，当加热到 125℃时，晶体从 G 相变为 B 相，此时晶体的外观从透明变为不透明，而且荧光从绿色变为蓝色。G 相单晶结构表明，DBDCS 在多个 C—H⋯N 和 C—H⋯O 键及适当长度的烷基取代基协助下形成了平面“分子片”结构。研究表明，G 相晶体中的“分子片”沿分子长轴逐层排列，其驱动力可能来源于相邻分子片中局部偶极子之间的反平行作用力。由于带有丁氧基取代基的外部苯环富电子，而带有氰基的中心苯环缺电子，因此 DBDCS 是一个包含两个局部偶极子的 D-A-D（电子给体-电子受体-电子给体）分子。反平行偶极耦合将上层分子片中心的“A”（电子受体）环置于下层板的“D”（电子给体）环上方，从而实现了 DBDCS 分子之间有效的激子耦合。

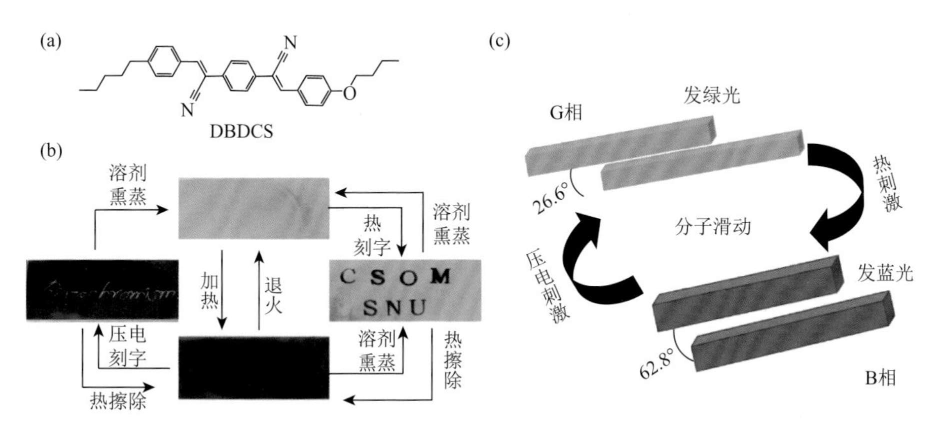

图 5-22　（a）DBDCS 的分子结构式；（b）紫外光照射下 DBDCS/PMMA 薄膜在不同刺激下的循环图；（c）DBDCS“分子片”在两种不同发光状态下的堆叠方式[138]

G 相到 B 相的热退火过程也伴随着分子堆积方式的改变。尽管无法通过 X 射线单晶分析确定 B 相的晶体结构，但 B 相的小角度 X 射线散射测试显示了两个特征性散射峰，表明分子片主要滑动方向已沿 DBDCS 分子短轴变化，有效错开芳环并形成局部偶极子的头尾耦合。当对蓝色 B 相粉末施加机械力如研磨或刮擦时，荧光颜色立即变为绿色，这一力致发光转变与退火过程相反，推测也是由堆积方式的改变驱动的。然而，研磨后的绿色荧光粉末在经过完全退火处理后，小角度 X 射线散射测试表明其恢复到初始的未研磨状态，证实了原始和重新退火的粉末拥有相同的蓝色发光特性。

另外，G 相晶体的吸收光谱中观察到 H 聚集行为。在 G 相中相邻分子沿短轴的小位移导致 π 体系的大量重叠，从而引起相当大的激发态离域。这使得发色团之间可以进行有效的振动耦合，最终形成发射波长的红移和类似于激基缔合物的没有振动精细结构的发射。热处理后，通过“分子片”滑移，亚稳态 G 相转变为热力学稳定的 B 相。与 G 相相比，B 相吸收光谱和发射光谱都表现出明显不同的耦合情况。在 B 相中，激基缔合物的形成减少，而激子间相互作用则大大增加。通过结构、光化学、光物理和计算研究，确定了两种不同的发光状态对应两种不同的分子堆积方式。发绿光的 G 相晶体中的“分子片”沿分子长轴逐层排列。在退火后，“分子片”平滑滑动形成“分子片”沿着分子短轴排列发蓝光的 B 相。

聚集形式转变机理的另一个典型例子就是两种蒽衍生物 BP2VA[139]。这类衍生物展示了一种非常规的发光特性：对粉末研磨或施加外部压力可以使光致发光颜色从绿色转变为红色。原始的 BP2VA 粉末呈现强烈的绿色荧光（$\lambda_{max} = 528$ nm）。随着外部压力从 0 GPa 增加至 8 GPa，BP2VA 粉末的发射波长发生红移，先是变为黄色（$\lambda_{max} = 561$ nm），最终转为红色（$\lambda_{max} = 652$ nm）。当温度升高至 160℃时，研磨过的粉末又恢复到初始的绿光状态（λ_{max} = 528 nm）。这种通过研磨和加热实现的发光颜色的转变是完全可逆的，揭示了 BP2VA 粉末具有显著的刺激响应特性。

单晶分析进一步揭示了分子聚集状态与发光特性之间的密切关系。如图 5-23 所示，BP2VA 在不同发光状态下对应着三种不同的分子堆积状态：C1（λ_{max} = 528 nm），C2（λ_{max} = 561 nm），C3（λ_{max} = 652 nm）。在 C1 中分子沿着 y 轴形成 J 型堆积；在 C2 中分子沿着 x 轴形成 H 型堆积；而在 C3 中发现沿着 x 轴形成了具有紧密面对面堆积的二聚体。值得注意的是，从 C1 到 C3，相邻分子间蒽平面的重叠程度逐渐增加，如此强的 π-π 相互作用使得 C3 中分子间的能隙减少从而引起发射红移。发光的红移还可能与从 C1、C2 到 C3 相邻分子间的激子耦合和轨道重叠程度逐渐增加有关，这使得耦合发色团最低态的发射产生强烈红移。因此，C1、C2、C3 中不同的分子聚集形式导致了多种不同的发光状态，表明 BP2VA 在固态下具有三种甚至多种不同的聚集形式。

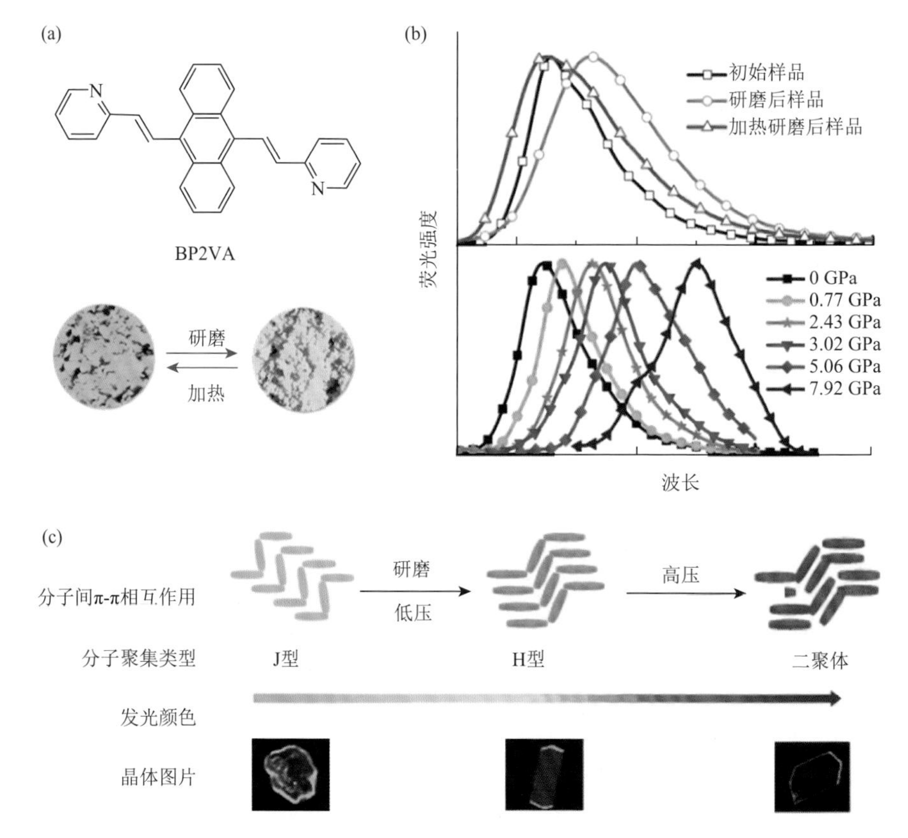

图 5-23　（a）BP2VA 的分子结构式；（b）不同刺激下 BP2VA 的光致发光谱图；（c）BP2VA 粉末中各种分子聚集态的堆积方式和相应的发光颜色[139]

为深入理解 BP2VA 粉末在研磨过程中发射红移的原因，通过粉末 X 射线衍射技术研究了其相特征，并与模拟得到的晶体数据进行了对比。BP2VA 粉末未研磨时的粉末 X 射线衍射图与从 C1 晶体数据中模拟得到的 X 射线衍射图非常吻合。这表明初始样品与 C1 晶体拥有相同的分子排列方式，都是沿分子长轴采取 J 型堆积，而且中央蒽平面没有强烈的 π-π 相互作用。虽然研磨后样品的一些可分辨峰与未研磨样品的可分辨峰一致，但强度变弱，说明最开始的聚集状态因研磨而发生改变。研磨后样品的发射（λ_{max} = 561 nm）与 C2 晶体的发射（λ_{max} = 579 nm）相似，与未研磨的样品相比，显示出红移的发射。这表明在研磨过程中样品可能会形成类似于 C2 分子堆积的 H 型聚集，尽管研磨后仍保留了部分初始聚集状态。通过压力-光致发光谱图、单晶结构、光物理和计算研究得出，在研磨或外部压力下，BP2VA 粉末中的分子聚集状态发生改变，相邻蒽平面之间的 π-π 相互作用逐渐增强，相邻分子之间的激子耦合和轨道重叠程度也不断增加，使得它们的发光从绿光变为红光。

2. 分子间作用

除聚集形式的转变外，刺激响应 AIE 体系还存在一些特殊的分子间作用，如荧光共振能量转移（FRET）、光诱导电子转移（PET）、分子间环加成反应（如 2 + 2、4 + 2）等。

在给体和受体的混合物中报道了基于荧光共振能量转移（FRET）机理的刺激响应 AIE 体系，其中磷脂衍生物用作给体，罗丹明 B 用作受体（图 5-24）[140]。有趣的是，在对薄膜进行研磨时，给体的发射被明显猝灭。同时，在研磨薄膜时，给体的荧光寿命缩短，表明存在非辐射能量转移过程。通过后续的热退火过程，给体的荧光得以恢复。受此启发，通过从给体向类似类型的受体转移能量，可以进一步增强磷脂体系的刺激响应发光行为。产生 FRET 时，给体、受体的距离可以达到 100 Å，但是，FRET 的效率高度依赖于给体与受体之间的距离，这使得这种分子间过程对于感知外部刺激非常有用。因此，在机械力的作用下，分子内构象和相分离的变化可能会减小给体与受体之间的距离，从而进一步提高能量转移过程的效率。粉末 X 射线衍射测试还表明在对薄膜进行研磨时给体的层状组织也受到干扰。因此，在进行机械研磨时，有效的激子迁移（给体-给体）和增加的能量传递（给体-受体）共同工作，从而增强了受体的橙色发射。另外，由于磷脂的柔性结构特征，热退火时可以为构象变化提供足够的能量，从而增加给体和受体的空间邻近性，阻碍有效的能量转移。因此，对于给体-受体体系，在外界刺激（和热退火）下产生的发射状态的改变（蓝光到橙光），提出了一种新的刺激响应机理，即荧光共振能量转移机理。

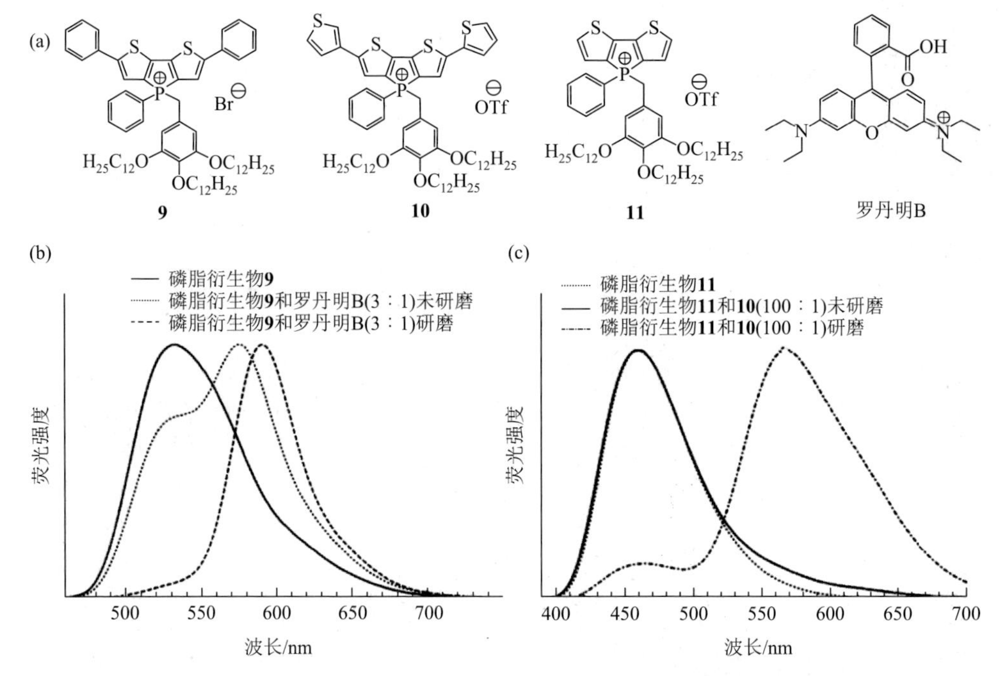

图 5-24 （a）磷脂衍生物及罗丹明 B 的分子结构式；（b）磷脂衍生物 9、磷脂衍生物 9（给体）和罗丹明 B（受体）构成的薄膜（3∶1）未研磨、磷脂衍生物 9（给体）和罗丹明 B（受体）构成的薄膜（3∶1）研磨后各自的光致发光谱图；（c）磷脂衍生物 11、磷脂衍生物 11（给体）和磷脂衍生物 10（受体）构成的薄膜（100∶1）未研磨、磷脂衍生物 11（给体）和磷脂衍生物 10（受体）构成的薄膜（100∶1）研磨后各自的光致发光谱图[140]

在给体-受体体系中，经常发生 PET 过程，引起光物理性能的改变[141]。电子给体 2, 5-二(*E*)-二苯乙烯基呋喃在溶液和晶体状态下均显示出强烈的蓝绿色荧光。*N*-烷基链取代的马来酰亚胺作为受体在 PET 过程可以猝灭给体的荧光。有趣的是，可以通过施加机械力来恢复该体系的荧光。实际上，将给体和受体的复合物（1∶1）放在基底上时，给体的荧光强度将被急剧猝灭，施加机械力后荧光又会恢复（图 5-25）[142]。

为了揭示机理，研究了给体和受体在固态下的发射光谱。给体的晶体在 468 nm 处有一个最大发射峰，肩峰在 500 nm 左右，当与受体形成 1∶1 配合物时，给体的发射消失。同时，一个新的、弱的、红移的电荷转移发射峰出现在 545 nm 处，肩峰在 587 nm 处，这与 PET 过程中的特性一致。因为在实验条件下受体不会反应并且受体没有发射性质，所以发射应该来自给体本身。复合物的荧光动力学测试和理论计算结果也支持了 PET 过程的存在。从单晶 X 射线衍射数据得出，在溶剂蒸发过程中形成了给体和受体的共晶。在外界压力下，亚稳态的给体-受体

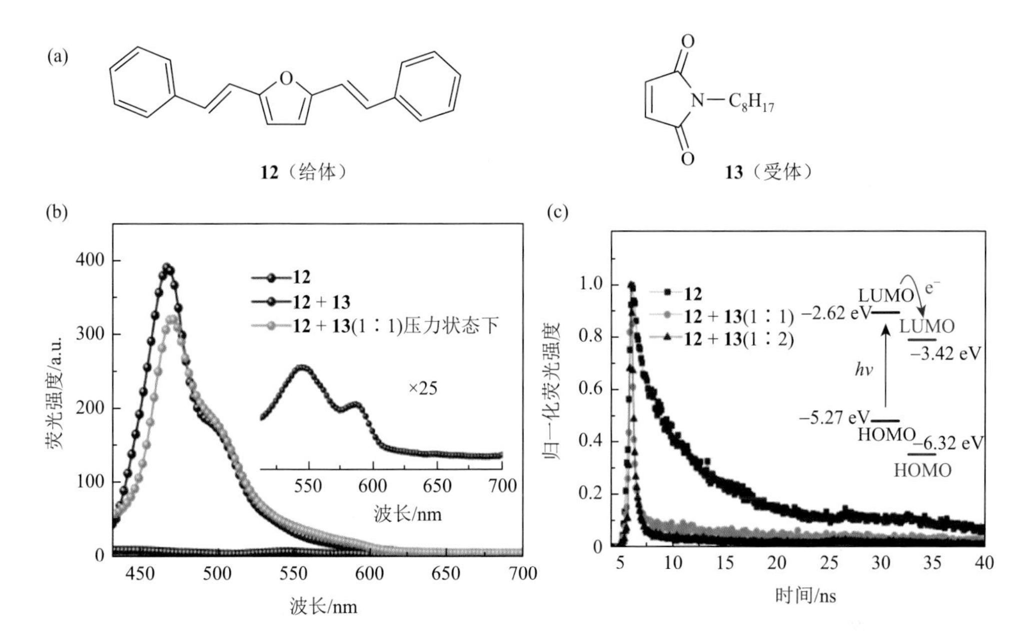

图 5-25 （a）12（给体）和 13（受体）的分子结构式；（b）化合物 12、12 和 13 的复合物（1∶1）、压力状态下 12 和 13 的复合物（1∶1）的光致发光谱图，小图表示将 12 和 13 的复合物（1∶1）的发光谱图放大 25 倍；（c）化合物 12、12 和 13 的复合物（1∶1）、12 和 13 的复合物（1∶2）的时间分辨光谱，小图表示 12 和 13 的能级[141, 142]

共晶体发生分解，然后发生相分离（受体的流动性促进了分离过程），给体再次结晶并发出强荧光。适当的共组装相互作用使给体-受体复合物保持在荧光猝灭的亚稳态；但在外界压力作用下，复合物发生相分离，此时给体较强的自组装效应使给体重新结晶，荧光恢复。通过这种策略，可以将刺激响应发光的概念从单个分子扩展到共结晶等复杂体系，并且可以通过改变给体分子而获得各种发光颜色。

除了分子间的光物理过程外，还有一些特殊的固态有机化学反应过程，如不对称氰基-二苯基乙烯衍生物[CN(*L*)-TrFMBE 和 CN(*R*)-TrFMBE]在剪切和紫外光刺激下通过可逆的[2 + 2]环加成反应形成荧光开关（图 5-26）[143]。这些化合物在晶体和溶液状态下几乎没有荧光。出乎意料的是，将这些没有荧光的晶体长时间暴露于紫外光下后会逐渐产生强烈的天蓝色荧光。从光学显微镜和 SEM 图来看，被照射晶体的颜色和表面形态会有明显变化。在紫外光照射后，晶体将变得不透明，从黄绿色变为灰白色，而且其光滑和透明的表面产生众多裂纹和裂缝。这表明，紫外光照射下的荧光增强可能是由晶体状态下的分子构象或堆积模式的改变引起的。而且，也可以通过较小的外部剪切力实现这一刺激响应现象。当用刮铲对最初没有荧光的晶体粉末[CN(*L*)-TrFMBE]进行刮擦时，它会立即变得具有强荧光性。为了了解导致这种异常行为的原因，对晶体进行了全面的结构分析和理论计算。

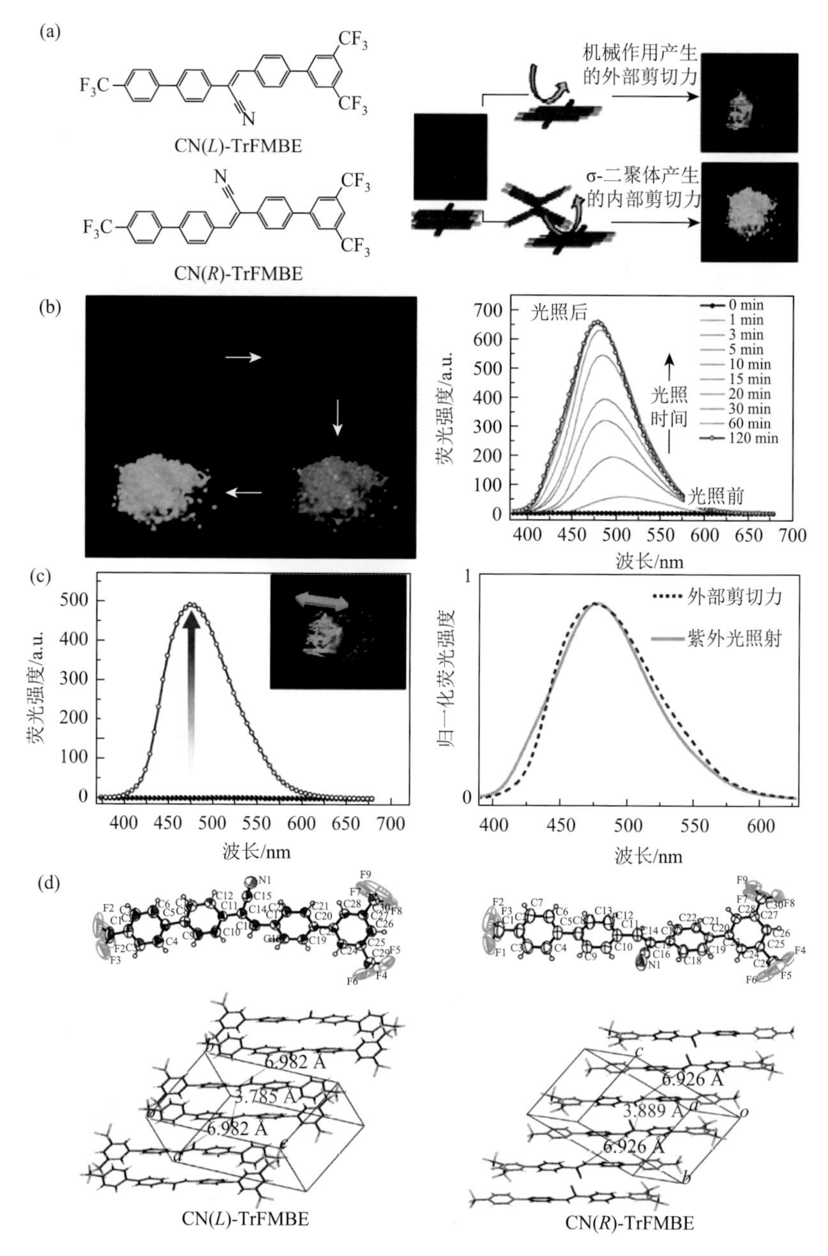

图 5-26 （a）CN(*L*)-TrFMBE 和 CN(*R*)-TrFMBE 的分子结构式及荧光“开关”示意图；（b）CN(*L*)-TrFMBE 晶体粉末在不同时间（0 min、1 min、5 min、30 min）紫外光刺激下的荧光照片，CN(*L*)-TrFMBE 晶体的光致发光谱图；（c）用刮刀刮擦 CN(*L*)-TrFMBE 晶体粉末后的发光谱图，插图为晶体粉末的荧光图像，绿色箭头表示刮擦区域，以及分别用紫外光照射和机械力研磨后 CN(*L*)-TrFMBE 晶体粉末的发光谱图（归一化后）；（d）CN(*L*)-TrFMBE 和 CN(*R*)-TrFMBE 的单晶结构图

CN(*L*)-TrFMBE 和 CN(*R*)-TrFMBE 是中心氰基基团在分子中位置不同的异构体，关键结构特征是反平行的π-二聚体，由非常接近的二苯乙烯碳碳双键对形成，中心间距分别为 3.785 Å 和 3.889 Å。π-二聚体的几何结构表明，三个不对称—CF_3 取代基是反平行 π-二聚体形成的关键，它们不仅贡献了 π-π 相互作用和偶极相互作用，还引发了 C—F⋯H—C 和 C—F⋯π 相互作用。详尽的结构、光学和晶体研究表明，反平行 π-二聚体中的分子对通过对称中心连接，并保持紧密接触来实现[2 + 2]环加成反应。这些化合物的反平行 π-二聚体构型满足晶体状态下进行局部[2 + 2]环加成反应的条件，导致体积膨胀的 σ-二聚体形成。紫外线照射下，晶体吸收的紫外线光子促进了[2 + 2]环加成反应而非光致发光，当体积膨胀的 σ-二聚体形成后，内部剪切力影响下的分子内横向位移会改变分子发光状态。在外部剪切力作用下，分子横向位移发生，导致反平行的 π-二聚体解体，[2 + 2]环加成反应被阻止，从而荧光状态发生改变。热退火后，荧光的“关闭”状态得到恢复，说明通过热退火的反向位移或热分解[2 + 2]环加成产物能再次产生紧密堆积的 π-二聚体。

5.4.2　分子内相互作用对刺激响应 AIE 体系的影响

分子内相互作用是影响化合物光物理性质的重要因素之一。在外部刺激如压力或摩擦作用下，分子内构象的变化能显著影响化合物的吸收和发射。

许多具有 AIE 性质的分子在受到机械刺激后，会由于分子构象由扭曲向平面态的转变而显示出明显的刺激响应行为。例如，含有四苯基乙烯的蒽衍生物（TPE-An）表现出明显的刺激响应行为和 AIE 性质[144]。如图 5-27 所示，研磨后，发射波长从 506 nm 增加到 574 nm。广角 X 射线衍射的结果表明，机械刺激响应的原因是在晶体和非晶结构之间可逆的形态变化。差示扫描量热法研究表明，研磨后的样品具有明显的冷结晶峰，表明研磨后的样品中存在亚稳态聚集，可以通过退火转变为更稳定的状态。TPE-An 由于芳环之间存在位阻效应，分子采取高度扭曲的构象。由于扭曲的构象和弱的 π-π 相互作用，分子堆积会相对松散并带有一些空穴。在外界压力刺激下，由于分子构象平面化或滑移形变，晶体很容易受到破坏。在外界压力下，TPE-An 分子高度扭曲的构象被破坏并且分子间的距离也减小，晶体结构被破坏导致分子构象的平面化，这被认为是导致共轭度增加并引起光致发光谱图发生红移的可能原因之一。TPE-An 分子形成了激基缔合物是光致发光谱图红移的另一个原因。可以通过紫外吸收光谱确定引起光致发光谱图红移的原因。如果是由分子构象的平面化引起分子共轭程度增加并导致发射光谱红移，则紫外吸收光谱应表现出相似的变化；而如果是形成激基缔合物，则紫外吸收光谱保持不变。因此，研磨后样品的发射红移可能是分子共轭程度增加使得分子间光学能隙减小，也就是说，更好的分子内共面性最终导致了化合物的刺激响应行为。

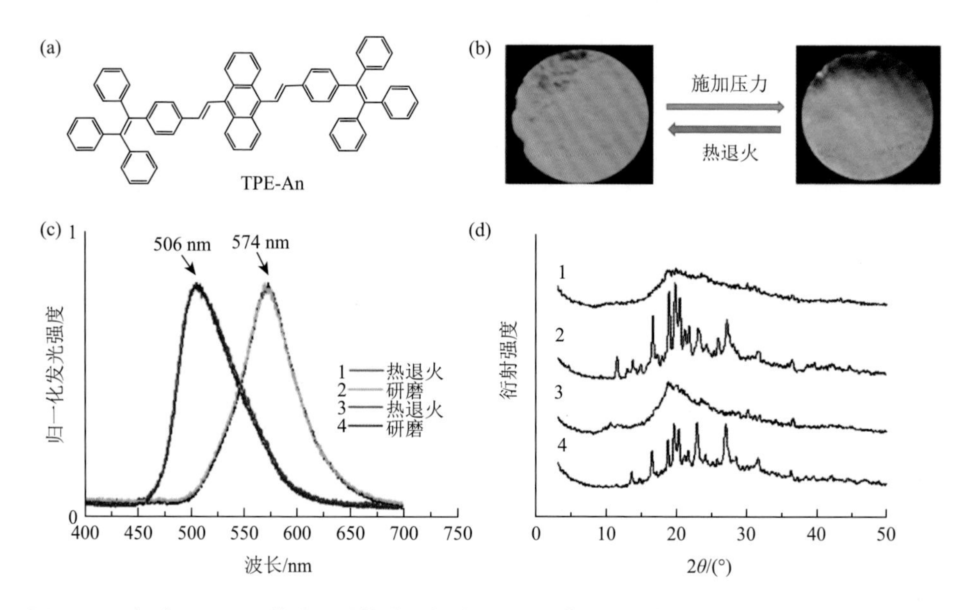

图 5-27 （a）TPE-An 的分子结构式。（b）365 nm 紫外光照射下 TPE-An 的刺激响应图。（c）TPE-An 归一化后的光致发光谱图：1. 340℃下将研磨后的 TPE-An 样品退火 1 min，2. 研磨样品 1；3.将样品 2 在 340℃下退火 1 min，4. 将样品 3 研磨。（d）样品的广角 X 射线衍射图：1.研磨样品；2.将样品 1 在 340℃下退火 1 min；3.研磨样品 2；4.将样品 2 在 340℃下退火 1 min[144]

另一个例子是一系列螺旋桨状二苯基二苯并富勒烯（DPDBF）分子，它们在原始晶态中展现出强烈的发光，而研磨后的非晶态中发光减弱并出现红移[145]。为了分析发射变化的原因，研究了 DPDBF 两种不同发光状态的单晶：发绿光的单晶（SGC）和发黄光的单晶（SYC）（图 5-28）。排除了 SGC 和 SYC 中存在任何特定的强分子间相互作用（如 π-π 堆积或 H/J 聚集）后，推测不同的发光颜色可能是由于晶体中分子存在不同的螺旋桨状构象。因此，不同的发光状态可以归因于两个不同晶体中分子构象的差异。对两种单晶分子的构象研究发现，SGC 单晶中两个苯环的扭转角（$\theta_1 = 62.5°$、$57.0°$，$\theta_2 = 51.1°$、$51.4°$）大于 SYC 单晶中两个苯环的扭转角（$\theta_1 = 52.9°$，$\theta_2 = 47.8°$）。这表明 SGC 晶体中分子构象比 SYC 晶体中分子构象更扭曲。因此，与 SYC 相比，SGC 晶体中分子较低的共轭程度使得发射蓝移。SGC 还表现出比 SYC 更高的发射效率，这可能归因于 SGC 比 SYC 中有更多的 C—H⋯π 和 C—H⋯O 分子间相互作用。这将有助于进一步稳定分子构象并阻断非辐射途径。

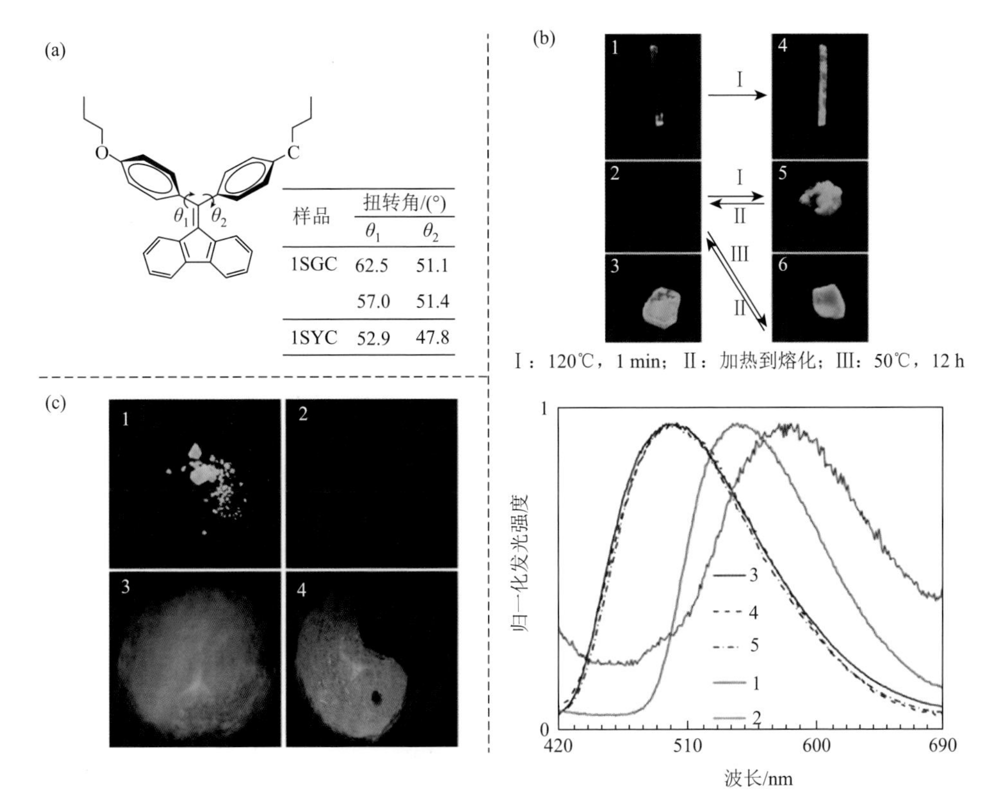

图 5-28　(a)分子结构式及晶体状态下的扭转角；(b)1. SYC，2. 非晶态固体，3. SGC，4. SYC 在 120℃下退火，5. 非晶态固体在 120℃下退火，6. 非晶态固体在 50℃下退火，以及各个状态下的光致发光谱图；(c)1. 研磨前的化合物，2. 研磨后的化合物，3. 将研磨后的化合物退火，4. 部分研磨退火后的化合物[145]

此外，一些四苯基乙烯（TPE）衍生物也具有明显的刺激响应行为[146]。一个典型的例子是苯并噻唑官能化的四苯基乙烯分子。该化合物在研磨-熏蒸或研磨-加热过程中，其固态发射可以由黄色或橙色转变为红色（图 5-29）[147]。这种在不同刺激下引起的发光状态的改变可以重复多次。为了深入探究这种现象的机理，研究了该化合物在受到不同刺激后的粉末 X 射线衍射。未经处理的样品的衍射图显示出许多尖锐的衍射峰，表明其晶体性质；研磨后，衍射图仅显示出较大的弥散光晕，表明此时样品已经是非晶态；再将研磨后的样品热处理或用溶剂蒸气熏蒸后，衍射图中会再次出现尖锐的衍射峰，表明非晶态粉末在溶剂蒸气熏蒸或热处理过程中再次结晶。值得注意的是，与热处理后的样品相比，溶剂蒸气熏蒸后的样品显示出更尖锐的峰，表明溶剂蒸气熏蒸对结晶的影响要比热处理过程强。这也解释了为什么通过热处理的方法无法将发红光的非晶态粉末完全转变为发黄光的晶体。因此，外界刺激下引起化合物发光状态的改变与结晶态、非晶态之间的构象转变有关。

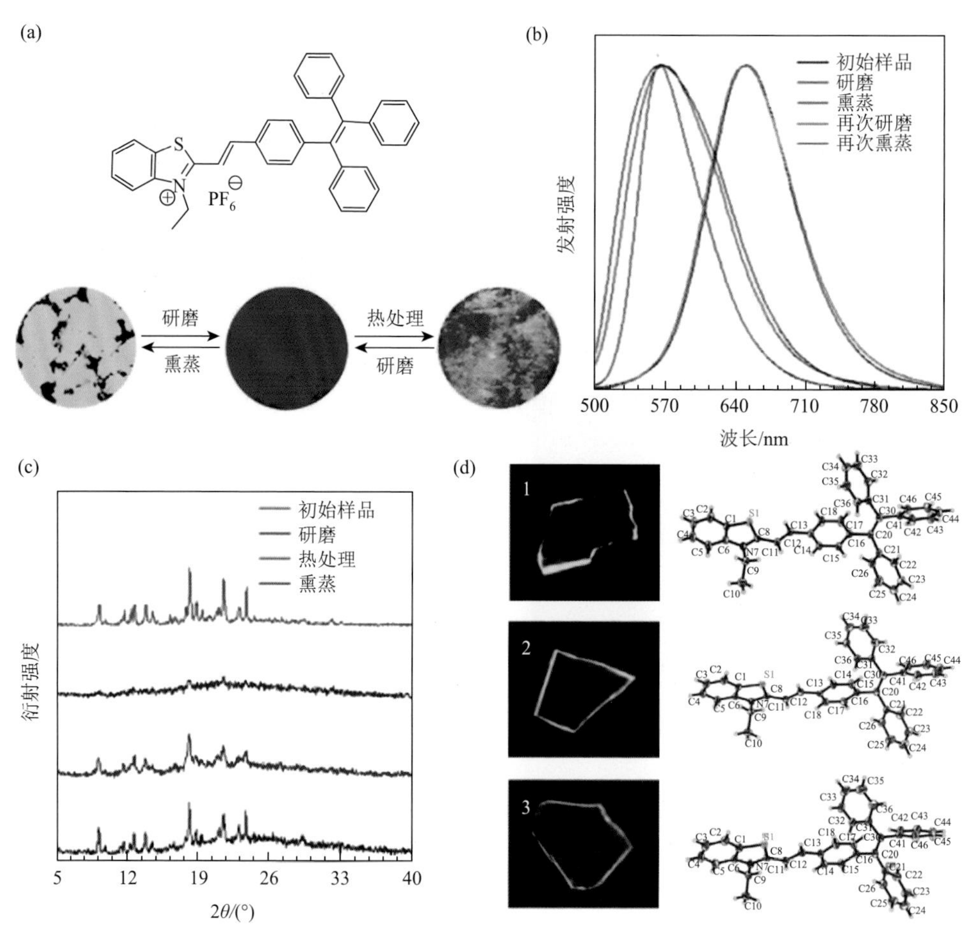

图 5-29 （a）化合物分子结构式及紫外光照射下化合物在不同刺激下的发光情况；（b）不同刺激下测得化合物的光致发光谱图；（c）不同刺激下化合物的 X 射线衍射图；（d）紫外光照射下晶体 1、2 和 3 的发光照片和各自的单晶结构[146, 147]

此外，通过不同方法制备的三种晶体也表现出不同的发射波长和发射效率。晶体的几何结构和堆积方式表明，由于螺旋桨状的 TPE 单元的存在，所有晶体都具有高度扭曲的构象。三种晶体中桥连苯环和 TPE 单元之间的扭转角分别是 70.42°、70.37°、67.94°，表明三种晶体中分子共轭程度的关系是：**1**＜**2**＜**3**。这与观察到的晶体 **1** 的发射波长最短，晶体 **3** 的发射波长最长相一致。理论计算得出三种晶体的能隙分别为 1.89 eV、1.83 eV、1.79 eV，与它们不同的发射颜色一致。

对于两个甲氧基取代的 TPE 衍生物 TMOE 和 TDMOE 而言，它们的刺激响应特性同样引人注目[148]。TMOE 有两个不同形态的晶体 TMOE-1 和 TMOE-2（图 5-30）。通过研磨，TMOE-1 晶体的发光从蓝色（λ_{max} = 420 nm）变为青色（λ_{max} = 480 nm），TMOE-2 晶体的发射在研磨后也发生红移（λ_{max} = 440 nm 变为 λ_{max} = 487 nm）。

TDMOE 晶体发生较小程度的红移（λ_{max} = 460 nm 变为 λ_{max} = 480 nm）。热处理后，发光状态几乎可以再次恢复到初始状态。晶体结构和理论计算均证明其发射变化是由单个分子构象（或共轭状态）决定的，而不是由分子间相互作用，如 H 聚集或 J 聚集和 π-π 堆积。发光红移的原因是处于非晶态的单个分子拥有更加平坦化的分子构象和更好的共轭程度。

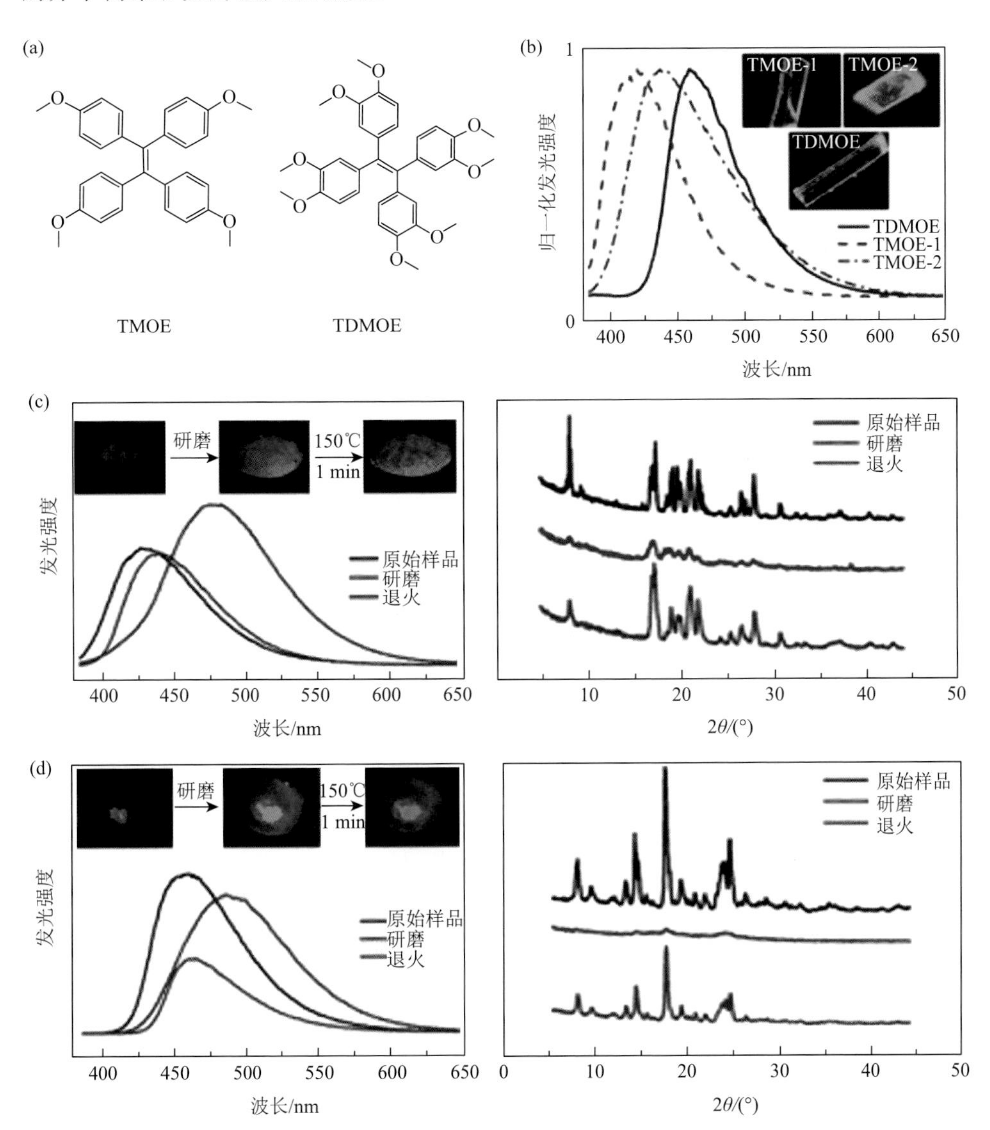

图 5-30 （a）TMOE 和 TDMOE 的分子结构式；（b）TMOE-1、TMOE-2 和 TDMOE 的光致发光谱图；TMOE-1（c）和 TDMOE（d）初始状态、研磨、退火的光致发光谱图及 X 射线衍射图[148]

三个含氰基的三苯基丙烯腈衍生物（TPETPAN、HTPETPAN 和 TPATPAN）也表现出刺激响应行为（图 5-31）[149]。根据构象分析，分子内特定的相互作用有助于硬化高度扭曲的构象，而这种高度扭曲的构象与有效的分子间相互作用之间的协同作用使化合物具有 AIE 特性、高固态发光效率和较高对比度的刺激响应行为，即在外界刺激下，其发射颜色及波长可显著变化，从蓝色变为黄色，波长差异高达 78 nm。这种显著的发光行为变化，源自晶体中扭曲构形的平坦化，以及由此导致的范德瓦耳斯力、C—H···π、C—H···H—C 和 C—H···N 分子间相互作用被破坏，最终分子的构象发生改变。热处理或溶剂蒸气熏蒸能够使非晶态的分子重新转变为晶态，并恢复其发光状态。

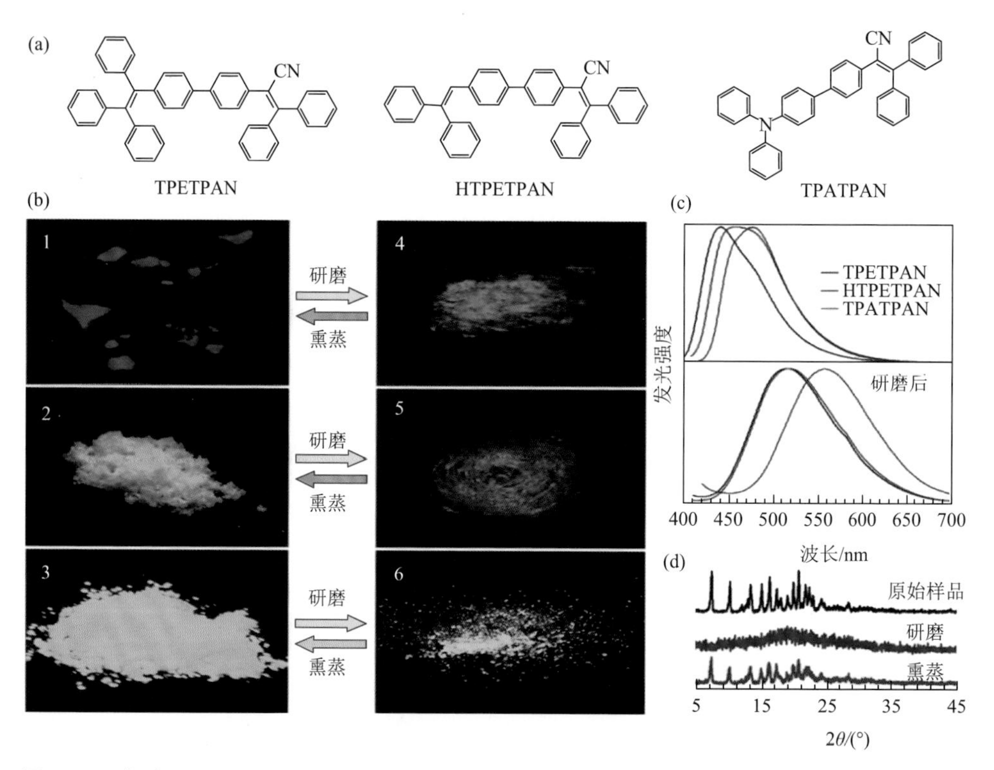

图 5-31 （a）TPETPAN、HTPETPAN 和 TPATPAN 三种化合物的分子结构式；（b）三种化合物在不同刺激下发光状态的变化，1 和 4 为 TPETPAN，2 和 5 为 HTPETPAN，3 和 6 为 TPATPAN；（c）三种化合物研磨前后的光致发光谱图和 X 射线衍射图[149]

含有蒽醌酰亚胺（AQI）基团并且具有不同给电子或吸电子取代基的 D-A 分子也具有刺激响应行为，如化合物 CH_3O-Ph-AQI（图 5-32）[150]。X 射线和光谱测试排除了分子间相互作用（如增强的 π-π 堆积）作为发光变化的原因，推断分子内作用才是关键。外界压力减小了分子内电子给体和吸电子部分的二面角，进一步增强了共轭作用。光致发光谱图显示，受外界压力影响，其发射光谱伴随着吸收光谱一起发生红移。据此，CH_3O-Ph-AQI 中的刺激响应起源于外部压力加强的分子内电子转移，这是由 D-A 分子中的电子给体与电子受体之间的扭转角减小导致的。这些发现为我们对刺激响应 AIE 现象的理解提供了新的视角。

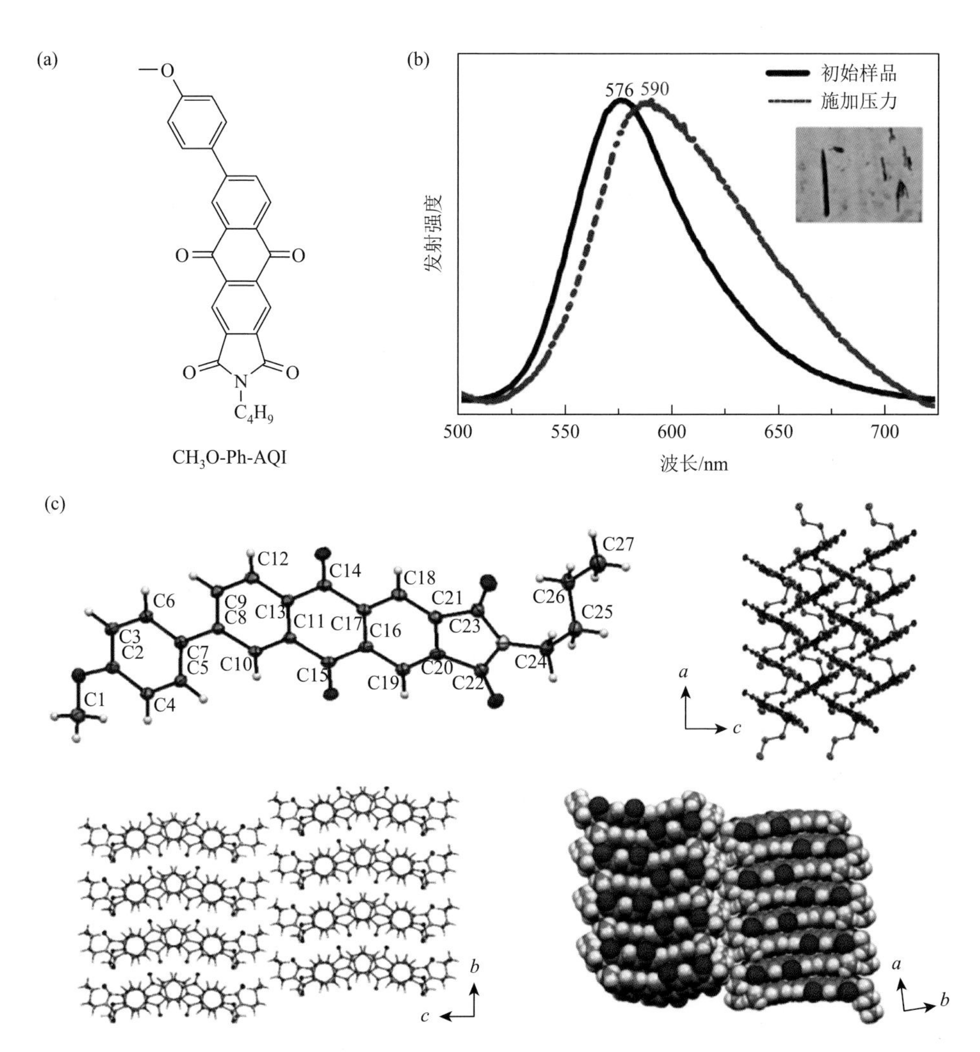

图 5-32　（a）CH_3O-Ph-AQI 的分子结构式；（b）CH_3O-Ph-AQI 在受到压力前后的光致发光谱图；（c）CH_3O-Ph-AQI 的单晶结构及晶胞堆积图

5.5　纯有机室温磷光体系机理

磷光是一种特殊的辐射现象，指分子在光的照射下完成激发并产生较长寿命的三线态发射[151]。有机发光体因卓越的性能和多种应用功能而受到广泛关注和研究[152-157]。结合二者优势的有机磷光材料凭借价格低廉、合成简单、应用范围广、毒性低、易修饰等特点在化学传感器、防伪、光学存储、照明、柔性显示、生物成像等新兴前沿领域得到广泛应用[158-161]。与荧光不同，有机磷光体系较难在室温下实现磷光，主要由于强的非辐射跃迁、弱的自旋轨道耦合及难以避免的三线态氧和湿气的猝灭等因素[162-164]。因此，有机室温磷光体系一直难以发展，直到近些年由于光物理原理被系统地揭示[165, 166]，人们才逐渐对三线态机理有更充分的认知和理解。

在过去的研究中，人们发现许多具有拓展的 π 共轭结构及具有重原子或杂原子的骨架在低温下发射强烈的磷光。随着材料学的发展，猜想的光物理过程被越来越多的事实所证明，特别是在低温惰性分散的状态下[167, 168]。然而，这些原理局限在苛刻严格的条件下不利于进一步开发，因而更多的研究开始聚焦于室温体系机理和性能的创新，以有效实现实际应用价值。

聚集诱导发光体系的开发为有机室温磷光带来了一场概念革命，为分子聚集体的研究提供了桥梁[169]。借助聚集诱导发光的特性，许多有趣的室温磷光体系在结构多样性、功能丰富性和生物相容性等方面取得了飞快的发展[170]。但是，有机室温磷光潜在的机理和结构性能关系仍然未能系统性地阐明[171]，特别是缺乏有效合理的分子结构的设计、环境条件的控制、聚集行为的调节及复杂的多重过程的研究[172-175]。

尽管已有团队对早期报道的工作进行一定的归纳和总结[176]。但是，烦琐的线索及巨大的篇幅不利于短时间内有效地掌握有机室温磷光的机理和分子设计原则。因此，我们有必要对已有的解释和论证方法进行综合的细致的分类和总结，特别是阐明实现高效持久的有机室温磷光的基本原理和一般方法。旨在对研究的方向和细节进行精练，以最大效率提高读者对室温磷光的理解和认识。具体而言，应该对有机三线态激子在关键光物理过程的影响参数进行详细分析，以说明它们对效率和寿命的影响效果。总之，我们希望这些梳理和综述帮助人们对有机室温磷光体系有着更深层次的认识，并最终以此作为分子工程和应用开发的指导参考。

5.5.1 有机室温磷光的一般过程

有机室温磷光的产生一般包括以下几个过程，即光激发、内转换、系间窜越、磷光辐射[177]。如图 5-33 所示，在光激发后，处于基态（S_0）的分子被激发到单线态（S_n）（$n\geqslant1$）。随后，基于 Kasha 规则，较高的单线激发态激子通过分子内转换到能量最低的单线激发态（S_1）。处于最低单线激发态的激子继而再通过分子内系间窜越（ISC）到达三线激发态（T_n）（$n\geqslant1$），并再次遵循 Kasha 规则到达最低三线激发态（T_1），随后以磷光辐射的形式产生磷光回到基态。另外，如果体系中自旋轨道耦合较弱将导致低效的系间窜越，此时单重态激子只能以荧光辐射或无辐射的形式回到基态。由于最低三线激发态 T_1 与基态 S_0 自旋跃迁禁阻，因此磷光辐射的速率通常较低，即表现出较长的磷光寿命。因此，磷光体系容易受到环境和分子运动的影响[178]，从而导致三线态激子的失活。为了获得高效率的有机磷光，应满足三个要求：①从最低单线激发态 S_1 到三线激发态的有效系间窜越，以取得足够数量的三线态激子；②从最低三线激发态 T_1 到基态 S_0 的快速磷光辐射；③抑制或减少三线态激子的非辐射衰减和环境因素导致的猝灭过程[179]。

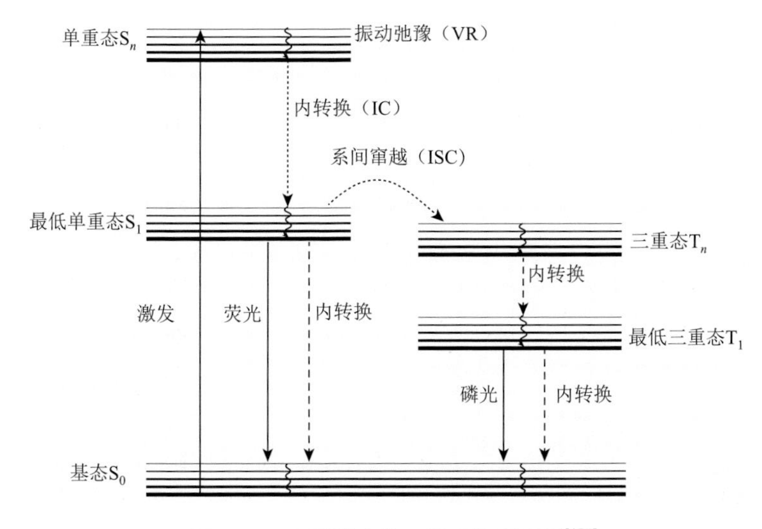

图 5-33　室温磷光的一般光物理过程[177]

一般，评估磷光性能参数主要是磷光效率（Φ_P）及磷光寿命（τ_P）。高的磷光效率意味着高效的单线态激子转化率及三线态激子的利用率。磷光量子效率的提高意味着能量转化效率的提高及发射亮度的增强。长的磷光寿命则表明体系具有高的光稳定性及低的光辐射速率，这在防伪加密、高对比生物成像、数据存储和逻辑运算等应用上具有优势。然而，同时实现高的磷光效率和长的磷光寿命一直是制约有机室温磷光材料发展的瓶颈，因为在某种情况下，二者存在一定程度的负相关关系。因此，这需要对材料进行精心设计和优化，特别是在分子结构和光物理过程等方面实现平衡。

系间窜越是获得三线态激子的关键过程，因为它决定了磷光效率的上限。如何实现高效的系间窜越一直是设计有机室温磷光分子需要考虑的问题之一。通常，只有当系间窜越的速率（k_{ISC}）足够快（$<10^{11}\ s^{-1}$）时才能与荧光速率（k_F，10^7～$10^{10}\ s^{-1}$）和非辐射速率（k_{IC}，$<10^{11}\ s^{-1}$）相竞争。然而，在有机系统中，实现高

的系间窜越速率是具有挑战性的，因为它作为有机分子的固有特性，取决于分子的电子构型和能级，这些参数的调节往往依赖于合理的分子设计。

磷光辐射速率则决定了磷光寿命的上限。受益于 T_1 和 S_0 之间的自旋禁阻，磷光辐射速率往往可以调控至相对低的水平，从而大大延长磷光寿命。然而，室温下强烈的分子运动及处于激发态的分子之间的相互作用，如与三线态氧作用，导致磷光猝灭。因此，低的磷光速率会导致较高的三线态激子的失活概率，这就需要更严苛的条件和环境去保护三线态激子避免快速地失活。报道的室温下的磷光寿命（τ_P）通常在微秒（μs）到毫秒（ms）级别，少数可以达到秒（s）级。

根据光物理过程，磷光效率和寿命可以用以下公式进行计算：

$$\Phi_P = \Phi_{ISC} k_P \tau_P = \Phi_{ISC}[1-(k_{nr}+k_q)\tau_P] \tag{5-1}$$

$$\Phi_{ISC} = \frac{k_{ISC}}{k_F + k_{IC} + k_{ISC}} \tag{5-2}$$

$$\tau_P = \frac{1}{k_P + k_{nr} + k_q} \tag{5-3}$$

式中，Φ_{ISC} 和 Φ_P 分别为系间窜越的量子效率和磷光量子效率；k_{ISC}、k_P、k_F、k_{nr}、k_q 和 k_{IC} 分别为系间窜越的速率、磷光速率、荧光速率、非辐射速率、整合所有猝灭因素的猝灭速率和内转换速率；τ_P 为磷光寿命，即三线态激子辐射过程的寿命。

这些公式清晰地解释了各个参数之间的关系。更进一步，利用这些公式，可以通过测量的数据进行推演和换算，最终获得光物理过程的具体细节。通过这些公式可以知道，磷光量子效率不仅取决于系间窜越的速率，而且与非辐射速率及猝灭速率有很大的关联。因此，提高磷光效率，除了保证高效的系间窜越过程外，还需要抑制非辐射过程和猝灭过程。而且，当非辐射速率和猝灭速率不变时，通过调节磷光速率能够调整三线态激子的寿命，从而实现磷光寿命的控制。

5.5.2 促进系间窜越的机理

通过光物理过程的详细分析可知，实现有效的系间窜越是获得高效率室温磷光的前提条件，因此提高系间窜越的速率才能提高系间窜越的效率。系间窜越的速率可以表达为[165, 166, 177, 180]

$$k_{ISC} = \frac{2\pi}{\hbar}\left|\left\langle S\middle|\hat{H}_{SOC}\middle|T\right\rangle\right|^2 \sqrt{\frac{\pi}{\lambda k_B T}} \exp\left[-\frac{(\Delta E_{ST}-\lambda)^2}{4\lambda k_B T}\right] \tag{5-4}$$

式中，$\hbar$ 为约化普朗克常数；λ 为总重组能；k_B 为玻尔兹曼常数；T 为热力学温度；ΔE_{ST} 为在均衡构象下参与过程的单线态和三线态之间的能量差；$\left\langle S\middle|\hat{H}_{SOC}\middle|T\right\rangle$ 为单线态和三线态之间的自旋轨道耦合（SOC）矩阵元。基于这个等式，许多课题研

究的重点围绕着具体参数的调整进行开展，其中最重要的是分子的设计及调控系间窜越的设计原则[181]。因此，这里将对促进系间窜越的机理进行展开，旨在寻找其中潜在的联系，完善结构与性能之间的关系。

1. 孤对电子效应

增强自旋轨道耦合是提高系间窜越的主要手段，它可以通过调节所设计的单线态和三线态的电子构型来影响系间窜越过程[182]。经典的 El-Sayed 规则指的是当系间窜越发生时，即电子自旋发生翻转，为了补偿翻转所导致的动量改变，必须有一个电子在相互垂直的轨道上跳跃来平衡这种动量改变，从而遵循角动量守恒。根据 El-Sayed 规则，由于 $^1(\pi, \pi^*)$向 $^3(\pi, \pi^*)$跃迁是不利的，因此在许多芳香族化合物中很难实现强的系间窜越，导致低的系间窜越速率（$<10^8\ s^{-1}$）。当将孤对电子引入体系时，可能导致在 S_1 中产生部分或者几乎全部的 $^1(n, \pi^*)$电子组态。若此时最接近 S_1 的能量稍低的三线态 T_n 是 $^3(\pi, \pi^*)$电子组态，则可以高效地实现系间窜越，激子从 $^1(n, \pi^*)$向 $^3(\pi, \pi^*)$跃迁。或者，如果 S_1 是 $^1(\pi, \pi^*)$，而 T_n 是 $^3(n, \pi^*)$，则同样可以实现有效的自旋轨道耦合从而完成系间窜越[183]。这种机理的发生主要是引入孤对电子的 n 轨道参与了激发过程，借助角动量补偿可以实现电子自旋翻转，从而完成系间窜越。而当分子无 n 轨道参与，从而缺少角动量补偿，导致分子轨道只剩下 π 轨道，此时难以完成 $^1(\pi, \pi^*)$翻转到 $^3(\pi, \pi^*)$，导致无效的系间窜越。因此基于 El-Sayed 规则，开发出杂原子效应，即利用杂原子的孤对电子和 n 轨道来调控系间窜越过程，如图 5-34 所示。当前主要设计策略是通过分子工程，在激发的片段上引入杂原子及含有杂原子的基团，包括氧[184]、氮[185]、硫[186]、磷[187]等元素。当然，杂原子效应的大小也取决于 S_1 和 T_n 各自所含电子组态的占比，即如果 S_1 是纯的 $^1(n, \pi^*)$，而 T_n 是纯的 $^3(\pi, \pi^*)$，或者 S_1 是纯的 $^1(\pi, \pi^*)$，而 T_n 是纯的 $^3(n, \pi^*)$，此时系间窜越效率最高。理论计算和实验结果都证明 S_1 和 T_n 之间电子构型变化越大，系间窜越越有效[188, 189]。除此之外，由扭曲构象引起的 π 轨道和

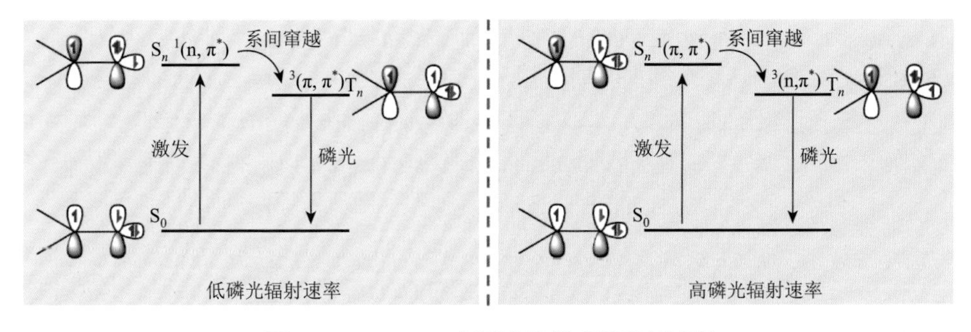

图 5-34　El-Sayed 规则允许的系间窜越过程

σ 轨道的混合导致了二阶振动耦合，同样也能够引起自旋轨道耦合，实现中等强度的系间窜越[190]。

2. 重原子效应

不同自旋量子数的电子态之间的跃迁原则上是被角动量守恒定律所制约，因此这些跃迁只能通过补偿两个同时发生的角动量变化来实现，即 El-Sayed 规则。此外，系间窜越跃迁概率的电子积分包含对激发电子附近原子的原子序数高度敏感的自旋轨道矩阵元素。这是由于电子在携带更多正电荷的原子核周围运动更快，因此电流和相关磁场之间的相互作用随着原子序数的增加而增强，导致自旋轨道耦合的程度增加[191]。所以，增加原子序数有望提高系间窜越的跃迁概率。因此，大多数化合物的结构中引入重原子可以增加系间窜越速率导致荧光猝灭而使磷光增强，这统称为内部重原子效应。而如果分子所处的环境，如存在重原子的溶剂里，同样可以促进三线态和单线态间的辐射跃迁或无辐射跃迁，这种作用称为外部重原子效应。由于自旋轨道耦合（SOC）与原子核电荷数的四次方成正比，因此引入氯[192]、溴[193]、碘[194]、硫[186]、硒[195]、碲[196]等元素，很容易实现强的自旋轨道耦合及加快的磷光辐射速率。在有机室温体系中有三种引入重原子的方式，即通过共价键与重原子成键[197]，通过离子键与重原子相互作用[198]，通过空间氢键或卤素键与重原子相互作用[199]。由于重原子效应容易引入体系内，并显著提高自旋轨道耦合程度，因此该策略被广泛应用于构建高效的室温磷光体系。然而，太强的重原子效应也同时会引起磷光速率增加，从而间接导致磷光寿命缩短。

3. 超精细耦合

除了自旋轨道耦合外，超精细耦合（HFC）在自由线对的激子（RP）的系间窜越过程中发挥显著效果，并容易改变激发态和基态之间的跃迁强度和寿命，且在不同振动模式之间出现交叉耦合[200]。同时，这种相互作用导致单线态和三线态能隙较小。因此在短时间内，单线态和三线态之间可以互相转换，可能形成混合的单、三线态激子，表现出较长的寿命。内部核自旋磁场可以实现两个非耦合电子自旋之间的转换，从而引起超精细耦合促进系间窜越。而在自由线对的激子的室温磷光体系中，单线态自由线对的激子（^{1}RP）转换为三线态自由线对的激子（^{3}RP）可在外磁场作用下实现，继而完成基于Zeeman效应的超精细耦合作用并引起室温磷光调控。

4. 能差原则

由系间窜越速率公式可知，调控 ΔE_{ST} 同样能够影响系间窜越速率。可以知道，当 ΔE_{ST} 越小时，系间窜越速率越大。因此，缩小 ΔE_{ST} 是促进系间窜越的一种有效策略[201]。通常，采用具有给体-受体型的分子结构可以有效缩小 ΔE_{ST}，这是由于前线轨道的分离导致重组能增加及交换积分减少。单线态和三线态主要为(π, π^*)的有机芳香化合物通常表现为大的 ΔE_{ST}，因此不利于系间窜越。在引入给体或受体基团于该化合物后，产生分子内电荷转移态（^{1}CT 和 ^{3}CT）作为中间态，同时 ΔE_{ST} 减小，因此可以有效地促进系间窜越[202]，如图 5-35 所示。而且，通过分子间 CT 过渡态也有助于减小 ΔE_{ST}，这在聚集体及多组分掺杂系统中具有潜在的发展价值[203]。通过自旋振动耦合机理，由于三重电荷转移态（^{3}CT）与三重局部激发态（^{3}LE）之间具有强的振动耦合，因此单重电荷转移态（^{1}CT）可以通过三重局部激发态的桥接作用有效与三重电荷转移态耦合。然而，过小的 ΔE_{ST}（<0.37 eV）可能会引起反系间窜越导致三线态激子的损失，不利于有机磷光[204]。

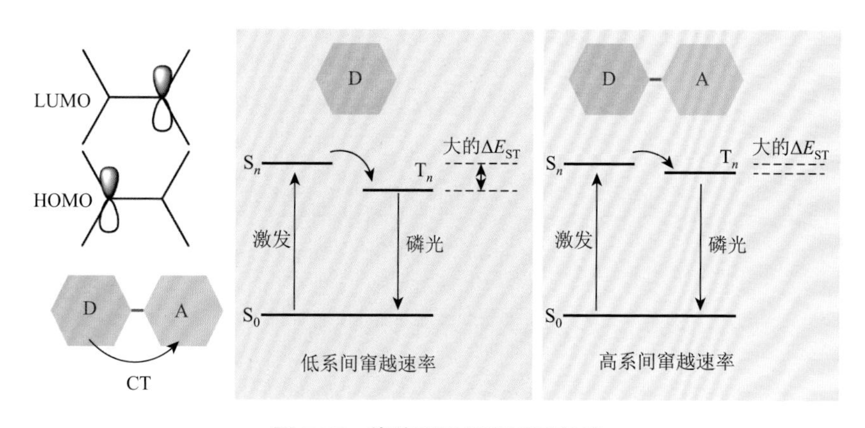

图 5-35　能差原则促进系间窜越

5. 分子聚集效应

当分子从单体聚集成聚集体时，发色团的结构和相互作用导致激子轨道之间的重叠，从而可能引起能级裂分[205]。除了裂分后生成的更低的能级导致发射红移之外，还产生更多系间窜越的通道，最终促进了系间窜越和增强了有机磷光[206]，如图 5-36 所示。这些作用包括 π-π 堆积[207]、H 聚集[208]、n-π 作用[203]等，尤其在晶体中表现更加明显。再者，当扭曲的分子结构聚集时，构象的变化导致电子构型发生改变，从而可能产生不同的系间窜越过程[209]。除了引起能级裂分外，聚集还能导致能量转移的发生，例如，三线态-三线态能量转移（TTET）在两个交换的系统内（<10 Å）以 Dexter 机理实现激子能量转移[210]。通过高能级转移至低能级的能量转移方式无论是在系统内还是系统外都可以有效完成，而且可以有效避免激子失活，提高激子的利用率[211]，如图 5-37 所示。然而，分子聚集效应还可能引起其他复杂的副过程，如三线态-三线态湮灭（TTA），导致形成上转换的发射，不利于有机磷光的产生。

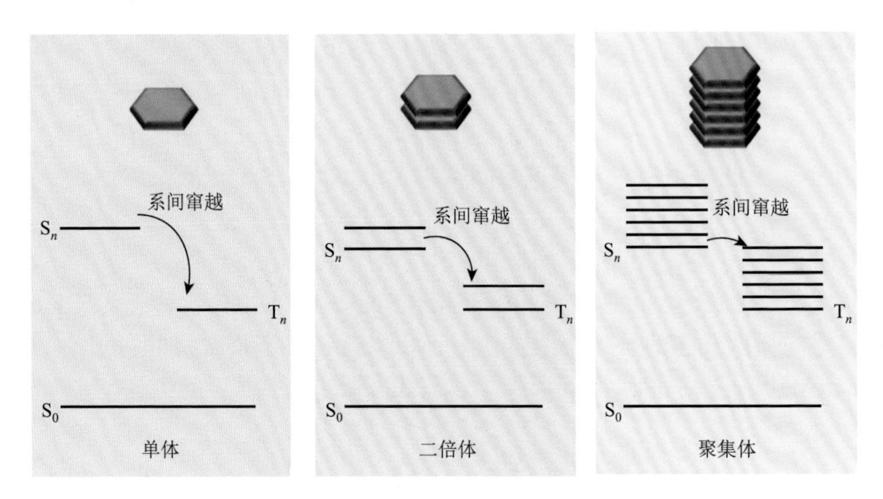

图 5-36　分子聚集效应促进系间窜越

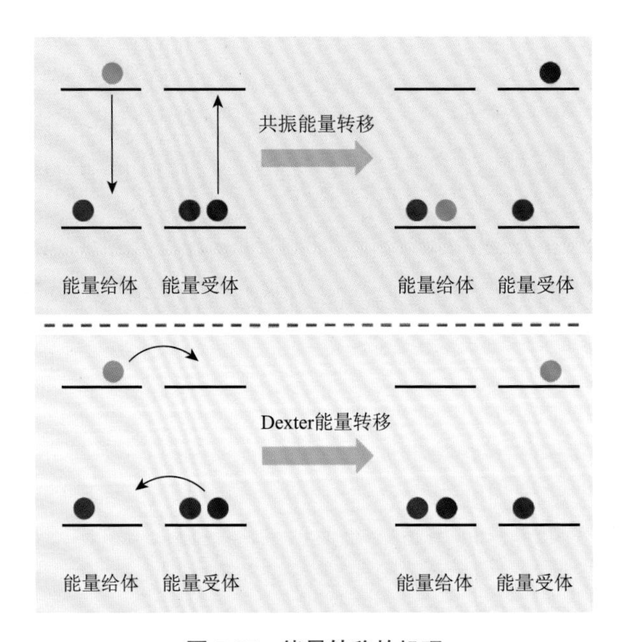

图 5-37　能量转移的机理

5.5.3　调控磷光速率的机理

除了研究系间窜越过程外，对磷光辐射过程的深入剖析也是构建三线态发射的重要研究方向。磷光辐射过程通常以磷光速率来表示，表达式为[212]

$$k_P = \frac{64\pi^4}{3\hbar^4 c^2} \Delta E_{T_1 \to S_0}^3 \left| \mu_{T_1 \to S_0} \right|^2 \tag{5-5}$$

式中，$\hbar$ 为约化普朗克常数；c 为光速；$\mu_{T_1 \to S_0}$ 为 T_1 到 S_0 的跃迁偶极矩。$\mu_{T_1 \to S_0}$ 可以展开为

$$\mu_{T_1 \to S_0} = \sum_n \frac{\langle T_1 | \hat{H}_{SOC} | S_n \rangle}{^3E_1 - {^1E_n}} \times \mu_{S_n \to S_0} + \sum_n \frac{\langle T_n | \hat{H}_{SOC} | S_0 \rangle}{^3E_n - {^1E_0}} \times \mu_{T_n \to T_1} \tag{5-6}$$

式中，$\mu_{S_n \to S_0}$ 为 S_n 到 S_0 的跃迁偶极矩；$\mu_{T_n \to T_1}$ 为 T_n 到 T_1 的跃迁偶极矩；$\langle T_1 | \hat{H}_{SOC} | S_n \rangle$ 为 S_n 到 T_1 的自旋轨道耦合；$\langle T_n | \hat{H}_{SOC} | S_0 \rangle$ 为 T_n 到 S_0 的自旋轨道耦合；$^3E_1 - {^1E_n}$ 为 S_n 和 T_1 间的能差；$^3E_n - {^1E_0}$ 为 S_0 和 T_n 间的能差。

根据表达式，磷光速率不仅取决于发射三线态与基态间的能差，还依赖于发射三线态到基态的跃迁偶极矩。具体地，这个偶极矩几乎涉及了所有态的跃迁和转化的自旋轨道耦合、能差及相应的跃迁偶极矩[212]。其中，影响较多的主要是能差及自旋轨道耦合的大小。我们知道孤对电子效应和重原子效应可以有效地增强自旋轨道耦合，因此同样地它们也能促进磷光辐射（$10 \sim 10^4\ s^{-1}$）。然而，孤对电子除了可以促进磷光辐射外，也可以降低磷光辐射的速率，如当 S_0 为 $^1\pi^2$，而 T_1 为 $^3(\pi, \pi^*)$时，磷光速率显著降低。至于能差，当缩小的能差促进磷光辐射时，同时导致磷光发射波长的红移，这导致长波长难以实现长寿命的余晖。至于跃迁偶极矩，当具有 CT 性质的单线态在获得大的单线态-三线态自旋轨道耦合的同时，也增强了 S_n 到 S_0 的跃迁偶极矩，这些效果会影响三线态发射，引起磷光速率增加。

5.5.4　抑制非辐射和减少猝灭的机理

根据式（5-1）和式（5-3）可知，提高磷光效率和延长磷光寿命都要求减少非辐射速率及猝灭速率。因此，抑制非辐射及减少猝灭是当前研究的热门方向之一。由于激发生成的激子的不稳定性及活泼性，三线态激子容易被分子振动、扭动和运动触发非辐射跃迁而消耗，以及与氧气、溶剂、湿气等发生作用而失活[172]。因此，目前的策略主要是抑制非辐射及提供保护环境来提高三线态激子的利用率[174, 178]，如聚集限制、降低温度、环境刚硬化、体系封闭、置于惰性气氛等[213]。因此，目前提出了大量有效的策略来保护三线态激子，其中广泛采用的方法是结晶、聚合、主客体结合、交联、簇合、氘取代等。

1. 结晶

对于有机小分子，采用结晶的方式是限制分子运动、隔绝猝灭因素、提供

稳定环境最简单有效的策略之一。通过结晶，小分子易形成紧密有序的堆积模式，表现出结晶诱导 RTP 的特性[172]。这个系统一般分为纯组分晶体[172, 214]、离子晶体[215]、共晶[194, 216]、自组装晶体[199, 217]、氢键有机骨架[218]、共轭有机骨架等，以分子间作用为主，包括卤素与共轭作用（CX-π）、氢与共轭作用（CH-π）、氢键作用、卤素与氢作用（CX-H）、离子键作用、共轭与共轭作用（π-π）、离子与共轭作用（Ion-π）等[219]。由于高度聚集，扭曲的结构会被周围的分子锁定构象，从而影响三线态性能。分子间距离缩小还可能引起额外的三线态猝灭，如能量转移、扩散运动、三线态-三线态湮灭、聚集诱导猝灭等，导致磷光量子效率下降。而且，结晶导致晶体形貌固定且刚硬，在一些柔性应用上受到限制。因此，以结晶的方式实现室温磷光只能局限于有限的有机分子。

2. 聚合

对于需要满足非晶态和易加工的要求，采用聚合方式是合适的[220]。丰富的聚合类型赋予分子链丰富的修饰功能，大大拓宽了分子的选择。例如，将室温磷光发色团以共聚、成键等方式定位在侧链[202]、主链[221]、末尾点[202, 222]、桥接点[223]等处，并以相互作用辅助固定交联，可有效减少发色团运动，以及减弱外界氧气、湿气的渗透[220]。

3. 主客体结合

如果将磷光分子作为客体以一定比例引入主体基质中，也能实现高效的室温磷光，这主要归因于主体提供了刚性环境及封闭的氛围，同时避免了高浓度的发色团自猝灭的过程[213, 224]。常见的体系，包括将室温磷光体均匀地分散在大环分子内[225]，或者直接把客体主体混合分散成粉末等方式[226]，可以在非晶态样本上轻易地实现室温磷光，大大拓宽了应用范围。例如，制备成纳米的主客体复合颗粒可用于水相的生物成像[227]。主体材料通常为经济的，具有产生相互作用力的基团的，非流体的材料[228]，包括大环分子如环糊精、葫芦脲等[213, 229]，天然化合物如胆固醇、雌二醇、纤维素等[230]，多孔材料如金属有机骨架、共价有机骨架等[231]，无机基质如硅胶、氧化铝、层状双氢氧化物等[210, 232]，聚合物如聚甲基丙烯酸甲酯、聚乙烯醇、Zeonex 等[233]，以及其他有机小分子等[234]。尽管主客体复合的方式增加了实现室温磷光的适用性，但是主体的筛选及制备方式也带来烦琐的过程，特别是一旦混合后就难以分离，导致发光的分子难以回收造成损耗和浪费。

4. 交联

将含有—NH—、—NH_2、—COOH 或—OH 的小分子以偶联或非偶联的方式通过高温或微波处理形成共价交联的碳点体系是目前开发室温磷光材料的新兴方向[235]。通过严苛的制备方法可以有效保证碳点的核心致密化，从而有效抑制非辐射和防止猝灭[236]。特别是，由 C═N、C═O、C═C 基团组成的结构，给予体系充足的(π, π^*)和(n, π^*)，以及交联的矩阵，从而提供足够的分子间作用及氢键作用。分子间的协同作用促使碳点实现交联并完成高效室温磷光，因此碳点的构建是实现室温磷光的方案之一[237]。然而，难以精确调整的制备方式导致碳点发射不稳定，如波长会偏移或磷光寿命不一致等，亟待改进。

5. 簇合

传统的室温磷光分子主要基于共轭结构，如含有苯、萘、蒽等，提供了(π, π^*)特性。近年来一种新发展的非共轭分子以聚集的形式实现 RTP 被广泛关注[238, 239]。它是通过簇合的方式，即含有—CN、—NH_2、—COOH 或—OH 基团的非共轭分子以非键连的聚集形式通过分子间作用形成不同尺寸大小的类簇状结构，凭借这些基团引起的(n, π^*)跃迁以及分子间通过空间共轭作用产生的(π, π^*)跃迁，这些簇结构被激发后可以实现有效的系间窜越，在非辐射和猝灭被抑制的条件下实现高效的室温磷光。这种空间共轭作用通过分子间轨道重叠和电子交流，有效地实现自旋轨道耦合。而且基于空间共轭作用，导致形成不同大小的发射核及不同高低的能级，因此赋予了体系可以实现激发波长依赖的多色 RTP 的特性。

6. 氘取代

除了增加结构刚性抑制非辐射过程的策略外，利用氘取代结构的氢也可以实现非辐射的减弱[201, 240]。主要方式是氘取代后导致更大的核质量，从而降低了发色团的振动频率，直接导致分子运动减弱及无辐射减少。然而，这个策略具有明显的局限性，如需要参与氘取代的分子轨道与 $T_1 \rightarrow S_0$ 跃迁直接相关，这要求精确的位点反应，而且氘取代成本较高，不利于大规模应用。

7. 其他

因为由本征结构及外界环境产生非辐射过程和猝灭效应在室温磷光体系中难以避免，因此即使通过合适的分子设计，仍然可能难以实现高效的室温磷光。因此，选择其他方式有可能带来新的材料开发模式。例如，通过利用三重态能量转移的形式将不利于辐射的三线态激子以能量转移的形式传送至另一种高效发光体系中，从而有效利用三线态激子，减少损耗[241]。通过三线态-单线态能量转移或者三线态-三线态能量转移，在合适的主客体体系中，可以有效地增加磷光量子产率及实现发射波长的改变[242]。此外，利用长距离的电荷扩散也是构建长寿命余晖体系的有效策略[156, 243, 244]。在这一过程中，由参与传递过程的主体作为电子给体，参与发射过程的客体作为电子受体，通过将客体激发后在主体与客体之间形成电荷分离态，随即发生电荷分离并在主体中完成电荷转移。最终，通过电荷重组从受体自由基阴离子返回到给体自由基阳离子，并以25%的单线态对75%三线态的比例由激基复合物产生发射。由于发生长距离的电荷转移，这一过程需要时间较长，从而实现缓慢衰减的余晖。值得注意的是，为了实现长距离的电荷转移，体系要保证低浓度的客体及较短的分子距离。

5.5.5 室温磷光效率的提高和寿命的延长

基于室温磷光过程的分析，可以简单地归纳这些过程如何准确地影响室温磷光的性能。首先，实现室温磷光的前提是需要完成系间窜越，而系间窜越主要涉及的是自旋轨道耦合及单线态三线态能级差。特别是当分子聚集后，可能打开多个系间窜越的通道，因此可以有效实现单线态激子转化[245]。因此，只有系间窜越足够高效，或者系间窜越速率足够快，才可能获得高的系间窜越效率。而高效的系间窜越要求强的自旋轨道耦合及小的单线态三线态能级差，这需要在分子设计上采用不同的策略协同发挥作用。其次，需要提高磷光速率、降低非辐射速率和猝灭速率才能有效减少三线态激子的失活。提高磷光速率需要对 T_1 与 S_0 进行调控，包括构象取向、跃迁类型、能级高低、自旋轨道作用等。至于抑制非辐射过程，则需要增强分子间作用、减少分子运动。另外，猝灭过程也是个不可忽视的问题，特别是分子聚集后，互相接触的分子之间可能导致激发态作用，引起电子交流、转移或者能量转移、转化等，在一定程度上损耗系统内三线态激子，最终导致低效的室温磷光。因此，只有提高系间窜越速率和磷光速率，降低非辐射速率和猝灭速率，才能实现高量子产率的室温磷光。

长寿命的室温磷光在防伪加密、逻辑运算、生物成像、数据存储等应用上具有对比度高、调节范围大、制备简单、经济适用等优势[170]。因此，调控磷光过程来实现长寿命余晖仍然是这一领域所追求的目标。通过分析可知，磷光寿命取决于磷光辐射速率、非辐射速率和猝灭速率。保证低的非辐射速率和猝灭速率是实现室温磷光的基本要求，因此已经发展出许多成熟的方案来解决这一问题。然而，对于要求低的磷光辐射速率而言，可能导致磷光效率的降低[199]。因此，在保证一定磷光效率下，降低磷光辐射速率才具有现实意义[173]。通过减少 T_1 与 S_0 的自旋轨道耦合及提高它们之间的能级差可以有效降低磷光辐射速率。已经发现，采用 El-Sayed 规则，操纵 T_1 的电子组态，确保 T_1 中含有更高比例的 $^3(\pi, \pi^*)$可以有效发挥自旋跃迁禁阻的效果，大大降低磷光辐射速率[183, 246]。至于能级差，通过环境的极性可以有效影响 CT 态的能级，因此可能导致 ^{3}CT 能级变化，从而影响其磷光辐射速率。

这一节通过对磷光过程和基本机理的梳理和分类，提供了较为完整的分析流程。然而，在有机室温磷光的机理中，仍然存在模糊的难以解释的现象及模棱两可的解释等[247]，特别是衍生的新过程仍然需要更多的细节研究，如激发态分子内质子转移[248]、单线态分裂[249]、反 Kasha 发射[185, 245, 250]、力激发磷光[251-253]等。因此，在这里选择了可靠的、反复论证的基本原理进行阐明，希望这些梳理和综述能够帮助人们对有机室温磷光体系有更深层次的认识，并最终以此作为分子工程和应用开发的指导参考。

参考文献

[1] Bredas J L，Beljonne D，Coropceanu V，et al. Charge-transfer and energy-transfer processes in π-conjugated oligomers and polymers：a molecular picture. Chem Rev，2004，104（11）：4971-5003.

[2] Warshel A，Karplus M. Calculation of ground and excited state potential surfaces of conjugated molecules. Ⅰ. Formulation and parametrization. J Am Chem Soc，1972，94（16）：5612-5625.

[3] Pace C J，Gao J. Exploring and exploiting polar-π interactions with fluorinated aromatic amino acids. Acc Chem Res，2013，46（4）：907-915.

[4] Wang H，Zhao E，Lam J W Y，et al. AIE luminogens：emission brightened by aggregation. Mater Today，2015，18（7）：365-377.

[5] Brown C J，Farthing A C. Preparation and structure of di-*p*-xylylene. Nature，1949，164（4178）：915-916.

[6] Cram D J，Steinberg H. Macro rings. Ⅰ. Preparation and spectra of the paracyclophanes. J Am Chem Soc，1951，73（12）：5691-5704.

[7] Cram D J，Allinger N L，Steinberg H. Macro rings. Ⅷ. The spectral consequences of bringing two benzene rings face to face1. J Am Chem Soc，1954，76（23）：6132-6141.

[8] Bai M，Liang J，Xie L，et al. Efficient conducting channels formed by the π-π stacking in single [2, 2] paracyclophane molecules. J Chem Phys，2012，136（10）：104701.

[9] Batra A，Kladnik G，Vazquez H，et al. Quantifying through-space charge transfer dynamics in π-coupled molecular systems. Nat Commun，2012，3：1086.

[10] Morisaki Y，Kawakami N，Nakano T，et al. Energy-transfer properties of a [2.2] paracyclophane-based through-space dimer. Chem Eur J，2013，19（52）：17715-17718.

[11] Morisaki Y，Shibata S，Chujo Y. [2.2] Paracyclophane-based single molecular wire consisting of four π-electron systems. Can J Chem，2017，95（4）：424-431.

[12] Mukhopadhyay S，Jagtap S P，Coropceanu V，et al. π-Stacked oligo（phenylene vinylene）s based on pseudo-geminal substituted [2.2] paracyclophanes：impact of interchain geometry and interactions on the electronic properties. Angew Chem Int Ed，2012，51（46）：11629-11632.

[13] Jagtap S P，Collard D M. Multitiered 2D π-stacked conjugated polymers based on pseudo-geminal disubstituted [2.2] paracyclophane. J Am Chem Soc，2010，132（35）：12208-12209.

[14] Jagtap S P，Collard D M. 2D Multilayered π-stacked conjugated polymers based on a U-turn pseudo-geminal [2.2] paracyclophane scaffold. Polym Chem，2012，3（2）：463-471.

[15] Morisaki Y，Chujo Y. Through-space conjugated polymers consisting of [2.2] paracyclophane. Polym Chem，2011，2（6）：1249-1257.

[16] Sirringhaus H，Tessler N，Friend R H. Integrated optoelectronic devices based on conjugated polymers. Science，

1998，280（5370）：1741-1744.

[17] Sariciftci N S，Smilowitz L，Heeger A J，et al. Photoinduced electron transfer from a conducting polymer to buckminsterfullerene. Science，1992，258（5087）：1474-1476.

[18] Sun D，Rosokha S V，Kochi J K. Through-space（cofacial）π-delocalization among multiple aromatic centers：toroidal conjugation in hexaphenylbenzene-like radical cations. Angew Chem Int Ed，2005，44（32）：5133-5136.

[19] Wu Y，Frasconi M，Gardner D M，et al. Electron delocalization in a rigid cofacial naphthalene-1, 8：4, 5-bis（dicarboximide）dimer. Angew Chem Int Ed，2014，53（36）：9476-9481.

[20] Hartley C S. Folding of ortho-phenylenes. Acc Chem Res，2016，49（4）：646-654.

[21] Schmidt H C，Spulber M，Neuburger M，et al. Charge transfer pathways in three isomers of naphthalene-bridged organic mixed valence compounds. J Org Chem，2016，81（2）：595-602.

[22] Takase M，Inabe A，Sugawara Y，et al. Donor-acceptor segregated paracyclophanes composed of naphthobipyrrole and stacked fluoroarenes. Org Lett，2013，15（13）：3202-3205.

[23] Luo J，Xie Z，Lam J W Y，et al. Aggregation-induced emission of 1-methyl-1，2，3，4，5-pentaphenylsilole. Chem Commun，2001，（18）：1740-1741.

[24] Mei J，Hong Y，Lam J W Y，et al. Aggregation-induced emission：the whole is more brilliant than the parts. Adv Mater，2014，26（31）：5429-5479.

[25] Wang J，Mei J，Hu R，et al. Click synthesis，aggregation-induced emission，*E*/*Z* isomerization，self-organization，and multiple chromisms of pure stereoisomers of a tetraphenylethene-cored luminogen. J Am Chem Soc，2012，134（24）：9956-9966.

[26] Zhang H，Zheng X，Xie N，et al. Why do simple molecules with “isolated” phenyl rings emit visible light？. J Am Chem Soc，2017，139（45）：16264-16272.

[27] Zhu Q，Zhang Y，Nie H，et al. Insight into the strong aggregation-induced emission of low-conjugated racemic C6-unsubstituted tetrahydropyrimidines through crystal-structure-property relationship of polymorphs. Chem Sci，2015，6（8）：4690-4697.

[28] Han T，Deng H，Qiu Z，et al. Facile multicomponent polymerizations toward unconventional luminescent polymers with readily openable small heterocycles. J Am Chem Soc，2018，140（16）：5588-5598.

[29] He Z，Ke C，Tang B Z. Journey of aggregation-induced emission research. ACS Omega，2018，3（3）：3267-3277.

[30] Cai Z，Zhang N，Awais M A，et al. Synthesis of alternating donor-acceptor ladder-type molecules and investigation of their multiple charge-transfer pathways. Angew Chem Int Ed，2018，57（22）：6442-6448.

[31] Yang Z，Mao Z，Xie Z，et al. Recent advances in organic thermally activated delayed fluorescence materials. Chem Soc Rev，2017，46（3）：915-1016.

[32] Im Y，Kim M，Cho Y J，et al. Molecular design strategy of organic thermally activated delayed fluorescence emitters. Chem Mater，2017，29（5）：1946-1963.

[33] Kaji H，Suzuki H，Fukushima T，et al. Purely organic electroluminescent material realizing 100% conversion from electricity to light. Nat Commun，2015，6：8476.

[34] Spuling E，Sharma N，Samuel I D W，et al.（Deep）blue through-space conjugated TADF emitters based on 2.2 paracyclophanes. Chem Commun，2018，54（67）：9278-9281.

[35] Chen X L，Jia J H，Yu R，et al. Combining charge-transfer pathways to achieve unique thermally activated delayed fluorescence emitters for high-performance solution-processed，non-doped blue OLEDs. Angew Chem Int Ed，2017，56（47）：15006-15009.

[36] Tsujimoto H，Ha D G，Markopoulos G，et al. Thermally activated delayed fluorescence and aggregation induced emission with through-space charge transfer. J Am Chem Soc，2017，139（13）：4894-4900.

[37] Guo J，Fan J，Lin L，et al. Mechanical insights into aggregation-induced delayed fluorescence materials with anti-Kasha behavior. Adv Sci，2019，6（3）：1801629.

[38] Guo J，Zhao Z，Tang B Z. Purely organic materials with aggregation-induced delayed fluorescence for efficient nondoped OLEDs. Adv Opt Mater，2018，6（15）：1800264.

[39] Huang J，Nie H，Zeng J，et al. Highly efficient nondoped OLEDs with negligible efficiency roll-off fabricated from aggregation-induced delayed fluorescence luminogens. Angew Chem Int Ed，2017，56（42）：12971-12976.

[40] Guo J，Li X L，Nie H，et al. Achieving high-performance nondoped OLEDs with extremely small efficiency roll-off by combining aggregation-induced emission and thermally activated delayed fluorescence. Adv Funct Mater，2017，27（13）：1606458.

[41] Guo J，Li X L，Nie H，et al. Robust luminescent materials with prominent aggregation-induced emission and thermally activated delayed fluorescence for high-performance organic light-emitting diodes. Chem Mater，2017，29（8）：3623-3631.

[42] Gan S，Zhou J，Smith T A，et al. New AIEgens with delayed fluorescence for fluorescence imaging and fluorescence lifetime imaging of living cells. Mater Chem Front，2017，1（12）：2554-2558.

[43] Zeng J，Guo J，Liu H，et al. Aggregation-induced delayed fluorescence luminogens for efficient organic light-emitting diodes. Chem Asian J，2019，14（6）：828-835.

[44] Shao S，Hu J，Wang X，et al. Blue thermally activated delayed fluorescence polymers with nonconjugated backbone and through-space charge transfer effect. J Am Chem Soc，2017，139（49）：17739-17742.

[45] Kirner S，Sekita M，Guldi D M. 25th anniversary article：25 years of fullerene research in electron transfer chemistry. Adv Mater，2014，26（10）：1482-1493.

[46] Hua C，Doheny P W，Ding B，et al. Through-space intervalence charge transfer as a mechanism for charge delocalization in metal-organic frameworks. J Am Chem Soc，2018，140（21）：6622-6630.

[47] AlKaabi K，Wade C R，Dinca M. Transparent-to-dark electrochromic behavior in naphthalene-diimide-based mesoporous MOF-74 analogs. Chem，2016，1（2）：264-272.

[48] Zhang Z，Awaga K. Redox-active metal-organic frameworks as electrode materials for batteries. MRS Bull，2016，41（11）：883-889.

[49] Aubrey M L，Long J R. A dual-ion battery cathode via oxidative insertion of anions in a metal-organic framework. J Am Chem Soc，2015，137（42）：13594-13602.

[50] Gong X，Young R M，Hartlieb K J，et al. Intramolecular energy and electron transfer within a diazaperopyrenium-based cyclophane. J Am Chem Soc，2017，139（11）：4107-4116.

[51] Hunter C A，Sanders J K M. The nature of π-π interactions. J Am Chem Soc，1990，112（14）：5525-5534.

[52] Dyar S M，Barnes J C，Juricek M，et al. Electron transfer and multi-electron accumulation in $ExBox^{4+}$. Angew Chem Int Ed，2014，53（21）：5371-5375.

[53] Barnes J C，Fahrenbach A C，Dyar S M，et al. Mechanically induced intramolecular electron transfer in a mixed-valence molecular shuttle. Proc Natl Acad Sci USA，2012，109（29）：11546-11551.

[54] Shen P C，Zhuang Z Y，Zhao Z，et al. Recent advances of folded tetraphenylethene derivatives featuring through-space conjugation. Chin Chem Lett，2016，27（8）：1115-1123.

[55] Zhuang Z，Shen P，Ding S，et al. Synthesis，aggregation-enhanced emission，polymorphism and piezochromism

of TPE-cored foldamers with through-space conjugation. Chem Commun，2016，52（72）：10842-10845.

[56] Zhao Z，He B，Nie H，et al. Stereoselective synthesis of folded luminogens with arene-arene stacking interactions and aggregation-enhanced emission. Chem Commun，2014，50（9）：1131-1133.

[57] Luo W，Nie H，He B，et al. Spectroscopic and theoretical characterization of through-space conjugation of foldamers with a tetraphenylethene hinge. Chem Eur J，2017，23（71）：18041-18048.

[58] He B，Nie H，Chen L，et al. High fluorescence efficiencies and large Stokes shifts of folded fluorophores consisting of a pair of alkenyl-tethered，π-stacked oligo-*p*-phenylenes. Org Lett，2015，17（24）：6174-6177.

[59] He B，Nie H，Luo W，et al. Synthesis，structure and optical properties of tetraphenylethene derivatives with through-space conjugation between benzene and various planar chromophores. Org Chem Front，2016，3（9）：1091-1095.

[60] Zhuang Z，Bu F，Luo W，et al. Steric，conjugation and electronic impacts on the photoluminescence and electroluminescence properties of luminogens based on phosphindole oxide. J Mater Chem C，2017，5（7）：1836-1842.

[61] He B，Luo W，Hu S，et al. Synthesis and photophysical properties of new through-space conjugated luminogens constructed by folded tetraphenylethene. J Mater Chem C，2017，5（47）：12553-12560.

[62] Zhang Y，Shen P，He B，et al. New fluorescent through-space conjugated polymers：synthesis，optical properties and explosive detection. Polym Chem，2018，9（5）：558-564.

[63] Zhao Z，Lam J W Y，Chan C Y K，et al. Stereoselective synthesis，efficient light emission，and high bipolar charge mobility of chiasmatic luminogens. Adv Mater，2011，23（45）：5430-5435.

[64] Xiang D，Wang X，Jia C，et al. Molecular-scale electronics：from concept to function. Chem Rev，2016，116（7）：4318-4440.

[65] Morisaki Y，Ueno S，Saeki A，et al. π-Electron-system-layered polymer：through-space conjugation and properties as a single molecular wire. Chem Eur J，2012，18（14）：4216-4224.

[66] Miguel D，de Cienfuegos L A，Martin-Lasanta A，et al. Toward multiple conductance pathways with heterocycle-based oligo（phenyleneethynylene）derivatives. J Am Chem Soc，2015，137（43）：13818-13826.

[67] Qi S，Iida H，Liu L，et al. Electrical switching behavior of a 60 fullerene-based molecular wire encapsulated in a syndiotactic poly（methyl methacrylate）helical cavity. Angew Chem Int Ed，2013，52（3）：1049-1053.

[68] Chen L，Wang Y H，He B，et al. Multichannel conductance of folded single-molecule wires aided by through-space conjugation. Angew Chem Int Ed，2015，54（14）：4231-4235.

[69] Zhen S，Mao J C，Chen L，et al. Remarkable multichannel conductance of novel single-molecule wires built on through-space conjugated hexaphenylbenzene. Nano Lett，2018，18（7）：4200-4205.

[70] 陈晓红，张永明，袁望章. 非典型发光化合物的簇聚诱导发光. 化学进展，2019，31（11）：1560-1575.

[71] Zhou Q，Cao B，Zhu C，et al. Clustering-triggered emission of nonconjugated polyacrylonitrile. Small，2016，12（47）：6586-6592.

[72] Shukla A，Mukherjee S，Sharma S，et al. UV laser-induced visible blue radiation from protein crystals and aggregates：scattering artifacts or fluorescence transitions of peptide electrons delocalized through hydrogen bonding?. Arch Biochem Biophys，2004，428（2）：144-153.

[73] del Mercato L L，Pompa P P，Maruccio G，et al. Charge transport and intrinsic fluorescence in amyloid-like fibrils. Proc Natl Acad Sci USA，2007，104（46）：18019-18024.

[74] Yanari S S，Bovey F A，Lumry R. Fluorescence of styrene homopolymers and copolymers. Nature，1963，200

(4903): 242-244.

[75] Zhang H, Zheng X, Xie N, et al. Why do simple molecules with "isolated" phenyl rings emit visible light? J Am Chem Soc, 2017, 139 (45): 16264-16272.

[76] Sakai K I, Tsuchiya S, Kikuchi T, et al. An ESIPT fluorophore with a switchable intramolecular hydrogen bond for applications in solid-state fluorochromism and white light generation. J Mater Chem C, 2016, 4 (10): 2011-2016.

[77] Martínez A G, Barcina J O, Cerezo A D F, et al. Hindered rotation in diphenylmethane derivatives. electrostatic *vs* charge-transfer and homoconjugative aryl-aryl interactions. J Am Chem Soc, 1998, 120 (4): 673-679.

[78] Chen L, Wang Y H, He B, et al. Multichannel conductance of folded single-molecule wires aided by through-space conjugation. Angew Chem Int Ed, 2015, 54 (14): 4231-4235.

[79] Han T, Deng H, Qiu Z, et al. Facile multicomponent polymerizations toward unconventional luminescent polymers with readily openable small heterocycles. J Am Chem Soc, 2018, 140 (16): 5588-5598.

[80] Gautam P, Sharma R, Misra R, et al. Donor-acceptor-acceptor (D-A-A) type 1, 8-naphthalimides as non-fullerene small molecule acceptors for bulk heterojunction solar cells. Chem Sci, 2017, 8 (3): 2017-2024.

[81] Cai Y, Du L, Samedov K, et al. Deciphering the working mechanism of aggregation-induced emission of tetraphenylethylene derivatives by ultrafast spectroscopy. Chem Sci, 2018, 9 (20): 4662-4670.

[82] Liu Y, Roose J, Lam J W Y, et al. Multicomponent polycoupling of internal diynes, aryl diiodides, and boronic acids to functional poly(tetraarylethene)s. Macromolecules, 2015, 48 (22): 8098-8107.

[83] Gao Y J, Chang X P, Liu X Y, et al. Excited-state decay paths in tetraphenylethene derivatives. J Phys Chem A, 2017, 121 (13): 2572-2579.

[84] Prlj A, Doslic N, Corminboeuf C. How does tetraphenylethylene relax from its excited states?. Phys Chem Chem Phys, 2016, 18 (17): 11606-11609.

[85] Yan J J, Wang Z K, Lin X S, et al. Polymerizing nonfluorescent monomers without incorporating any fluorescent agent produces strong fluorescent polymers. Adv Mater, 2012, 24 (41): 5617-5624.

[86] Zhang Q, Mao Q, Shang C, et al. Simple aliphatic oximes as nonconventional luminogens with aggregation-induced emission characteristics. J Mater Chem C, 2017, 5 (15): 3699-3705.

[87] Yan J, Zheng B, Pan D, et al. Unexpected fluorescence from polymers containing dithio/amino-succinimides. Polym Chem, 2015, 6 (34): 6133-6139.

[88] Halpern A M. The vapor state emission from a saturated amine. Chem Phys Lett, 1970, 6 (4): 296-298.

[89] Chu C C, Imae T. Fluorescence investigations of oxygen-doped simple amine compared with fluorescent pamam dendrimer. Macromol Rapid Comm, 2009, 30 (2): 89-93.

[90] Zhang H. Aggregation-induced emission: mechanistic study, clusteroluminescence and kinetic resolution. Hong Kong: Hong Kong University of Science and Technology, 2018.

[91] Wang Y, Bin X, Chen X, et al. Emission and emissive mechanism of nonaromatic oxygen clusters. Macromol Rapid Comm, 2018, 39 (21): 1800528.

[92] Ye R, Liu Y, Zhang H, et al. Non-conventional fluorescent biogenic and synthetic polymers without aromatic rings. Polym Chem, 2017, 8 (10): 1722-1727.

[93] Liu B, Wang Y L, Bai W, et al. Fluorescent linear CO_2-derived poly (hydroxyurethane) for cool white LED. J Mater Chem C, 2017, 5 (20): 4892-4898.

[94] Chen X, Liu X, Lei J, et al. Synthesis, clustering-triggered emission, explosive detection and cell imaging of nonaromatic polyurethanes. Mol Syst Des Eng, 2018, 3 (2): 364-375.

[95] Dou X，Zhou Q，Chen X，et al. Clustering-triggered emission and persistent room temperature phosphorescence of sodium alginate. Biomacromolecules，2018，19（6）：2014-2022.

[96] Shiau S F，Juang T Y，Chou H W，et al. Synthesis and properties of new water-soluble aliphatic hyperbranched poly（amido acids）with high pH-dependent photoluminescence. Polymer，2013，54（2）：623-630.

[97] Chen X，Luo W，Ma H，et al. Prevalent intrinsic emission from nonaromatic amino acids and poly（amino acids）. Sci China Chem，2018，61（3）：351-359.

[98] Vasquez V，Baez M E，Bravo M，et al. Determination of heavy polycyclic aromatic hydrocarbons of concern in edible oils via excitation-emission fluorescence spectroscopy on nylon membranes coupled to unfolded partial least-squares/residual bilinearization. Anal Bioanal Chem，2013，405（23）：7497-7507.

[99] Ruff Y，Lehn J M. Glycodynamers：fluorescent dynamic analogues of polysaccharides. Angew Chem Int Ed，2008，47（19）：3556-3559.

[100] Restani R B，Morgado P I，Ribeiro M P，et al. Biocompatible polyurea dendrimers with ph-dependent fluorescence. Angew Chem Int Ed，2012，51（21）：5162-5165.

[101] Paik S P，Ghatak S K，Dey D，et al. Poly(ethylene glycol) vesicles：self-assembled site for luminescence generation. Anal Chem，2012，84（17）：7555-7561.

[102] Wang Y，Bin X，Chen X，et al. Emission and emissive mechanism of nonaromatic oxygen clusters. Macromol Rapid Comm，2018，39（21）：1800528.

[103] Miao X，Liu T，Zhang C，et al. Fluorescent aliphatic hyperbranched polyether：chromophore-free and without any N and P atoms. Phys Chem Chem Phys，2016，18（6）：4295-4299.

[104] Du Y，Bai T，Ding F，et al. The inherent blue luminescence from oligomeric siloxanes. Polym J，2019，51（9）：869-882.

[105] Bertrand J A，Cotton F A，Dollase W A. The crystal structure of cesium dodecachlorotrirhenate-（Ⅲ），a compound with a new type of metal atom cluster. Inorg Chem，1963，2（6）：1166-1171.

[106] Luo Z，Yuan X，Yu Y，et al. From aggregation-induced emission of Au(Ⅰ)-thiolate complexes to ultrabright Au(0)@Au(Ⅰ)-thiolate core-shell nanoclusters. J Am Chem Soc，2012，134（40）：16662-16670.

[107] Sugiuchi M，Maeba J，Okubo N，et al. Aggregation-induced fluorescence-to-phosphorescence switching of molecular gold clusters. J Am Chem Soc，2017，139（49）：17731-17734.

[108] Wu X H，Luo P，Wei Z，et al. Guest-triggered aggregation-induced emission in silver chalcogenolate cluster metal-organic frameworks. Adv Sci，2018，6（2）：1801304.

[109] Huang R W，Wei Y S，Dong X Y，et al. Hypersensitive dual-function luminescence switching of a silver-chalcogenolate cluster-based metal-organic framework. Nat Chem，2017，9（7）：689-697.

[110] Liu H，Gao X，Zhuang X，et al. A specific electrochemiluminescence sensor for selective and ultra-sensitive mercury（Ⅱ）detection based on dithiothreitol functionalized copper nanocluster/carbon nitride nanocomposites. Analyst，2019，144（14）：4425-4431.

[111] Wang Z，Shi Y E，Yang X，et al. Water-soluble biocompatible copolymer hypromellose grafted chitosan able to load exogenous agents and copper nanoclusters with aggregation-induced emission. Adv Funct Mater，2018，28（34）：1802848.

[112] Yan X，Wei P，Liu Y，et al. Endo-and exo-functionalized tetraphenylethylene M12L24 nanospheres：fluorescence emission inside a confined space. J Am Chem Soc，2019，141（24）：9673-9679.

[113] Zhou Z，Chen D G，Saha M L，et al. Designed conformation and fluorescence properties of self-assembled

phenazine-cored platinum（Ⅱ）metallacycles. J Am Chem Soc，2019，141（13）：5535-5543.

[114] Xu L，Shen X，Zhou Z，et al. Metallacycle-cored supramolecular polymers：fluorescence tuning by variation of substituents. J Am Chem Soc，2018，140（49）：16920-16924.

[115] Wang D，Imae T. Fluorescence emission from dendrimers and its pH dependence. J Am Chem Soc，2004，126（41）：13204-13205.

[116] Shang C，Wei N，Zhuo H，et al. Highly emissive poly(maleic anhydride-*alt*-vinyl pyrrolidone) with molecular weight-dependent and excitation-dependent fluorescence. J Mater Chem C，2017，5（32）：8082-8090.

[117] Wang R B，Yuan W Z，Zhu X Y. Aggregation-induced emission of non-conjugated poly(amido amine)s：discovering，luminescent mechanism understanding and bioapplication. Chinese J Polym Sci，2015，33（5）：680-687.

[118] Hoffmann R. Interaction of orbitals through space and through bonds. Acc Chem Res，1971，4（1）：1-9.

[119] Zhang H，Du L，Wang L，et al. Visualization and manipulation of molecular motion in solid state through photo-induced clusteroluminescence. J Phys Chem Lett，2019，10（22）：7077-7085.

[120] Zhou X，Luo W，Nie H，et al. Oligo(maleic anhydride)s：a platform for unveiling the mechanism of clusteroluminescence of non-aromatic polymers. J Mater Chem C，2017，5（19）：4775-4779.

[121] Newberry R W，Raines R T. A key $n\rightarrow\pi^*$ interaction in *N*-acyl homoserine lactones. ACS Chem Biol，2014，9（4）：880-883.

[122] Schmucker D J，Dunbar S R，Shepherd T D，et al. A $n\rightarrow\pi^*$ interactions in *N*-acyl homoserine lactone derivatives and their effects on hydrolysis rates. J Phys Chem A，2019，123（13）：2537-2543.

[123] Sturala J，Etherington M K，Bismillah A N，et al. Excited-state aromatic interactions in the aggregation-induced emission of molecular rotors. J Am Chem Soc，2017，139（49）：17882-17889.

[124] Yang T，Dai S，Yang S，et al. Interfacial clustering-triggered fluorescence-phosphorescence dual solvoluminescence of metal nanoclusters. J Phys Chem Lett，2017，8（17）：3980-3985.

[125] Zheng K，Yuan X，Kuah K，et al. Boiling water synthesis of ultrastable thiolated silver nanoclusters with aggregation-induced emission. Chem Comm，2015，51（82）：15165-15168.

[126] Goswami N，Yao Q，Luo Z，et al. Luminescent metal nanoclusters with aggregation-induced emission. J Phys Chem Lett，2016，7（6）：962-975.

[127] Wu Z，Du Y，Liu J，et al. Aurophilic interactions in the self-assembly of gold nanoclusters into nanoribbons with enhanced luminescence. Angew Chem Int Ed，2019，58（24）：8139-8144.

[128] Qian H，Cousins M E，Horak E H，et al. Suppression of Kasha's rule as a mechanism for fluorescent molecular rotors and aggregation-induced emission. Nat Chem，2017，9（1）：83-87.

[129] Guo J，Fan J，Lin L，et al. Mechanical insights into aggregation-induced delayed fluorescence materials with anti-kasha behavior. Adv Sci，2019，6（3）：1801629.

[130] He Z，Zhao W，Lam J W Y，et al. White light emission from a single organic molecule with dual phosphorescence at room temperature. Nat Comm，2017，8（1）：416.

[131] Bradley J N，Tse R S. Splitting of electron cyclotron resonance signals produced during chemi-ionization. J Chem Phys，1968，49（4）：1968-1969.

[132] Jhun B H，Yi S Y，Jeong D，et al. Aggregation of an n-π^* molecule induces fluorescence turn-on. J Phys Chem C，2017，121（21）：11907-11914.

[133] Ohrn A，Karlström G. $\pi^*\rightarrow n$ fluorescence transition in formaldehyde in aqueous solution：a combined quantum

chemical statistical mechanical study. J Phys Chem A，2006，110（5）：1934-1942.

[134] Chi Z，Zhang X，Xu B，et al. Recent advances in organic mechanofluorochromic materials. Chem Soc Rev，2012，41（10）：3878-3896.

[135] Mei J，Hong Y，Lam J W Y，et al. Aggregation-induced emission：the whole is more brilliant than the parts. Adv Mater，2014，26（31）：5429-5479.

[136] Zhang X，Chi Z，Xu B，et al. End-group effects of piezofluorochromic aggregation-induced enhanced emission compounds containing distyrylanthracene. J Mater Chem，2012，22（35）：18505-18513.

[137] Löwe C，Weder C. Oligo(*p*-phenylene vinylene) excimers as molecular probes：deformation-induced color changes in photoluminescent polymer blends. Adv Mater，2002，14（22）：1625-1629.

[138] Yoon S J，Chung J W，Gierschner J，et al. Multistimuli two-color luminescence switching via different slip-stacking of highly fluorescent molecular sheets. J Am Chem Soc，2010，132（39）：13675-13683.

[139] Dong Y，Xu B，Zhang J，et al. Piezochromic luminescence based on the molecular aggregation of 9, 10-bis[(*E*)-2-(pyrid-2-yl)vinyl]anthracene. Angew Chem Int Ed，2012，51（43）：10782-10785.

[140] Ren Y，Kan W K，Thangadurai V，et al. Bio-inspired phosphole-lipids：from highly fluorescent organogels to mechanically responsive FRET. Angew Chem Int Ed，2012，51（16）：3964-3968.

[141] Kwon M S，Gierschner J，Yoon S J，et al. Piezochromism：unique piezochromic fluorescence behavior of dicyanodistyrylbenzene based donor-acceptor-donor triad：mechanically controlled photo-induced electron transfer（ET）in molecular assemblies. Adv Mater，2012，24（40）：5401.

[142] Luo J，Li L Y，Song Y，et al. A piezochromic luminescent complex：mechanical force induced patterning with a high contrast ratio. Chem Eur J，2011，17（38）：10515-10519.

[143] Chung J W，You Y，Huh H S，ct al. Shear-and UV-induced fluorescence switching in stilbenic π-dimer crystals powered by reversible [2 + 2] cycloaddition. J Am Chem Soc，2009，131（23）：8163-8172.

[144] Zhang X，Chi Z，Li H，et al. Piezofluorochromism of an aggregation-induced emission compound derived from tetraphenylethylene. Chem Asian J，2011，6（3）：808-811.

[145] Luo X，Li J，Li C，et al. Reversible switching of the emission of diphenyldibenzofulvenes by thermal and mechanical stimuli. Adv Mater，2011，23（29）：3261-3265.

[146] Wang J，Mei J，Hu R，et al. Click synthesis，aggregation-induced emission，isomerization，self-organization，and multiple chromisms of pure stereoisomers of a tetraphenylethene-cored luminogen. J Am Chem Soc，2012，134（24）：9956-9966.

[147] Zhao N，Yang Z，Lam J W Y，et al. Benzothiazolium-functionalized tetraphenylethene：an AIE luminogen with tunable solid-state emission. Chem Comm，2012，48（69）：8637-8639.

[148] Qi Q，Liu Y，Fang X，et al. AIE（AIEE）and mechanofluorochromic performances of TPE-methoxylates：effects of single molecular conformations. RSC Adv，2013，3（21）：7996-8002.

[149] Yuan W Z，Tan Y，Gong Y，et al. Synergy between twisted conformation and effective intermolecular interactions：strategy for efficient mechanochromic luminogens with high contrast. Adv Mater，2013，25（20）：2837-2843.

[150] Chen F，Zhang J，Wan X. Design and synthesis of piezochromic materials based on push-pull chromophores：a mechanistic perspective. Chem Eur J，2012，18（15）：4558-4567.

[151] Lewis G N，Kasha M. Phosphorescence and the triplet state. J Am Chem Soc，1944，66（12）：2100-2116.

[152] Baldo M A，O'Brien D F，You Y，et al. Highly efficient phosphorescent emission from organic electroluminescent devices. Nature，1998，395（6698）：151-154.

[153] Mei J，Hong Y，Lam J W Y，et al. Aggregation-induced emission：the whole is more brilliant than the parts. Adv Mater，2014，26（31）：5429-5479.

[154] Weissleder R. A clearer vision for *in vivo* imaging. Nat Biotechnol，2001，19：316-317.

[155] Xu H，Chen R，Sun Q，et al. Recent progress in metal-organic complexes for optoelectronic applications. Chem Soc Rev，2014，43（10）：3259-3302.

[156] Kabe R，Adachi C. Organic long persistent luminescence，Nature，2017，550：384-387.

[157] Uoyama H，Goushi K，Shizu K，et al. Highly efficient organic light-emitting diodes from delayed fluorescence. Nature，2012，492（7428）：234.

[158] Zhao W，He Z，Tang B Z. Room-temperature phosphorescence from organic aggregates. Nat Rev Mater，2020，5（12）：869-885.

[159] Gu J，Li Z，Li Q. From single molecule to molecular aggregation science. Coord Chem Rev，2023，475：214872.

[160] Zhou Z，Xie X，Sun Z，et al. Recent advances in metal-free phosphorescent materials for organic light-emitting diodes. J Mater Chem C，2023，11（9）：3143-3161.

[161] Zhang Y，Li H，Yang M，et al. Organic room-temperature phosphorescence materials for bioimaging. Chem Comm，2023，59（36）：5329-5342.

[162] Lower S K，El-Sayed M A. The triplet state and molecular electronic processes in organic molecules. Chem Rev，1966，66（2）：199-241.

[163] Wise D L. Electrical and Optical Polymer Systems：Fundamentals，Methods，and Applications. Boca Raton：CRC Press，1998.

[164] Turro N J，Ramamurthy V，Scaiano J. Modern Molecular Photochemistry of Organic Molecules. Melville：University Science Books Mill Valley，2017.

[165] Marian C M. Spin-orbit coupling and intersystem crossing in molecules. Wires Comput Mol Sci，2012，2（2）：187-203.

[166] Baryshnikov G，Minaev B，Ågren H. Theory and calculation of the phosphorescence phenomenon. Chem Rev，2017，117（9）：6500-6537.

[167] Kuijt J，Ariese F，Brinkman U A T，et al. Room temperature phosphorescence in the liquid state as a tool in analytical chemistry. Anal Chim Acta，2003，488（2）：135-171.

[168] Lewis G N，Lipkin D，Magel T T. Reversible photochemical processes in rigid media. a study of the phosphorescent state. J Am Chem Soc，1941，63（11）：3005-3018.

[169] Mei J，Leung N L，Kwok R T，et al. Aggregation-induced emission：together we shine，united we soar! Chem Rev，2015，115（21）：11718-11940.

[170] Xu S，Chen R，Zheng C，et al. Excited state modulation for organic afterglow：materials and applications. Adv Mater，2016，28（45）：9920-9940.

[171] Ward J S，Nobuyasu R S，Batsanov A S，et al. The interplay of thermally activated delayed fluorescence（TADF）and room temperature organic phosphorescence in sterically-constrained donor-acceptor charge-transfer molecules. Chem Comm，2016，52（12）：2612-2615.

[172] Yuan W Z，Shen X Y，Zhao H，et al. Crystallization-induced phosphorescence of pure organic luminogens at room temperature. J Phys Chem C，2010，114（13）：6090-6099.

[173] An Z，Zheng C，Tao Y，et al. Stabilizing triplet excited states for ultralong organic phosphorescence. Nat Mater，2015，14（7）：685-690.

[174] Baroncini M，Bergamini G，Ceroni P. Rigidification or interaction-induced phosphorescence of organic molecules. Chem Comm，2017，53（13）：2081-2093.

[175] Yuasa H，Kuno S. Intersystem crossing mechanisms in the room temperature phosphorescence of crystalline organic compounds. Bull Chem Soc Jpn，2018，91（2）：223-229.

[176] 李振，杨杰，谢育俊. 有机室温磷光材料. 北京：科学出版社，2023.

[177] Ma H，Lv A，Fu L，et al. Room-temperature phosphorescence in metal-free organic materials. Ann Phys，2019，531（7）：1800482.

[178] Hayduk M，Riebe S，Voskuhl J. Phosphorescence through hindered motion of pure organic emitters. Chem Eur J，2018，24（47）：12221-12230.

[179] Zheng X，Yang C. Research status and strategy of pure organic room temperature phosphorescent materials. Chinese J Lumin，2022，43（7）：1027-1039.

[180] Shuai Z，Peng Q. Excited states structure and processes：understanding organic light-emitting diodes at the molecular level. Phys Rep，2014，537（4）：123-156.

[181] Shao W，Kim J. Metal-free organic phosphors toward fast and efficient room-temperature phosphorescence. Acc Chem Res，2022，55（11）：1573-1585.

[182] Henry B R，Siebrand W. Spin-orbit coupling in aromatic hydrocarbons. Analysis of nonradiative transitions between singlet and triplet states in benzene and naphthalene. J Chem Phys，1971，54（3）：1072-1085.

[183] Ma H，Peng Q，An Z，et al. Efficient and long-lived room-temperature organic phosphorescence：Theoretical descriptors for molecular designs. J Am Chem Soc，2018，141（2）：1010-1015.

[184] Shimizu M，Shigitani R，Nakatani M，et al. Siloxy group-induced highly efficient room temperature phosphorescence with long lifetime. J Phys Chem C，2016，120（21）：11631-11639.

[185] Zhou C，Zhang S，Gao Y，et al. Ternary emission of fluorescence and dual phosphorescence at room temperature：a single-molecule white light emitter based on pure organic aza-aromatic material. Adv Funct Mater，2018，28（32）：1802407.

[186] Fermi A，Bergamini G，Roy M，et al. Turn-on phosphorescence by metal coordination to a multivalent terpyridine ligand：a new paradigm for luminescent sensors. J Am Chem Soc，2014，136（17）：6395-6400.

[187] Takeda Y，Kaihara T，Okazaki M，et al. Conformationally-flexible and moderately electron-donating units-installed D-A-D triad enabling multicolor-changing mechanochromic luminescence，TADF and room-temperature phosphorescence. Chem Comm，2018，54：6847-6850.

[188] Zhou Y，Qin W，Du C，et al. Long-lived room-temperature phosphorescence for visual and quantitative detection of oxygen. Angew Chem Int Ed，2019，58（35）：12102-12106.

[189] Salla C A M，Farias G，Rouzières M，et al. Persistent solid-state phosphorescence and delayed fluorescence at room temperature by a twisted hydrocarbon. Angew Chem Int Ed，2019，58（21）：6982-6986.

[190] Schmidt K，Brovelli S，Coropceanu V，et al. Intersystem crossing processes in nonplanar aromatic heterocyclic molecules. J Phys Chem A，2007，111（42）：10490-10499.

[191] Carretero A S，Castillo A S，Gutiérrez A F. A review of heavy-atom-induced room-temperature phosphorescence：a straightforward phosphorimetric method. Crit Rev Anal Chem，2005，35（1）：3-14.

[192] Wen Y，Liu H，Zhang S，et al. One-dimensional π-π stacking induces highly efficient pure organic room-temperature phosphorescence and ternary-emission single-molecule white light. J Mater Chem C，2019，7（40）：12502-12508.

[193] Shi H，An Z，Li P Z，et al. Enhancing organic phosphorescence by manipulating heavy-atom interaction. Cryst Growth Des，2016，16（2）：808-813.

[194] Xiao L，Wu Y，Chen J，et al. Highly efficient room-temperature phosphorescence from halogen-bonding-assisted doped organic crystals. J Phys Chem A，2017，121（45）：8652-8658.

[195] Xu L，Li G，Xu T，et al. Chalcogen atom modulated persistent room-temperature phosphorescence through intramolecular electronic coupling. Chem Comm，2018，54（66）：9226-9229.

[196] He G，Torres Delgado W，Schatz D J，et al. Coaxing solid-state phosphorescence from tellurophenes. Angew Chem Int Ed，2014，53（18）：4587-4591.

[197] Mao Z，Yang Z，Mu Y，et al. Linearly tunable emission colors obtained from a fluorescent-phosphorescent dual-emission compound by mechanical stimuli. Angew Chem Int Ed，2015，54（21）：6270-6273.

[198] Wang J，Gu X，Ma H，et al. A facile strategy for realizing room temperature phosphorescence and single molecule white light emission. Nat Comm，2018，9（1）：2963.

[199] Bolton O，Lee K，Kim H J，et al. Activating efficient phosphorescence from purely organic materials by crystal design. Nat Chem，2011，3（3）：205-210.

[200] Kuno S，Akeno H，Ohtani H，et al. Visible room-temperature phosphorescence of pure organic crystals via a radical-ion-pair mechanism. Phys Chem Chem Phys，2015，17（24）：15989-15995.

[201] Matsuoka H，Retegan M，Schmitt L，et al. Time-resolved electron paramagnetic resonance and theoretical investigations of metal-free room-temperature triplet emitters. J Am Chem Soc，2017，139（37）：12968-12975.

[202] Chen X，Xu C，Wang T，et al. Versatile room-temperature-phosphorescent materials prepared from *N*-substituted naphthalimides：emission enhancement and chemical conjugation. Angew Chem Int Ed，2016，55（34）：9872-9876.

[203] Yang Z，Mao Z，Zhang X，et al. Intermolecular electronic coupling of organic units for efficient persistent room-temperature phosphorescence. Angew Chem Int Ed，2016，55（6）：2181-2185.

[204] Chen C，Huang R，Batsanov A S，et al. Intramolecular charge transfer controls switching between room temperature phosphorescence and thermally activated delayed fluorescence. Angew Chem Int Ed，2018，57（50）：16407-16411.

[205] Li Q，Li Z. The strong light-emission materials in the aggregated state：what happens from a single molecule to the collective group. Adv Sci，2017，4（7）：1600484.

[206] Yang L，Wang X，Zhang G，et al. Aggregation-induced intersystem crossing：a novel strategy for efficient molecular phosphorescence. Nanoscale，2016，8（40）：17422-17426.

[207] Yang J，Zhen X，Wang B，et al. The influence of the molecular packing on the room temperature phosphorescence of purely organic luminogens. Nat Comm，2018，9（1）：1-10.

[208] Lucenti E，Forni A，Botta C，et al. Cyclic triimidazole derivatives：intriguing examples of multiple emissions and ultralong phosphorescence at room temperature. Angew Chem Int Ed，2017，56（51）：16302-16307.

[209] Wu H，Chi W，Baryshnikov G，et al. Crystal multi-conformational control through deformable carbon-sulfur bond for singlet-triplet emissive tuning. Angew Chem Int Ed，2019，58（13）：4328-4333.

[210] Gao R，Yan D. Layered host-guest long-afterglow ultrathin nanosheets：high-efficiency phosphorescence energy transfer at 2D confined interface. Chem Sci，2017，8（1）：590-599.

[211] Breen D E，Keller R A. Intramolecular energy transfer between triplet states of weakly interacting chromophores. Ⅰ. Compounds in which the chromophores are separated by a series of methylene groups. J Am Chem Soc，1968，90（8）：1935-1940.

[212] Ma H, Shi W, Ren J, et al. Electrostatic interaction-induced room-temperature phosphorescence in pure organic molecules from QM/MM calculations. J Phys Chem Lett, 2016, 7 (15): 2893-2898.

[213] Ma X, Wang J, Tian H. Assembling-induced emission: an efficient approach for amorphous metal-free organic emitting materials with room-temperature phosphorescence. Acc Chem Res, 2019, 52 (3): 738-748.

[214] Gong Y, Chen G, Peng Q, et al. Achieving persistent room temperature phosphorescence and remarkable mechanochromism from pure organic luminogens. Adv Mater, 2015, 27 (40): 6195-6201.

[215] Chen G, Guo S, Feng H, et al. Anion-regulated transient and persistent phosphorescence and size-dependent ultralong afterglow of organic ionic crystals. J Mater Chem C, 2019, 7 (46): 14535-14542.

[216] Shen Q J, Wei H Q, Zou W S, et al. Cocrystals assembled by pyrene and 1, 2- or 1, 4-diiodotetrafluorobenzenes and their phosphorescent behaviors modulated by local molecular environment. CrystEngComm, 2012, 14 (3): 1010-1015.

[217] Bian L, Shi H, Wang X, et al. Simultaneously enhancing efficiency and lifetime of ultralong organic phosphorescence materials by molecular self-assembly. J Am Chem Soc, 2018, 140 (34): 10734-10739.

[218] Han S, Lian G, Zhang X, et al. Achieving long lifetime of pure organic room-temperature phosphorescence via constructing hydrogen-bonded organic frameworks. J Lumin, 2021, 236: 118120.

[219] Jiang G, Yu J, Wang J, et al. Ion-π interactions for constructing organic luminescent materials. Aggregate, 2022, 3 (6): e285.

[220] Fang M M, Yang J, Li Z. Recent advances in purely organic room temperature phosphorescence polymer. Chinese J Polym Sci, 2019, 37 (4): 383-393.

[221] Kanosue K, Hirata S, Vacha M, et al. A colorless semi-aromatic polyimide derived from a sterically hindered bromine-substituted dianhydride exhibiting dual fluorescence and phosphorescence emission. Mater Chem Front, 2019, 3 (1): 39-49.

[222] Zhang G, Chen J, Payne S J, et al. Multi-emissive difluoroboron dibenzoylmethane polylactide exhibiting intense fluorescence and oxygen-sensitive room-temperature phosphorescence. J Am Chem Soc, 2007, 129 (29): 8942-8943.

[223] Ma X, Xu C, Wang J, et al. Amorphous pure organic polymers for heavy-atom-free efficient room-temperature phosphorescence emission. Angew Chem Int Ed, 2018, 57 (34): 10854-10858.

[224] Qu G, Zhang Y, Ma X. Recent progress on pure organic room temperature phosphorescence materials based on host-guest interactions. Chinese Chem Lett, 2019, 30 (10): 1809-1814.

[225] Zhou W L, Lin W, Chen Y, et al. Supramolecular assembly confined purely organic room temperature phosphorescence and its biological imaging. Chem Sci, 2022, 13 (27): 7976-7989.

[226] Lei Y, Dai W, Li G, et al. Stimulus-responsive organic phosphorescence materials based on small molecular host-guest doped systems. J Phys Chem Lett, 2023, 14 (7): 1794-1807.

[227] Sun H, Zhu L. Achieving purely organic room temperature phosphorescence in aqueous solution. Aggregate, 2022, 4 (1): e253.

[228] Turro N J, Aikawa M. Phosphorescence and delayed fluorescence of 1-chloronaphthalene in micellar solutions. J Am Chem Soc, 1980, 102 (15): 4866-4870.

[229] Li D, Lu F, Wang J, et al. Amorphous metal-free room-temperature phosphorescent small molecules with multicolor photoluminescence via a host-guest and dual-emission strategy. J Am Chem Soc, 2018, 140 (5): 1916-1923.

[230] Hirata S，Vacha M. Circularly polarized persistent room-temperature phosphorescence from metal-free chiral aromatics in air. J Phys Chem Lett，2016，7（8）：1539-1545.

[231] Yang X，Yan D. Strongly enhanced long-lived persistent room temperature phosphorescence based on the formation of metal-organic hybrids. Adv Opt Mater，2016，4（6）：897-905.

[232] Wang B，Mu Y，Zhang H，et al. Red room-temperature phosphorescence of CDs@zeolite composites triggered by heteroatoms in zeolite frameworks. ACS Cent Sci，2019，5（2）：349-356.

[233] Louis M，Thomas H，Gmelch M，et al. Blue-light-absorbing thin films showing ultralong room-temperature phosphorescence. Adv Mater，2019，31（12）：1807887.

[234] Wei J，Liang B，Duan R，et al. Induction of strong long-lived room-temperature phosphorescence of *N*-phenyl-2-naphthylamine molecules by confinement in a crystalline dibromobiphenyl matrix. Angew Chem Int Ed，2016，55（50）：15589-15593.

[235] Jiang K，Zhang L，Lu J，et al. Triple-mode emission of carbon dots：applications for advanced anti-counterfeiting. Angew Chem Int Ed，2016，55（25）：7231-7235.

[236] Li J，Wu Y，Gong X. Evolution and fabrication of carbon dot-based room temperature phosphorescence materials. Chem Sci，2023，14（14）：3705-3729.

[237] Shi H，Wu Y，Xu J，et al. Recent advances of carbon dots with afterglow emission. Small，2023，19（31）：2207104.

[238] Wang Q，Dou X，Chen X，et al. Reevaluating protein photoluminescence：remarkable visible luminescence upon concentration and insight into the emission mechanism. Angew Chem Int Ed，2019，58（36）：12667-12673.

[239] Yang T，Li Y，Zhao Z，et al. Clustering-triggered phosphorescence of nonconventional luminophores. Sci China Chem，2022，66（2）：367-387.

[240] Wilson J S，Chawdhury N，Al Mandhary M R A，et al. The energy gap law for triplet states in Pt-containing conjugated polymers and monomers. J Am Chem Soc，2001，123（38）：9412-9417.

[241] Li J，Wang G，Chen X，et al. Manipulation of triplet excited states in two-component systems for high-performance organic afterglow materials. Chem Eur J，2022，28（35）：e202200852.

[242] Zhang X，Du L，Zhao W，et al. Ultralong UV/mechano-excited room temperature phosphorescence from purely organic cluster excitons. Nat Commun，2019，10（1）：5161.

[243] Han J，Feng W，Muleta D Y，et al. Small-molecule-doped organic crystals with long-persistent luminescence. Adv Funct Mater，2019，29（30）：1902503.

[244] Lin Z，Kabe R，Nishimura N，et al. Organic long-persistent luminescence from a flexible and transparent doped polymer. Adv Mater，2018，30（45）：1803713.

[245] He Z，Zhao W，Peng Q，et al. White light emission from a single organic molecule with dual phosphorescence at room temperature. Nat Comm，2017，8（1）：416.

[246] Tian S，Ma H，Wang X，et al. Utilizing d-pπ bonds for ultralong organic phosphorescence. Angew Chem Int Ed，2019，58（20）：6645-6649.

[247] Hernández F J，Crespo Otero R. Excited state mechanisms in crystalline carbazole：the role of aggregation and isomeric defects. J Mater Chem C，2021，9（35）：11882-11892.

[248] Fu P Y，Li B N，Zhang Q S，et al. Thermally activated fluorescence *vs* long persistent luminescence in ESIPT-attributed coordination polymer. J Am Chem Soc，2022，144（6）：2726-2734.

[249] Koch M，Perumal K，Blacque O，et al. Metal-free triplet phosphors with high emission efficiency and high tunability. Angew Chem Int Ed，2014，53（25）：6378-6382.

[250] Wang T，Su X，Zhang X，et al. Aggregation-induced dual-phosphorescence from organic molecules for nondoped light-emitting diodes. Adv Mater，2019，31（51）：1904273.

[251] Yang J，Gao X，Xie Z，et al. Elucidating the excited state of mechanoluminescence in organic luminogens with room-temperature phosphorescence. Angew Chem Int Ed，2017，56（48）：15299-15303.

[252] Yang J，Ren Z，Xie Z，et al. AIEgen with fluorescence-phosphorescence dual mechanoluminescence at room temperature. Angew Chem Int Ed，2017，56（3）：880-884.

[253] Li J A，Zhou J，Mao Z，et al. Transient and persistent room-temperature mechanoluminescence from a white-light-emitting AIEgen with tricolor emission switching triggered by light. Angew Chem Int Ed，2018，57（22）：6449-6453.

第6章 总结与展望

6.1 引言

聚集诱导发光（AIE）作为一种独特的光学现象，与传统的荧光物质的发光行为相反。在AIE现象中，AIE分子在单体状态下发光弱或不发光，但当它们聚集成团簇或形成聚合体时，其发光性能会显著增强。这一概念是由香港科技大学的唐本忠教授于2001年首次报道的。科研人员对这种特殊的发光性质极为感兴趣。在过去二十多年里，AIE现象在材料科学、分析化学和生命科学等多个领域得到了广泛关注。AIE材料在多个领域都显示出巨大的应用潜力，包括生物成像、传感器、有机发光二极管等。

在发现了六苯基噻咯（HPS）和四苯基乙烯（TPE）等典型AIE分子后，研究者开始探索分子在溶液中的发光猝灭现象及其在聚集体状态下发光增强的工作机理。这些机理为设计新型高效固态发光材料提供了重要的理论基础，特别是在生物成像、光电器件和传感器领域。通过深入了解这些机理，科学家可以设计出具有特定发光特性的新材料，以满足实际应用的需求。

分子在不断运动中展现其性质，特别是在光物理领域，发光体的行为主要由激发态下电子和原子核运动所决定。柔性分子的运动倾向于促进非辐射衰变，导致激发态能量以热能等形式散失。因此，限制分子内运动（RIM）是实现高效发光的一种常见策略。此外，传统观点认为物质的宏观性质源于单个分子自身的属性，所以早期研究往往集中在单个分子的特性上。然而，单分子不具备的性质可能在分子聚集体中显现出来，例如，亲水氨基酸在分层结构中形成疏水蛋白质，或非共轭的糖分子在紧密聚集后具有发光性质。AIE的研究就是在聚集体层面利用RIM的一个典范。研究者设计了带有旋转子或振动子的AIE发光体，它们通过限制分子内旋转或振动，在溶液中不发光，但在聚集状态下则发光增强。然而，并非所有分子运动都会导致发光猝灭。最近的量子化学研究确定了引发非辐射跃迁的关键分子运动，并阐释了AIE发光体激发态失活的途径。为了深入理解RIM

机理，研究者建立了各种模型来揭示其本质。

总结而言，控制 AIE 过程中的非辐射衰减至关重要，分子的不断运动和它们在不同环境下的相互作用是实现高效发光材料的关键。AIE 的研究为我们提供了在聚集体水平上操控这些运动的新视角和策略，开启了发光材料设计的新篇章。未来，对这些机理的进一步理解和模型的完善，将有助于推动高效发光材料的深入理解、开发和应用。

6.2 总结

6.2.1 限制分子内旋转和振动

在单体状态下，分子内部的某些运动（如旋转和振动）可以促进非辐射方式，耗散激发态能量导致发光减弱或者猝灭。当这些分子聚集时，这种分子内部运动受到限制，从而抑制非辐射能量耗散，增加辐射跃迁的概率，使得聚集体中分子发光增强。根据这种理解，最初提出的 AIE 发光理论是分子内旋转受限（RIR），后来逐渐拓展到分子内振动受限（RIV），进而统一为分子内运动受限（RIM）（图 6-1）[1]。一些含有柔性结构的分子，如 HPS 和 TPE 及其衍生物[2-4]，活跃的分子运动如苯环扭转和双键扭转经常导致 S_1—S_0 的电子耦合，进而引发迅速的内转换，这一过程往往比荧光发射速度要快。在激发态时，分子结构的改变允许 S_1 与 S_0 之间的电子态强相互作用。在聚集状态下由于空间位阻等限制了旋转运动，势能面变得更加陡峭，从而限制了振动耦合，导致激发态和基态的波函数的重叠程度降低，使得 AIE 发光体在聚集状态下得以发光。通过第一性原理计算，RIR 模型在许多含有多个苯环的 AIE 分子中得到了验证。

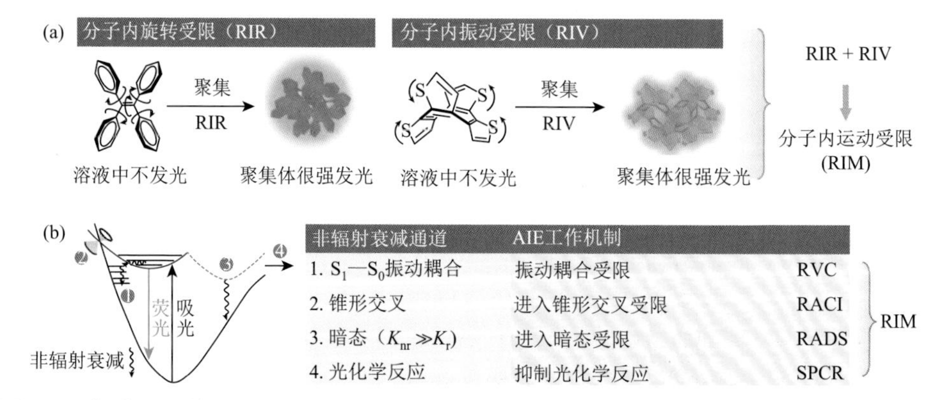

图 6-1 （a）AIE 的工作机理：RIM，包括 RIR 和/或 RIV；（b）通过阻断各种非辐射途径激活 RIM，k_r 表示辐射跃迁速率，k_{nr} 表示非辐射跃迁速率

分子内旋转受限和分子内振动受限机理并不是互相排斥的，而是携手统一的：这两种机理既可以分别用来解释螺旋桨构型分子及不含旋转单元的扇贝状分子体系的 AIE 效应，也可以共同出现在同一个 AIE 体系中。随着科学家对 AIE 现象的不断深入研究，具有 AIE 性质的分子体系类型不断发展和壮大，越来越多的具有复杂分子结构的 AIE 荧光材料被合成出来，分子内运动受限机理适用于解释这些复杂体系的 AIE 现象。因而，理解和掌握分子内运动受限机理不仅有利于理解和完善有机发光理论，也可以为设计合成新型的 AIE 型荧光分子和功能型有机固态发光材料提供指导，同时也标志着 AIE 研究领域的发展从现象发现、体系报道正式走向成熟，为后续该领域的蓬勃发展奠定了坚实的基础。

根据这一运动受限思想，总结了四种不同的非辐射途径相关的机理模型，并通过示意图和实例来阐释 RIM 机理的含义（图 6-2）。未来的研究不仅应当揭示失活途径和确切的分子运动，导致发光猝灭，也应当探索分子运动的其他机理主题，如固态分子运动、分子间平移运动、频率和振幅的分子运动等。同时，对于那些具有团簇触发发射、室温磷光特性的 AIE 系统，还需要一个更清晰、更全面的机理解释。我们期待通过逐步完善 AIE 机理图谱，能够更深刻地理解介观层面的科学，并开发出具有多样有趣应用的新型 AIE 材料。

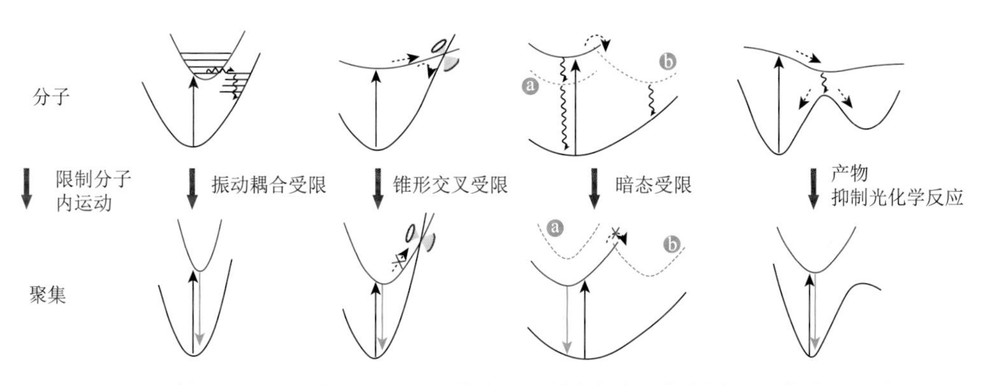

图 6-2 AIE 的工作机理：在分子和聚集体水平上的非辐射和辐射路径的势能面运动受限

6.2.2 限制锥形交叉过程

AIE 现象与光物理过程之间的联系图解说明了 AIE 分子在溶液中的荧光猝灭必须经历从激发态 S_1 到基态 S_0 的内转换过程，这一过程的效率直接受到分子内运动受限的影响。因此，要想合理设计 AIE 分子，关键在于内转换过程能够在溶液而非固态中迅速发生。为深入理解分子内运动与 AIE 特性之间的联系，Blancafort 和 Morokuma 开展了量子化学研究，并提出了限制锥形交叉过程（RACI）

模型来分析二苯基二苯并富烯、苯亚胺和四苯基噻咯等三种 AIE 分子（图 6-3）。RACI 模型通过分析不同环境下非辐射衰减速率的差异来解释 AIE 现象[4]。量子化学计算预测了在最小能量的锥形交叉点附近分子有较大的扭曲。锥形交叉点在溶液中较容易达到，在固体状态下较难达到，在晶体状态下是被禁止的。对于处于激发态的 AIE 分子，它们会通过灵活的分子运动快速弛豫到锥形交叉点，这是 S_1 与 S_0 态能量简并的点，非辐射衰减在此发生[5]。然而，形成锥形交叉点几何结构的分子运动，在聚集状态下可以受到限制，因此通过限制进入锥形交叉点可以有效地恢复光发射。

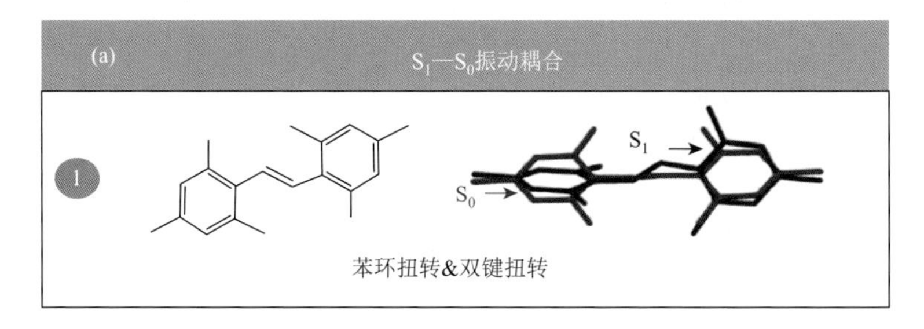

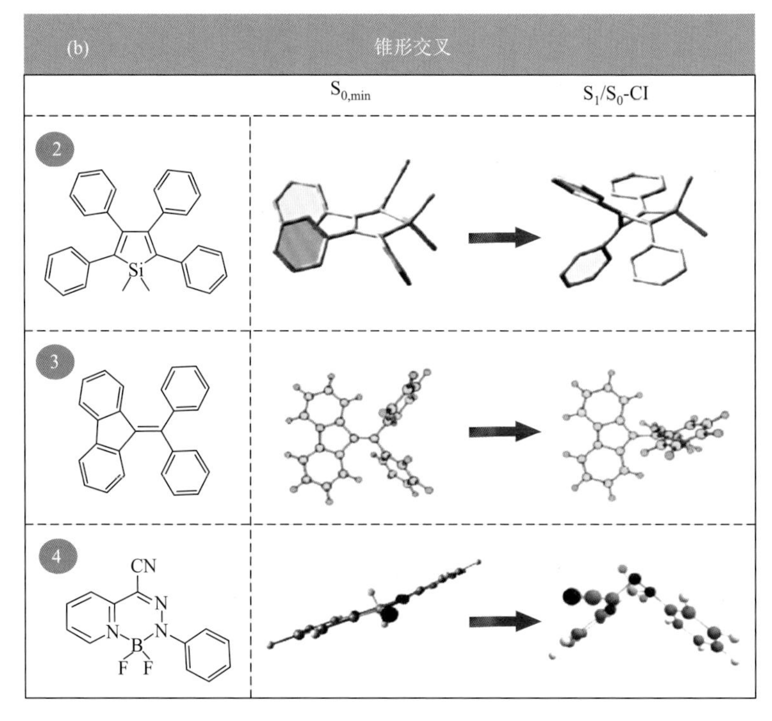

图 6-3　激发态分子运动导致不同非辐射路径的例子

（a）S_1—S_0 振动耦合；（b）锥形交叉

6.2.3　限制暗态过程

激发态的特性取决于其跃迁起点，包括(π, π*)、(n, π*)、(n, σ*)、(π, σ*)等轨道特征，以及跃迁轨道的空间重叠程度，多线态和跃迁的对称性等因素。部分激发态显示出较低的摩尔吸收率和振子强度，因而导致较低的多辐射跃迁概率和较高的非辐射衰减常数（$k_{nr} \gg k_r$），这类激发态有利于非辐射衰减，被视为暗态。例如，含杂原子的 AIE 发光体在溶液中的弱荧光分别归因于光诱导电子转移（PET）、扭曲的分子内电荷转移（TICT）和系间窜越（ISC）。这些光物理过程实际上可以统一为(n, π*)暗态。在聚集态下，引起暗态的分子运动受到限制或暗态能量上升，使得暗态在动力学或热力学上难以达到，从而通过限制进入暗态（RADS），使荧光恢复（图 6-4）[6, 7]。

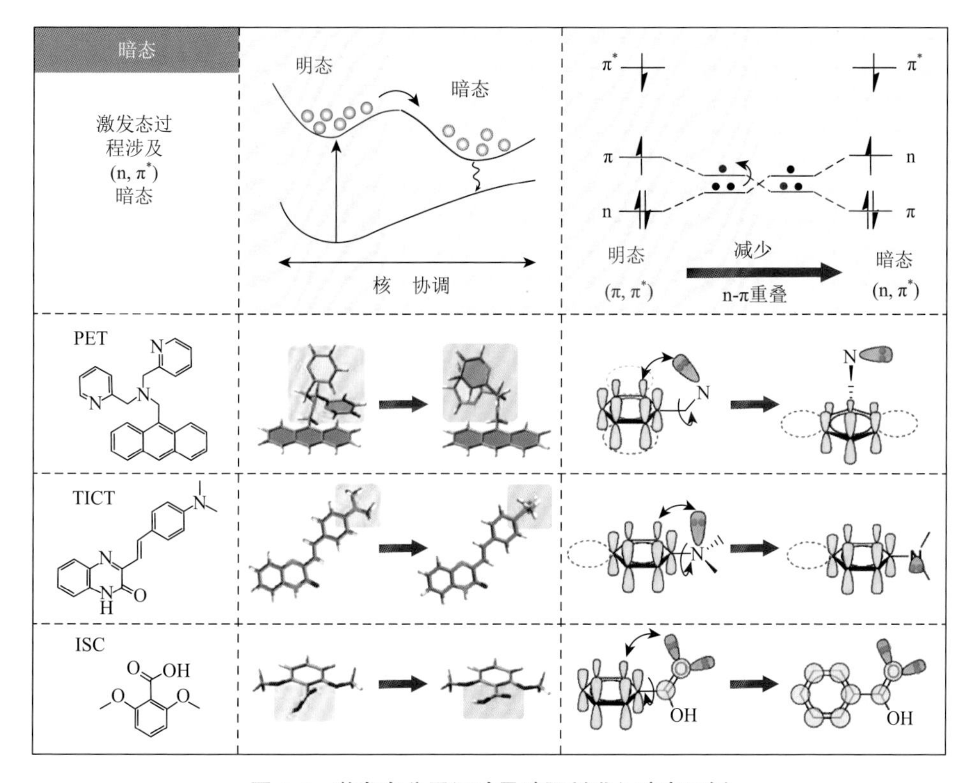

图 6-4　激发态分子运动导致限制进入暗态示例

6.2.4　限制光化学反应过程

在 AIE 体系中，除了光物理衰变途径，激发态的 AIE 发光体也可能发生如光异构化和光环化等光化学反应。如图 6-5 所示，AIE 发光体在光激发后会经历构象变化，达到一个能量“分水岭”，此处非辐射衰变占据主导地位，可能是由于振动耦合的增强或锥形交叉点的存在。根据其光物理特性，产物可能不发光。然而，在聚集体中，通过限制那些导致产物形成的分子运动，可以抑制光化学反应，进而开启发光。典型实例包括限制光异构化过程和限制电环化过程（图 6-5）[8, 9]。

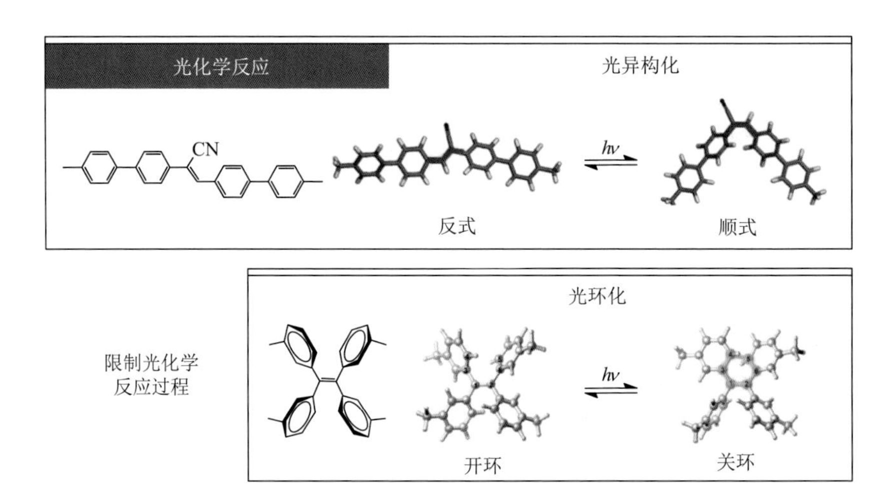

图 6-5　激发态分子运动导致限制光化学反应示例

1. 限制光异构化过程

在 AIE 相关领域，四苯基乙烯由于显著的 AIE 特性而被广泛关注。最近的相关理论研究和时间分辨光谱结果证明，由于 *E*/*Z* 光异构化、光环化作用形成的二苯菲以及光环化过程是四苯基乙烯在溶液中失活的主要原因。通过 *cis*-TPE 和 *gem*-TPE 的合成及比较两者的光谱，可以证明中心碳碳双键的旋转与溶液中荧光效率有一定的关系。在 *cis*-TPE 中，环化限制了双键的光异构化从而使其在溶液可以产生较强的荧光（$\Phi_f = 0.22$）。与之相对的，在 *gem*-TPE 中，其双键仍然可以自由旋转，所以可以观察到荧光猝灭现象（$\Phi_f = 0.019$），如图 6-6 所示[10]。

Rouillon 等[11]研究发现，即使是简单的 TPE 衍生物，如 TPE-OMe 异构体显示出非常不同的 ^{1}H NMR 信号。可以用 ^{1}H NMR 来表征 TPE 衍生物的光异构化动力学，它可以精确地测定吸收的光子量。可以用化学光度计作为参照，用 NMR 管在积分球内进行辐照，从而实现这一测定。在进行了(*E*/*Z*)-TPE-OMe 异构体的合成和分离后，使用上述方案来研究和量化溶液中的光化学过程。纯(*Z*)-TPE-OMe

gem-TPE
$\Phi_f = 0.019$

cis-TPE
$\Phi_f = 0.22$

图 6-6　*gem*-TPE 和 *cis*-TPE 的分子结构式和溶液中的量子效率

溶液在辐射下［图 6-7（a）］，3.75 ppm 处，*Z* 型异构体中的甲氧基峰的强度（以蓝色虚线表示）逐渐降低，同时 3.73 ppm 处 *E* 型异构体中的甲氧基峰的强度（以黄色虚线表示）增加。和预想的一样，纯(*E*)-TPE-OMe 异构体溶液在辐射下可以观察到与纯(*Z*)-TPE-OMe 相反的行为［图 6-7（b）］[11]。在这两种情况下，各峰相对强度的变化导致光异构化动力学图谱十分相似。该结果表明，光异构化是其激发态发生的主要并且可能是唯一的过程，从而解释了发光的准定量猝灭。这一结果与理论研究的预测一致。理论研究指出，势能面锥形交叉点具有对称性，所以在这一点上往 *E* 或者是 *Z* 型异构体的无辐射衰变的概率相同。光谱结果表明，只能观察到(*Z*)→(*E*)和(*E*)→(*Z*)跃迁，而无法观察到(*Z*)→(*Z*)和(*E*)→(*E*)跃迁。换句话讲，几乎所有被 TPE-OMe 吸收的光子都产生了围绕着分子中心双键的旋转，从而可以说明，在到达势能面的锥形交叉点上后，光异构化在溶液中 TPE 衍生物的光物理过程中起着关键作用。

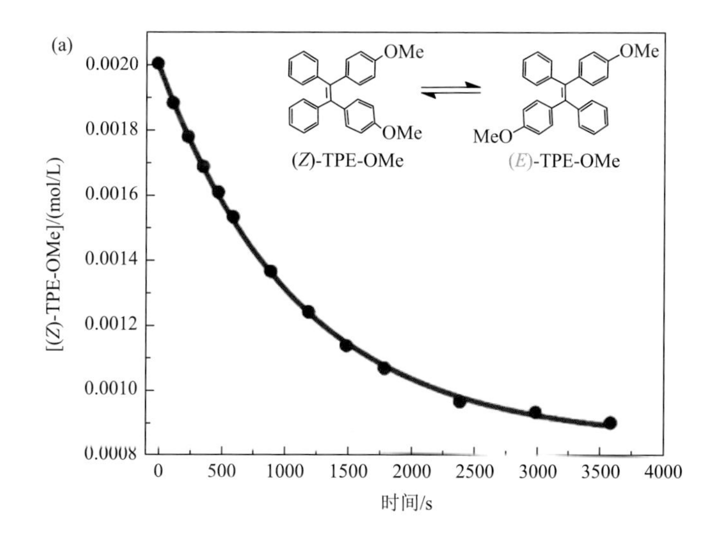

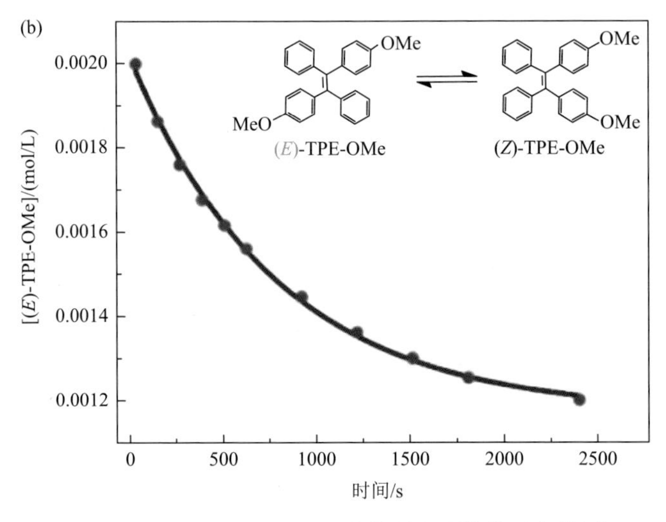

图 6-7 (*E*/*Z*)-TPE-OMe 异构体的光异构化过程监测

2. 限制电环化过程

基于四苯乙烯的 AIE 机理的研究表明，*E*/*Z* 光异构化转化及沿着单键旋转的非辐射通道影响了发光过程[12-15]。然而，这些解释并不足以表明非辐射过程的全部变化，如激发态的电子结构的演化和振动的电子基态与激发的电子态的简并。因此，仍然需要进一步地获取四苯乙烯在激发态下的转变细节和结构的演化过程。由于存在势能面的锥形交叉，拥有相同自旋度的电子态的激发态分子状态可以互相转换，从而可以将激发的电子态转换为基态振动态，导致激发态能量耗散，诱导发光猝灭。因此，如果体系经历这一过程，则在数百飞秒到皮秒间分子即可实现无辐射转换，从而抑制发光[16, 17]。基于此，Zheng 等[18]提出了另一种非辐射的失活过程，其中四苯乙烯分子在受激后在极短时间内转变为 Woodward-Hoffmann 型光环化中间体，并在热或光的诱导下重新恢复到分子的原状态，耗散了激发的能量［图 6-8（b）］。而当分子聚集时，所施加的空间作用及运动限制增加了分子到达锥形交叉的能垒，阻止了分子环化的发生，导致无辐射通道的减少，因此促进了发射过程，实现所观察到的 AIE[18]。

研究人员研究了 TPE 的超快转换行为，通过理论计算及振动的紫外-红外混合频率超快光谱[19-21]。首先对固态 TPE 的超快吸收光谱进行研究，如图 6-8（b）所示，发现该分子在 1486 cm^{-1} 和 1437 cm^{-1} 处具有明显的吸收峰。而且该吸收峰在约 0.1 ps 时达到最大值，随后强度急剧降低，如图 6-8（d）所示。相比于红外光谱，固体的超快吸收光谱的两个特征峰发生轻微位移，这主要是苯骨架的振动模式的激发态吸收和电子激发引起的频率偏移［图 6-8（f）］[22]。另外，固体 TPE

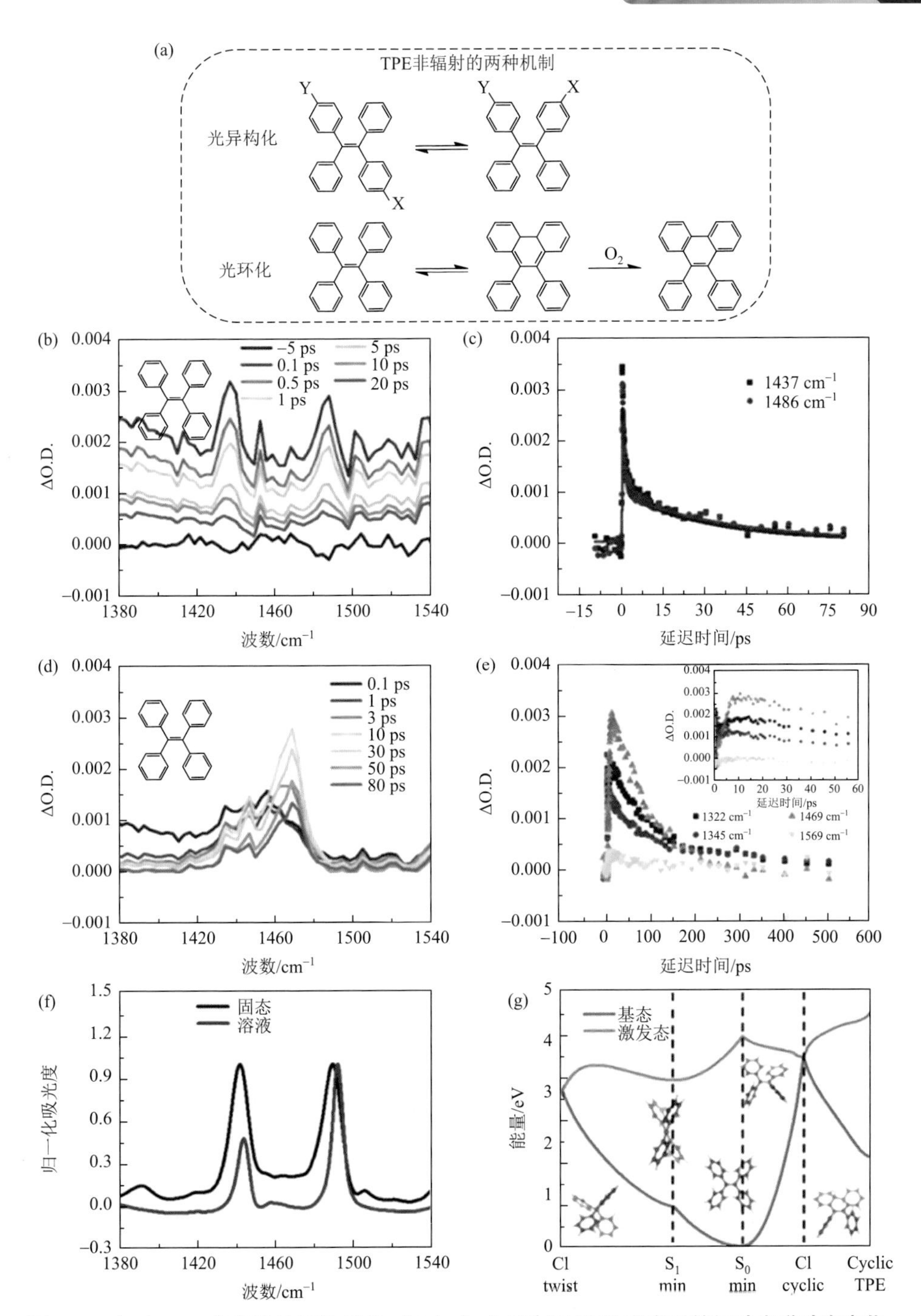

图 6-8 （a）TPE 非辐射的两种机理；（b）、（c）固态下 TPE 激发后的振动光谱动态变化；（d）、（e）溶液下 TPE 激发后的振动光谱动态变化；（f）TPE 在固态和溶液下的归一化红外吸收光谱；（g）电子激发后 TPE 的计算能量分布

的超快吸收光谱还显示在 1497 cm^{-1} 和 1447 cm^{-1} 处有两个明显的光漂白峰。与固体的情况不同，溶液下的 TPE 展示其他激发态下演化路径，这由它明显的超快吸收特征可以观察到，如图 6-8（c）所示。在激发态下，分子在 1469 cm^{-1} 处出现了一个新的吸收峰，其强度在 10 ps 左右达到最大值，如图 6-8（e）所示。该超快吸收光谱的吸收峰与红外吸收光谱的吸收峰存在明显差异。认为是新化学键的生成产生了新的分子结构，即激发的系统跨越了势能面的锥形交叉来到一个新的电子基态并完成光环化，呈现出这些可观察到的特征振动峰。通过理论计算发现，TPE 分子在光激发后可以沿着中心的 C═C 双键进行旋转运动，因此可以达到锥形交叉的构象，得以通过激发电子态转化成振动基态并完成 Woodward-Hoffmann 环化，在相邻两个苯环之间形成共价键。图 6-8（g）显示了计算的 TPE 激发态和基态能量曲线，发现相对于异构化的过程，光环化机理由于更容易接近可环化的结构而占主导地位。通过对强度的计算，大约超过 50%的光激发分子可以在短时间内完成环化，表明该过程的高效性。结果充分地证明了 TPE 激发态分子通过跨越锥形交叉实现光环化的过程，这对于理解激发态下光物理转换及解决光猝灭提供了新的认识和解决方案。

6.3 展望

在概念上来看，AIE 是对一种发光现象的宏观描述，必然涵盖多种分子体系和发射机理。AIE 现象的机理必将不局限于本书所讨论的内容。一些适用于特别体系的机理，虽然难以普适推广，但并不妨碍其成为解释该类体系的最佳模型。例如，一种氰基取代联苯乙烯类衍生物，在聚集态下展示了强烈的发射。这主要是因为分子间作用力促进了分子趋于平面化，并且氰基取代诱导了有利于发光的 J 聚集；BODIPY 类型的 AIE 衍生物在溶液中表现出扭转分子内电荷转移；席夫碱类 AIE 衍生物展示出激发态分子内质子转移；环八四噻吩衍生物则受骨架翻转异构化的限制等。

对于 AIE 工作机理未来研究的展望，有几个关键方向值得关注。利用先进的计算化学方法和模拟技术对 AIE 现象的微观机理开展理论研究；结合使用高分辨率的光谱学和显微镜技术探究 AIE 过程中的分子聚集和能量转移机理的实验方法的发展；进一步深入理解 AIE 机理。开展定量、动态、可视化，具有指导性的机理研究。例如，结合分子动力学的研究和时间-温度-空间分辨的光谱学手段，深入理解 AIE 体系的电子结构和光物理过程，对 AIE 材料在不同尺度下的聚集行为进行可视化研究，分析 AIE 过程中的能量转移和分子间作用等方面。

特别是针对近些年涌现的新作用模型（弱分子间相互作用、空间共轭、氢键、离子-π、卤键等）、新结构（多孔框架结构、碳点、簇结构等）、新体系（非传统有机体系、无机-有机杂化体系、宽谱发射体系、刺激响应体系）、新现象（有机室温磷光）开展 AIE 机理研究，进一步繁荣 AIE 研究领域，指导整个聚集体科学的研究范式创新。探索新体系中的构效关系，分析 AIE 材料的吸收和发射等光物理过程与环境状态、聚集体结构、微晶、纳米颗粒或薄膜等聚集体形态之间的关系。指导 AIE 在交叉学科领域的研究进展，例如，在生物学和化学的交叉领域，探索 AIE 现象在细胞成像、生物标记和疾病诊断中的应用；结合物理学和工程学的原理，开发基于 AIE 材料的高效能源和光电子器件；结合可持续性和绿色化学，开发研究更环保、可持续的 AIE 材料合成方法，减少有害溶剂和副产品的使用，开发可回收或生物降解的 AIE 材料，减少环境负担。这些研究方向的探索不仅有助于更深入地理解 AIE 现象的基本原理，也将推动新材料和技术的发展，对科学、工业和医学等多个领域产生重要影响。

参考文献

[1] Tu Y，Yu Y，Xiao D，et al. An intelligent AIEgen with nonmonotonic multiresponses to multistimuli. Adv Sci，2020，7（20）：2003525.

[2] Zhou P，Li P，Zhao Y，et al. Restriction of flip-flop motion as a mechanism for aggregation-induced emission. J Phys Chem Lett，2019，10（21）：6929-6935.

[3] Peng X L，Ruiz-Barragan S，Li Z S，et al. Restricted access to a conical intersection to explain aggregation induced emission in dimethyl tetraphenylsilole. J Mater Chem C，2016，4（14）：2802-2810.

[4] Li Q，Blancafort L. A conical intersection model to explain aggregation induced emission in diphenyl dibenzofulvene. Chem Commun，2013，49（53）：5966-5968.

[5] Zhang H，Liu J，Du L，et al. Drawing a clear mechanistic picture for the aggregation-induced emission process. Mater Chem Front，2019，3（6）：1143-1150.

[6] Tu Y，Liu J，Zhang H，et al. Restriction of access to the dark state：a new mechanistic model for heteroatom-containing AIE systems. Angew Chem Int Ed，2019，58（42）：14911-14914.

[7] Tu Y，Yu Y，Xiao D，et al. An intelligent aiegen with nonmonotonic multiresponses to multistimuli. Adv Sci，2020，7（20）：2001845.

[8] Chung J W，Yoon S J，An B K，et al. High-contrast on/off fluorescence switching via reversible *E-Z* isomerization of diphenylstilbene containing the α-cyanostilbenic moiety. J Phys Chem C，2013，117（21）：11285-11291.

[9] Gao Y J，Chang X P，Liu X Y，et al. Excited-state decay paths in tetraphenylethene derivatives. J Phys Chem A，2017，121（13）：2572-2579.

[10] Xiong J B，Yuan Y X，Wang L，et al. Evidence for aggregation-induced emission from free rotation restriction of double bond at excited state. Org Lett，2018，20（2）：373-376.

[11] Rouillon J，Monnereau C，Andraud C. Reevaluating the solution photophysics of tetraphenylethylene at the origin of their aggregation-induced emission properties. Chen Eur J，2021，27（30）：8003-8007.

[12] Yang Z，Qin W，Leung N L C，et al. A mechanistic study of AIE processes of TPE luminogens：intramolecular rotation *vs*. configurational isomerization. J Mater Chem C，2016，4（1）：99-107.

[13] Cai Y，Du L，Samedov K，et al. Deciphering the working mechanism of aggregation-induced emission of tetraphenylethylene derivatives by ultrafast spectroscopy. Chem Sci，2018，9（20）：4662-4670.

[14] Xiong J B，Yuan Y X，Wang L，et al. Evidence for aggregation-induced emission from free rotation restriction of double bond at excited state. Org Lett，2018，20（2）：373-376.

[15] Kokado K，Machida T，Iwasa T，et al. Twist of C═C bond plays a crucial role in the quenching of AIE-active tetraphenylethene derivatives in solution. J Phys Chem C，2017，122（1）：245-251.

[16] Chen H，Bian H，Li J，et al. Vibrational energy transfer：an angstrom molecular ruler in studies of ion pairing and clustering in aqueous solutions. J Phys Chem B，2015，119（12）：4333-4349.

[17] Rubtsov I V. Relaxation-assisted two-dimensional infrared（RA 2DIR）method：accessing distances over 10 Å and measuring bond connectivity patterns. Acc Chem Res，2009，42（9）：1385-1394.

[18] Guan J，Wei R，Prlj A，et al. Direct observation of aggregation-induced emission mechanism. Angew Chem Int Ed，2020，59（35）：14903-14909.

[19] Zijlstra R W J，van Duijnen P T，Feringa B L，et al. Excited-state dynamics of tetraphenylethylene：ultrafast stokes shift，isomerization，and charge separation. J Phys Chem A，1997，101（51）：9828-9836.

[20] Mallory F B，Wood C S，Gordon J T. Photochemistry of stilbenes. Ⅲ. Some aspects of the mechanism of photocyclization to phenanthrenes. J Am Chem Soc，1964，86（15）：3094-3102.

[21] Olsen R J，Buckles R E. Substituent effects on the efficiency and regioselectivity of tetraarylethylene photocyclization. J Photo，1979，10（3）：215-220.

[22] Xiao D，Prémont-Schwarz M，Nibbering E T J，et al. Ultrafast vibrational frequency shifts induced by electronic excitations：naphthols in low dielectric media. J Phys Chem A，2012，116（11）：2775-2790.

关键词索引